“首批国家级一流本科课程”配套教材
北大社普通高等教育“十三五”数字化[illegible]教材
大学数学基础系列教材

高等数学

（第二版）

（下）

主　编　郝志峰
副主编　熊　彦　冯莹莹　欧阳正勇

本书资源使用说明

图书在版编目(CIP)数据

高等数学. 下/郝志峰主编. —2 版. —北京：北京大学出版社，2022. 11
ISBN 978-7-301-33560-4

Ⅰ. ①高… Ⅱ. ①郝… Ⅲ. ①高等数学—高等学校—教材 Ⅳ. ①O13

中国版本图书馆 CIP 数据核字(2022)第 201615 号

书　　名 高等数学（第二版）（下）
GAODENG SHUXUE (DI-ER BAN) (XIA)
著作责任者 郝志峰　主编
责 任 编 辑 曾琬婷
标 准 书 号 ISBN 978-7-301-33560-4
出 版 发 行 北京大学出版社
地　　址 北京市海淀区成府路 205 号　100871
网　　址 http://www. pup. cn
新 浪 微 博 @北京大学出版社
电 子 邮 箱 zpup@pup. cn
电　　话 邮购部 010-62752015　发行部 010-62750672　编辑部 010-62754819
印 刷 者 湖南汇龙印务有限公司
经 销 者 新华书店
787 毫米×1092 毫米　16 开本　15. 5 印张　397 千字
2019 年 2 月第 1 版
2022 年 11 月第 2 版　2024 年 6 月第 3 次印刷
定　　价 49. 50 元

内 容 简 介

本书主要面向地方应用型本科院校，所涉及内容的深广度符合教育部关于高等学校理工类、经管类本科“高等数学”课程的教学基本要求，也能达到全国硕士研究生招生考试数学考试大纲的相应要求. 全书分上、下两册，内容包括：函数与极限、导数与微分、微分中值定理与导数的应用、不定积分、定积分、定积分的应用、空间解析几何与向量代数、多元函数微分法、重积分、曲线积分与曲面积分、无穷级数、常微分方程.

本书以学生为本，力求通俗易懂、深入浅出，激发学生的兴趣；注意定理、定义、性质、例题的说明解释，及时归纳总结诸多理解、分析高等数学知识的理论与方法，强调解决问题能力和数学建模能力的培养；适应翻转课堂、慕课、微课等新时期的教学改革. 为满足学生学习的需求，力图做到公式、标号详尽，便于查阅；精心设计习题，并附答案或提示.

本书适宜作为普通高等学校理工类、经管类各专业“高等数学”课程的教材或参考书，也可供需要高等数学知识的各类科技工作者学习或参考，并为准备考研的非数学专业学生服务.

总　　序

数学是人一生中学得最多的一门功课.中小学里就已开设了很多数学课程,涉及算术、平面几何、三角、代数、立体几何、解析几何等众多科目,看起来洋洋大观、琳琅满目,但均属于初等数学的范畴,实际上只能用来解决一些相对简单的问题,面对现实世界中一些复杂的情况则往往无能为力.正因为如此,在大学学习阶段,专攻数学专业的学生不必说了,就是对于广大非数学专业的学生,也都必须选学一些数学基础课程,花相当多的时间和精力学习高等数学,这就对非数学专业的大学数学基础课程教材提出了高质量的要求.

这些年来,各种大学数学基础课程教材已经林林总总地出版了许多,但平心而论,除少数精品以外,大多均偏于雷同,难以使人满意.而学习数学这门学科,关键又在理解与熟练,同一类型的教材只需精读一本好的就足够了.因此,精选并推出一些优秀的大学数学基础课程教材,就理所当然地成为编写出版"大学数学基础系列教材"这一套丛书的宗旨.

大学数学基础课程的名目并不多,所涵盖的内容又大体上相似,但教材的编写不仅仅是材料的堆积和梳理,更体现编写者的教学思想和理念.对于同一门课程,应该鼓励有不同风格的教材来诠释和体现;针对不同程度的教学对象,也应该采用不同层次的教材来教学.特别是,大学非数学专业是一个相当广泛的概念,对分属工程类、经管类、医药类、农林类、社科类甚至文史类的众多大学生,不分青红皂白、一刀切地采用统一的数学教材进行教学,很难密切联系有关专业的实际,很难充分针对有关专业的迫切需要和特殊要求,是不值得提倡的.相反,通过教材编写者和相应专业工作者的密切结合和协作,针对专业特点编写出来的教材,才能特色鲜明、有血有肉,才能深受欢迎,并产生重要而深远的影响.这是各专业的大学数学基础课程教材应有的定位和标准,也是大家的迫切期望,但却是当前明显的短板,因而使我们对这一套丛书可以大有作为有了足够的信心和依据.

说得更远一些,我们一些教师往往把数学看成定义、公式、定理及证明的堆积,千方百计地要把这些知识灌输到学生大脑中去,但却忘记了有关数学最根本的三点.一是数学知识的来龙去脉——从哪里来,又可以到哪里去.割断数学与生动活泼的现实世界的血肉联系,学生就不会有学习数学的持续的积极性.二是数学的精神实质和思想方法.只讲知识,不讲精神,只讲技巧,不讲思想,学生就不可能学到数学的精髓,不可能对数学有真正的领悟.三是数学的人文内涵.数学在人类认识世界和改造世界的过程中起着关键的、不可代替的作用，是人类文明的坚实基础和重要支柱.不自觉地接受数学文化的熏陶，是不可能真正走近数学、了解数学、领悟数学并热爱数学的.在数学教学中抓住了上面这三点，就抓住了数学的灵魂，学生对数学的学习就一定会更有成效.但客观地说，现有的大学数学基础课程教材，能够真正体现这三点要求的，恐怕为数不多.这一现实为大学数学基础课程教材的编写提供了广阔的发展空间，很多探索有待进行，很多经验有待总结，可以说是任重而道远.从这个意义上说，由北京大学出版社推出的这一套丛书实际上已经为一批有特色、高品质的大学数学基础课程教材的面世搭建了一个很好的平台，特别值得称道，也相信一定会得到各方面广泛而有力的支持.

特为之序.

李大潜

2015年1月28日

李大潜简介

第二版前言

“高等数学”是我国高等学校非数学专业学生的一门重要数学基础课程. 以新工科为代表的“四新”(新工科、新医科、新农科、新文科)专业改革让“高等数学”课程及其教材有了新的驱动力,深度交叉融合是“高等数学”课程教与学的新要求. 在云计算、物联网、大数据、“智能+”、移动互联网、虚拟现实、5G、机器人、区块链、量子计算、元宇宙等层出不穷的新应用技术和场景中,高等数学作为研究连续现象的工具,充满了新的活力和生机.

本书第二版继承了第一版“符合学生需求和教学需求,学起来容易,教起来轻松”的初衷,尤其是新的职业教育法自 2022 年 5 月 1 日起实施,职教本科与应用型本科以及一批新建本科院校迅速成长,这些拓宽了第二版教材的适应面. 教育部关于高等学校理工类、经管类本科“高等数学”课程的教学基本要求以及全国硕士研究生招生考试数学考试大纲,为全书明确了核心内容. 然而,地方应用型本科院校的实际情况以及高等教育从大众化走向普及化的转型升级,也需要新的探索和研究. 在此基础上,主编郝志峰主持的线上线下混合式课程“高等数学”获得了“首批国家级一流本科课程”称号,参与的“地方本科高校‘双学院制’工科人才共育模式的构建与实践”项目曾获 2018 年高等教育国家级教学成果二等奖,都很好地体现了全书进一步切合学生实际、切合课堂教学的特点.

教育部 2018 年发布的《普通高等学校本科专业类教学质量国家标准》,对编者完成的丛书“大学数学基础系列教材”(包括本书在内的《线性代数》《概率论与数理统计》和《复变函数与积分变换》等),从教学改革的思路,到适应各专业,提出了国标新要求. 在教育部全面开展的“保合格”“上水平”“追卓越”的三级专业认证中,面向教学产出理念的培养目标、毕业要求和课程体系都离不开大学数学教学内容. 以工程教育认证为例,对于“将相关的数学知识用于解决复杂工程问题,并应用所学基本数学原理,识别、表达、通过文献研究分析复杂工程问题,获得有效结论”这些要求,“高等数学”课程都是关键一环. 由此看来,“高等数学”课程也确实是 iSTREAM[intelligent, science, technology, robotics(或reading), engineering, arts, mathematics]教育、创客教育必不可少的一门重要主干课程. 注意到,2021 年 12 月教育部公布了首批 50 家现代产业学院,对学生实践和创新能力提出了与时俱进的要求. 基于人才培养模式的创新,高等数学产教深度融合的教材、教法也需要应对这些新情况. 所以,本书特别关注了教学内容精练、专业认证评估、创新创业教育、产教融合、协同育人等一系列新变化，主动满足翻转课堂、微课和慕课等新时期的教学需要.依托本书的课程成为金课，也是编者力求的目标和方向.在首批国家级一流本科课程的评选中，五门“高等数学”课程在参评的868门课程中并列第四位，在数学类课程中位居第一，就说明这门课程不仅能够提高学生的综合能力，而且还能够满足应用型创新创业人才和卓越计划对工程师教育、经管类教育的需求.

向课堂教学要质量，向课程教学要质量，其中一个基础的环节就是向课程的教材要质量.这也是首届全国教材建设奖获奖教材的示范引领作用.在刘建亚、朱士信、李辉来等人所编写的一批高等数学、微积分类优秀教材的带动下，本书第二版继续突出了这一套丛书“可读性强、以学生为本、突出重点”的特点.编者在编写本书第一版时，恰好参加了“我国大学数学课程建设与教学改革六十年”课题组的工作，深深体会到目前使用本书的学生，其学习背景、主动性都有了不少新变化.包括国内外高等数学教材编写同人也都在回归初心，思考面向学习过程的新一代高等数学（微积分）学习的教材，如 J. R. Hass，C. E. Heil 和 M. D. Weir 编写的教材《微积分（第14版）》.因此，本书第二版也融合了这些国内外先进教材的优点，将“识变、应变、求变”的需求融入书中，不断细化深入.2022年年初，教育部公布了首批439个虚拟教研室建设试点名单，课程（群）教学类有237个，编者参与了华北理工大学刘春凤老师牵头的“大学数学课程群虚拟教研室”，也力求能和本书的使用者一起，探索“智能+”时代新型基层教学组织的建设方式和路径、运行模式和规律.编者希望能全面探索、共同研究面向个性化和可容错的学习、基于大数据和人工智能的学习、团队化和社交化的学习、生师合作及可互相帮促的学习等新学习形态，深入研讨“高等数学”课程和课堂，形成可量化、可监测、可评价的实践，对学生的学习效率进行及时评估和反馈，实现教与学的过程可回溯、诊断改进积极有效，这也是国家级一流本科课程推荐认定办法中一以贯之的探索.

关于教育部最新要求的开展专业类课程思政教学指南和案例的研制开发，以及扎实推进劳动教育进入普通高等学校本科专业类教学质量国家标准的工作，本书第二版也进行了一些探索，尤其是采用扫码的形式，将一些延伸阅读的内容引入教材中，让有经验的教师可以根据学生的情况进行有效探索和尝试.

党的二十大报告首次将教育、科技、人才工作专门作为一个独立章节进行系统阐述和部署，明确指出：“教育、科技、人才是全面建设社会主义现代化国家的基础性、战略性支撑.”这让广大教师深受鼓舞，更要勇担“为党育人，为国育才”的重任，迎来一个大有可为的新时代.

本书分上、下两册，第二版全书仍分为十二章：函数与极限、导数与微分、微分中值定理与导数的应用、不定积分、定积分、定积分的应用、空间解析几何与向量代数、多元函数微分法、重积分、曲线积分与曲面积分、无穷级数、常微分方程.

本书第二版由郝志峰担任主编，韩晓茹、刘晓莉、项巧敏担任上册副主编，熊彦、冯莹莹、

欧阳正勇担任下册副主编.华南农业大学的杨德贵教授对本书习题进行了审校和优化.袁晓辉、苏梓涵、吴友成、龚维安、滕京霖构思并设计了全书的数字资源.另外,冯莹莹、黄勇、涂东阳、甘文勇参与了郝志峰主持的线上线下混合式国家级一流本科课程"高等数学"的研发运行工作,编者在此对为本书的编写和出版付出辛勤工作的各位老师表示感谢!同时也衷心感谢教育部原数学与统计学教学指导委员会主任委员李大潜院士为这一套丛书欣然题序,并对内容的组织和编排做了详细的指导,尤其是对数学知识、能力和素养相互统一的期盼,这些都为本书的编写明确了方向.

尽管笔者有力求把本书编好的愿望,但限于客观条件与自身学识和能力的不足,书中难免有不妥之处,恳请同行专家和读者批评指正.若奉献给广大读者的这部高等数学教材能让读者有所受益,笔者将感到莫大的荣幸.

编者

于汕头桑浦山下

汕头大学

目　录

课程思政

第七章 空间解析几何与向量代数

空间解析几何是学习多元函数微积分的重要基础，向量代数则是研究空间解析几何问题的基本工具，这两部分内容在自然科学和工程技术领域中有着广泛的应用.

本章首先讲述空间直角坐标系，其次讨论向量及其运算，最后介绍平面、空间直线、曲面、空间曲线及其方程.

§7.1 空间直角坐标系

与平面解析几何类似，空间解析几何也是通过坐标法把空间中的点与有序数组对应起来，建立空间图形与三元方程的对应关系的. 这样建立关系以后，就可以用代数方法研究几何问题（这是解析几何的基本内容），也可以用几何方法研究代数问题.

下面引入空间直角坐标系.

在空间取一定点 O，过点 O 作三条两两相互垂直的具有相同长度单位的数轴 Ox，Oy，Oz，依次称为 x 轴、y 轴、z 轴，统称为坐标轴. 这样就构成一个空间直角坐标系，记作 $Oxyz$，其中 O 称为坐标原点（简称原点）. 按一般习惯，规定空间直角坐标系中坐标轴的正向满足右手法则：当右手四指从 x 轴正向以 $\frac{\pi}{2}$ 角度转向 y 轴正向时，大拇指的指向就是 z 轴的正向. 通常把 x 轴和 y 轴放在水平面上，让 x 轴的正向向前，这时 y 轴的正向向右，z 轴的正向向上（见图 7.1）. 我们也称 x 轴为横轴，y 轴为纵轴，z 轴为竖轴.

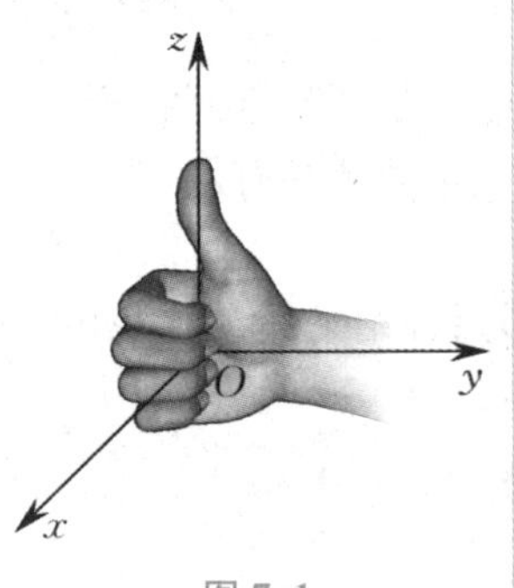

图 7.1

在空间直角坐标系中，任意两条坐标轴所确定的平面称为坐标平面，其中由 x 轴和 y 轴所确定的平面称为 xOy 面，由 y 轴和 z 轴所确定的平面称为 yOz 面，由 z 轴和 x 轴所确定的平面称为 zOx 面.

三个坐标平面将空间分成八部分，每一部分称为一个卦限. 第一至四卦限对应于 $z>0$，其中位于 x 轴、y 轴、z 轴正半轴的卦限称为第一卦限，其他卦限按逆时针方向依次称为第二、三、四卦限；第五至八卦限对应于 $z<0$，分别在第一至四卦限的正下方. 这八个卦限分别用罗马数字Ⅰ,Ⅱ,Ⅲ,Ⅳ,Ⅴ,Ⅵ,Ⅶ,Ⅷ 表示（见图 7.2）.

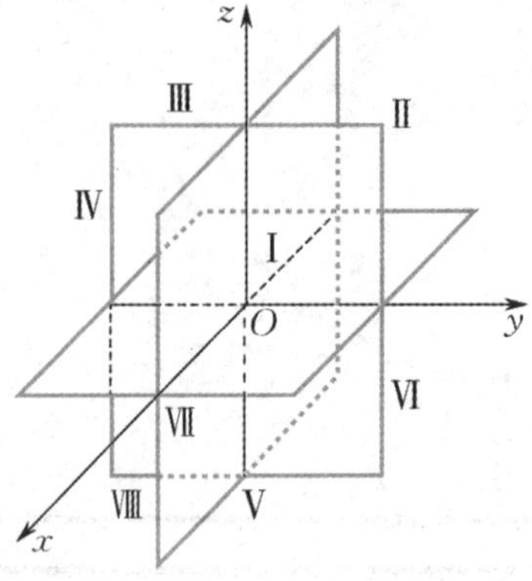

图 7.2

一、空间中点的坐标

给出空间直角坐标系的概念后，我们就可以建立空间中的点与有序数组之间的对应关系.

设 M 为空间中的任一点，过点 M 作三个分别垂直于 x 轴、y 轴、z 轴的平面，它们分别交 x 轴、y 轴、z 轴于点 P,Q,R(见图 7.3). 若点 P,Q,R 在 x 轴、y 轴、z 轴上的坐标分别为 x,y,z，则点 M 可唯一确定一个三元有序数组 (x,y,z). 反之，设有一个三元有序数组 (x,y,z). 先在 x 轴、y 轴、z 轴上分别取点 P,Q,R，使得点 P 在 x 轴上的坐标为 x，点 Q 在 y 轴上的坐标为 y，点 R 在 z 轴上的坐标为 z，再过点 P,Q,R 分别作垂直于 x 轴、y 轴、z 轴的平面. 若记这三个相互垂直的平面相交于点 M，那么点 M 就是由有序数组 (x,y,z) 所确定的点，且是唯一的. 于是，空间中的任一点 M 与三元有序数组 (x,y,z) 之间建立了一一对应的关系. 称三元有序数组 (x,y,z) 为点 M 的坐标，记作 $M(x,y,z)$. 依次称 x,y,z 为点 M 的横坐标、纵坐标、竖坐标.

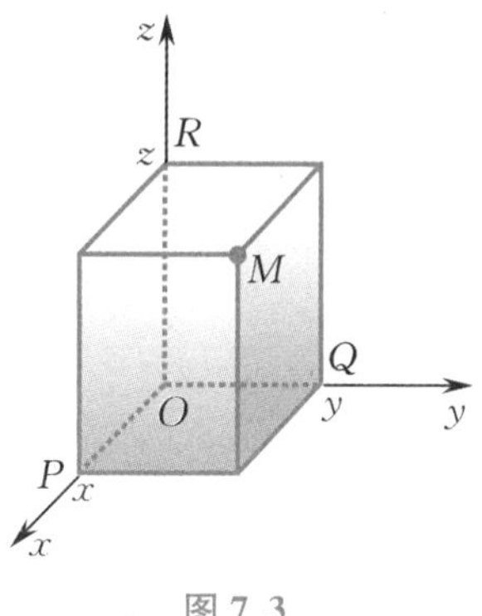

图 7.3

显然，原点 O 的坐标为 $(0,0,0)$，x 轴上任一点的坐标为 $(x,0,0)$，y 轴上任一点的坐标为 $(0,y,0)$，z 轴上任一点的坐标为 $(0,0,z)$. 坐标轴、坐标平面及八个卦限上的点 (x,y,z) 的坐标具有一定的特征，可将其汇总列表(见表 7.1 和表 7.2).

表 7.1

坐标轴或平面	特征	坐标轴或平面	特征
x 轴	$y=z=0$	xOy 面	$z=0$
y 轴	$x=z=0$	yOz 面	$x=0$
z 轴	$x=y=0$	zOx 面	$y=0$

表 7.2

卦限	特征	卦限	特征
Ⅰ	$x>0,y>0,z>0$	Ⅴ	$x>0,y>0,z<0$
Ⅱ	$x<0,y>0,z>0$	Ⅵ	$x<0,y>0,z<0$
Ⅲ	$x<0,y<0,z>0$	Ⅶ	$x<0,y<0,z<0$
Ⅳ	$x>0,y<0,z>0$	Ⅷ	$x>0,y<0,z<0$

例 1　求点 (a,b,c) 分别关于原点、各坐标轴、各坐标平面对称的点.

解　点 (a,b,c) 关于原点对称的点为 $(-a,-b,-c)$；点 (a,b,c) 关于 x 轴对称的点为 $(a,-b,-c)$，关于 y 轴对称的点为 $(-a,b,-c)$，关于 z 轴对称的点为 $(-a,-b,c)$；点 (a,b,c) 关于 xOy 面对称的点为 $(a,b,-c)$，关于 yOz 面对称的点为 $(-a,b,c)$，关于 zOx 面对称的点为 $(a,-b,c)$.

二、空间任意两点间的距离

定理　设 $M_1(x_1,y_1,z_1)$ 和 $M_2(x_2,y_2,z_2)$ 为空间中任意两点，则 M_1,M_2 两点间的距离为

$$d=|M_1M_2|$$
$$=\sqrt{(x_2-x_1)^2+(y_2-y_1)^2+(z_2-z_1)^2}. \tag{7.1}$$

证　过点 M_1,M_2 分别作平行于三个坐标平面的平面,则这六个平面围成一个长方体,线段 M_1M_2 为该长方体中的一条对角线.

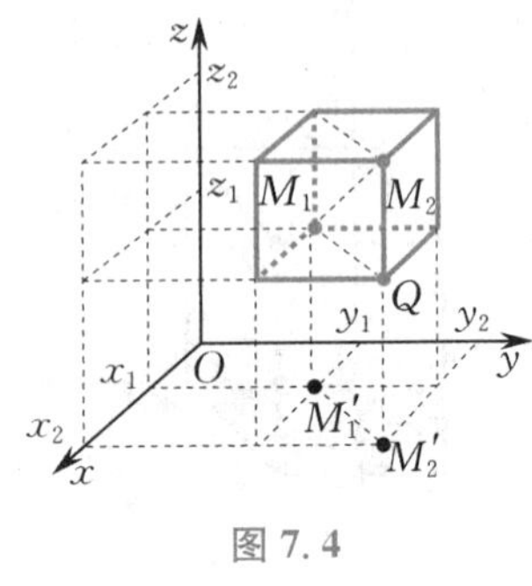

图 7.4

记过点 M_1,M_2 且垂直于 xOy 面的两条直线与 xOy 面的交点分别为点 M_1',M_2',过点 M_1 与 xOy 面平行的平面与直线 M_2M_2' 的交点为点 Q(见图 7.4). 于是,点 M'_1,M'_2 的坐标分别为 $(x_1,y_1,0)$,$(x_2,y_2,0)$,点 Q 的坐标为 (x_2,y_2,z_1),从而

$$|M_1'M_2'|=\sqrt{(x_2-x_1)^2+(y_2-y_1)^2}.$$

由于 $\triangle M_1QM_2$ 为直角三角形,线段 M_1Q 与 $M_1'M_2'$ 平行且长度相等,$|M_2Q|=|z_2-z_1|$,因此

$$|M_1M_2|^2=|M_1Q|^2+|M_2Q|^2$$
$$=(x_2-x_1)^2+(y_2-y_1)^2+(z_2-z_1)^2.$$

故 M_1,M_2 两点间的距离为

$$d=|M_1M_2|=\sqrt{(x_2-x_1)^2+(y_2-y_1)^2+(z_2-z_1)^2}.$$

特别地,点 $M(x,y,z)$ 到原点 O 的距离为

$$d=|OM|=\sqrt{x^2+y^2+z^2}.$$

注　在(7.1)式中,当 $z_1=z_2=0$ 时,就得到平面上两点间的距离公式

$$d=|M_1M_2|=\sqrt{(x_2-x_1)^2+(y_2-y_1)^2}.$$

例 2　求证:以 $M_1(5,3,2)$,$M_2(8,3,3)$,$M_3(6,2,4)$ 三点为顶点的三角形是一个等腰三角形.

证　因为

$$|M_2M_3|^2=(6-8)^2+(2-3)^2+(4-3)^2=6,$$
$$|M_3M_1|^2=(5-6)^2+(3-2)^2+(2-4)^2=6,$$
$$|M_1M_2|^2=(8-5)^2+(3-3)^2+(3-2)^2=10,$$

所以

$$|M_2M_3|=|M_3M_1|.$$

故 $\triangle M_1M_2M_3$ 为等腰三角形.

例 3　在 x 轴上求与 $M_1(-3,2,4)$,$M_2(4,6,-3)$ 两点等距离的点.

解　因为所求的点在 x 轴上,所以设该点为 $M(x,0,0)$. 由题意得

$$|M_1M|=|M_2M|,$$

即

$$\sqrt{[x-(-3)]^2+(0-2)^2+(0-4)^2}=\sqrt{(x-4)^2+(0-6)^2+[0-(-3)]^2},$$

解得

$$x=\frac{16}{7},$$

故所求的点为 $M\left(\frac{16}{7},0,0\right)$.

习　题　7.1

1. 指出下列点所在的卦限：

$$(1,-2,3),\quad (2,3,-4),\quad (2,-3,-4),\quad (-2,-3,1).$$

2. 过点 $P(x_0,y_0,z_0)$ 分别作垂直于各坐标平面及各坐标轴的直线，写出各垂足点的坐标.

3. 将一个边长为 a 的立方体放在 xOy 面上，使其底面的中心在原点处，底面的顶点在 x 轴和 y 轴上，求该立方体各顶点的坐标.

4. 求点 $M(4,-3,5)$ 到各坐标轴的距离.

5. 在 y 轴上求与 $M_1(1,2,3)$，$M_2(2,3,2)$ 两点等距离的点的坐标.

6. 求证：以 $A(2,1,9)$，$B(8,-1,6)$，$C(0,4,3)$ 三点为顶点的三角形是一个等腰直角三角形.

§7.2 向量及其线性运算

一、向量的概念

客观世界中有一类既有数量属性（大小），又有方向的量. 数学上将这一类既有大小又有方向的量称为向量，如位移、速度、加速度、力、力矩和电场强度等. 对于只有大小但没有方向的量，为了与向量区别，一般称之为标量，如时间、长度、温度、体积、质量、成本和利润等.

在几何上，通常用有向线段来表示向量，其中线段的长度表示向量的大小，线段的方向表示向量的方向. 例如，以点 M_1 为起点、点 M_2 为终点的有向线段所表示的向量记作 $\overrightarrow{M_1M_2}$（见图 7.5）. 向量一般用黑体字母或带箭头的字母来表示，如 $\boldsymbol{a},\boldsymbol{r},\boldsymbol{F}$ 或 $\vec{a},\vec{r},\vec{F}$ 等.

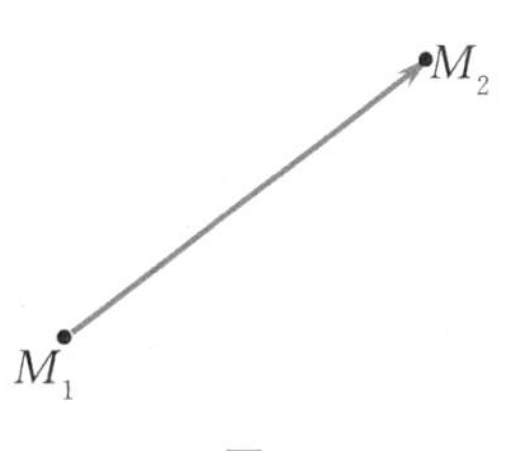

图 7.5

在实际问题中，有些向量与其起点有关，如质点运动的速度与质点的位置有关；还有一些向量与其起点无关. 本书只研究与起点无关的向量，并称这种向量为自由向量，简称向量.

如果向量 $\boldsymbol{a}$ 和 $\boldsymbol{b}$ 的大小相等且方向相同，则称向量 $\boldsymbol{a}$ 和 $\boldsymbol{b}$ 是相等

的，记作 $\boldsymbol{a}=\boldsymbol{b}$. 相等的向量经过平移后可以重合在一起.

向量的大小称为向量的模. 向量 $\overrightarrow{M_1M_2}, \boldsymbol{a}, \vec{a}$ 的模分别记作 $|\overrightarrow{M_1M_2}|, |\boldsymbol{a}|, |\vec{a}|$. 模为 1 的向量称为单位向量. 与向量 $\boldsymbol{a}$ 同向的单位向量记作 $\boldsymbol{a}^0$. 模为 0 的向量称为零向量，记作 $\mathbf{0}$. 规定零向量的方向是任意的.

以原点 O 为起点、点 M 为终点的向量 $\overrightarrow{OM}$ 称为点 M 对原点 O 的向径，记作 $\boldsymbol{r}$.

对于两个非零向量 $\boldsymbol{a}, \boldsymbol{b}$，若它们的方向相同或相反，则称这两个向量平行，记作 $\boldsymbol{a} \parallel \boldsymbol{b}$. 规定零向量与任何向量都平行.

当将两个平行向量的起点平移到同一点时，因这两个向量的终点与公共的起点在一条直线上，故两个平行向量具有共线的特征.

设在空间中有 $k(k \geqslant 3)$ 个非零向量. 当把它们的起点平移到同一点时，若这 k 个向量的终点与公共的起点在一个平面上，则称这 k 个向量共面.

二、向量的线性运算

在实际问题中，当两个向量之间产生一定联系时，可以用第三个向量将这种联系表示出来，抽象成数学的形式，这就是向量的运算. 比较常见的运算有向量的加法运算以及向量与数的乘法运算，这两种运算统称为向量的线性运算.

1. 向量的加法和减法运算

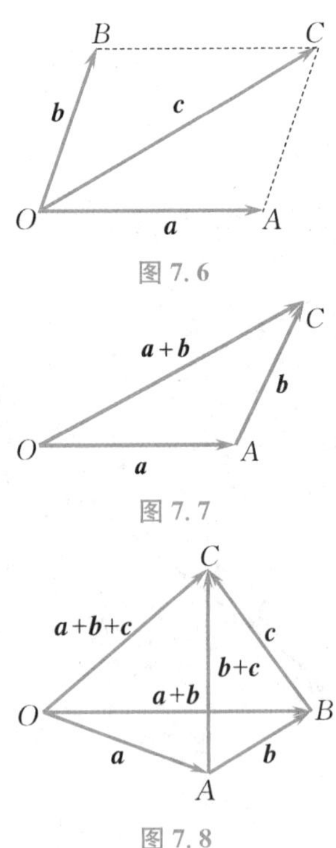

图 7.6

图 7.7

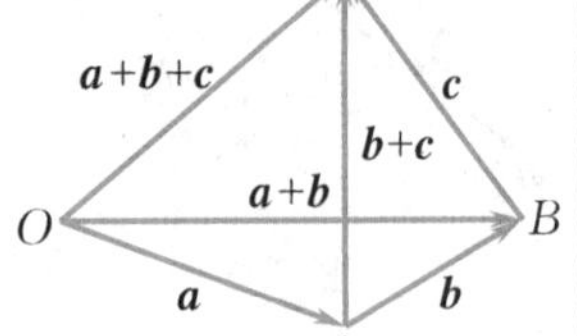

图 7.8

定义 1 设向量 $\boldsymbol{a}=\overrightarrow{OA}, \boldsymbol{b}=\overrightarrow{OB}$，以 $\overrightarrow{OA}, \overrightarrow{OB}$ 为邻边作平行四边形 $OACB$，取对角线 $\overrightarrow{OC}$，记 $\boldsymbol{c}=\overrightarrow{OC}$（见图 7.6），则称向量 $\boldsymbol{c}$ 为向量 $\boldsymbol{a}$ 与 $\boldsymbol{b}$ 的和，记作 $\boldsymbol{c}=\boldsymbol{a}+\boldsymbol{b}$.

定义 1 中用平行四边形的对角线规定两个向量之和的方法称为向量加法的平行四边形法则.

若平移向量 $\boldsymbol{b}$，使其起点与向量 $\boldsymbol{a}$ 的终点重合，则由 $\boldsymbol{a}$ 的起点到 $\boldsymbol{b}$ 的终点所形成的向量为 $\boldsymbol{c}=\boldsymbol{a}+\boldsymbol{b}$（见图 7.7）. 这种规定两个向量之和的方法称为向量加法的三角形法则.

对于任意的向量 $\boldsymbol{a}, \boldsymbol{b}, \boldsymbol{c}$，向量的加法满足下列运算规律：

(1) 交换律 $\boldsymbol{a}+\boldsymbol{b}=\boldsymbol{b}+\boldsymbol{a}$；

(2) 结合律 $(\boldsymbol{a}+\boldsymbol{b})+\boldsymbol{c}=\boldsymbol{a}+(\boldsymbol{b}+\boldsymbol{c})$.

以(2) 为例来证明.

证 设向量 $\boldsymbol{a}=\overrightarrow{OA}, \boldsymbol{b}=\overrightarrow{AB}, \boldsymbol{c}=\overrightarrow{BC}$（见图 7.8）. 因

$$(\boldsymbol{a}+\boldsymbol{b})+\boldsymbol{c}=(\overrightarrow{OA}+\overrightarrow{AB})+\overrightarrow{BC}=\overrightarrow{OB}+\overrightarrow{BC}=\overrightarrow{OC},$$

而

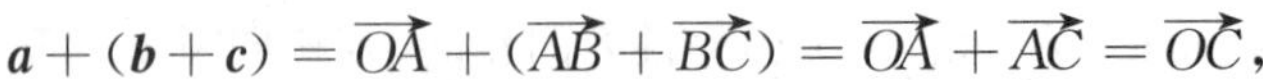

$$\boldsymbol{a}+(\boldsymbol{b}+\boldsymbol{c})=\overrightarrow{OA}+(\overrightarrow{AB}+\overrightarrow{BC})=\overrightarrow{OA}+\overrightarrow{AC}=\overrightarrow{OC},$$

故向量的加法满足结合律.

根据向量加法的结合律,可以把两个向量的加法推广到 $n(n\geqslant 3)$ 个向量 $\boldsymbol{a}_1,\boldsymbol{a}_2,\cdots,\boldsymbol{a}_n$ 相加的情形,即

$$\boldsymbol{a}_1+\boldsymbol{a}_2+\cdots+\boldsymbol{a}_n.$$

按照向量加法的三角形法则,对于 $\boldsymbol{a}_1,\boldsymbol{a}_2,\cdots,\boldsymbol{a}_n$ 这 n 个向量,使前一个向量的终点作为后一个向量的起点,依次作出它们,最后以第一个向量 $\boldsymbol{a}_1$ 的起点为起点,最后一个向量 $\boldsymbol{a}_n$ 的终点为终点作向量 $\boldsymbol{a}$,则 $\boldsymbol{a}$ 即为这 n 个向量之和,即 $\boldsymbol{a}=\boldsymbol{a}_1+\boldsymbol{a}_2+\cdots+\boldsymbol{a}_n$. 如图 7.9 所示,有

$$\boldsymbol{a}=\boldsymbol{a}_1+\boldsymbol{a}_2+\boldsymbol{a}_3+\boldsymbol{a}_4.$$

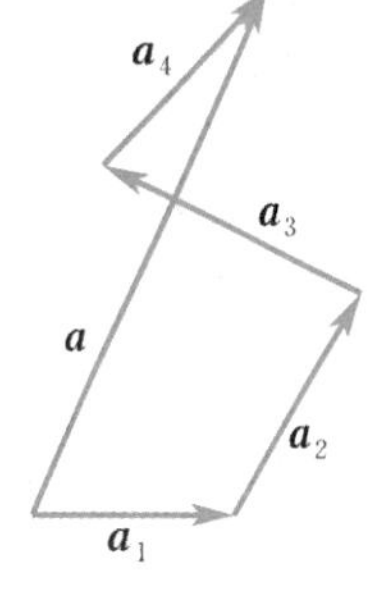

图 7.9

设有一个向量 $\boldsymbol{a}$,称与 $\boldsymbol{a}$ 的模相等而方向相反的向量为 $\boldsymbol{a}$ 的负向量,记作 $-\boldsymbol{a}$.

定义 2　设有两个非零向量 $\boldsymbol{a}$ 与 $\boldsymbol{b}$,称向量 $\boldsymbol{a}+(-\boldsymbol{b})$ 为向量 $\boldsymbol{a}$ 与 $\boldsymbol{b}$ 的差,记作 $\boldsymbol{a}-\boldsymbol{b}$,即

$$\boldsymbol{a}-\boldsymbol{b}=\boldsymbol{a}+(-\boldsymbol{b}).$$

也就是说,向量 $\boldsymbol{a}$ 与 $-\boldsymbol{b}$ 的和就是向量 $\boldsymbol{a}$ 与 $\boldsymbol{b}$ 的差(见图 7.10).

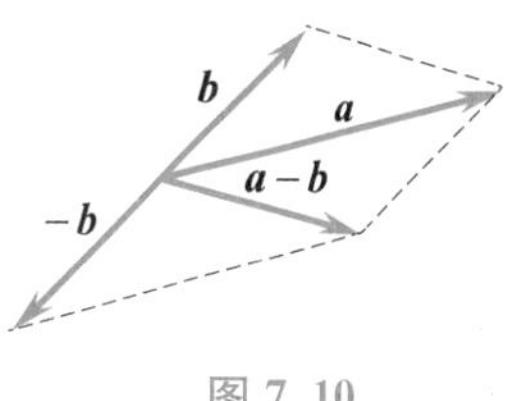

图 7.10

按照三角形两边之和大于第三边的法则,容易证得下列不等式:

$$|\boldsymbol{a}+\boldsymbol{b}|\leqslant|\boldsymbol{a}|+|\boldsymbol{b}|,\quad |\boldsymbol{a}-\boldsymbol{b}|\leqslant|\boldsymbol{a}|+|\boldsymbol{b}|,$$

其中当且仅当向量 $\boldsymbol{a}$ 与 $\boldsymbol{b}$ 的方向相同或相反时等号成立.

2. 向量与数的乘法运算

定义 3　设 λ 为一个实数,向量 $\boldsymbol{a}$ 与实数 λ 的乘积 $\lambda\boldsymbol{a}$ 表示一个向量,并规定:当 $\lambda>0$ 时,它的方向和 $\boldsymbol{a}$ 的方向相同,模等于 $|\boldsymbol{a}|$ 的 λ 倍,即 $|\lambda\boldsymbol{a}|=\lambda|\boldsymbol{a}|$;当 $\lambda=0$ 时,它为零向量,即 $\lambda\boldsymbol{a}=\boldsymbol{0}$;当 $\lambda<0$ 时,它的方向和 $\boldsymbol{a}$ 的方向相反,模等于 $|\boldsymbol{a}|$ 的 $|\lambda|$ 倍,即 $|\lambda\boldsymbol{a}|=|\lambda||\boldsymbol{a}|$.

对于任意的向量 $\boldsymbol{a},\boldsymbol{b}$,向量与数的乘法满足下列运算规律($\lambda,\mu\in\mathbf{R}$):

(1) 结合律　$\lambda(\mu\boldsymbol{a})=\mu(\lambda\boldsymbol{a})=(\lambda\mu)\boldsymbol{a}$;

(2) 向量对数的分配律　$(\lambda+\mu)\boldsymbol{a}=\lambda\boldsymbol{a}+\mu\boldsymbol{a}$;

(3) 数对向量的分配律　$\lambda(\boldsymbol{a}+\boldsymbol{b})=\lambda\boldsymbol{a}+\lambda\boldsymbol{b}$.

以(1)为例来证明.

证　因 $\lambda(\mu\boldsymbol{a}),\mu(\lambda\boldsymbol{a}),(\lambda\mu)\boldsymbol{a}$ 为相互平行、方向相同的向量,且

$$|\lambda(\mu\boldsymbol{a})|=|\lambda\mu||\boldsymbol{a}|,$$
$$|\mu(\lambda\boldsymbol{a})|=|\lambda\mu||\boldsymbol{a}|,$$
$$|(\lambda\mu)\boldsymbol{a}|=|\lambda\mu||\boldsymbol{a}|,$$

故

$$\lambda(\mu\boldsymbol{a})=\mu(\lambda\boldsymbol{a})=(\lambda\mu)\boldsymbol{a}.$$

注 因为向量 $\boldsymbol{a}^0$ 是与非零向量 $\boldsymbol{a}$ 同向的单位向量,所以有

$$\boldsymbol{a}=|\boldsymbol{a}|\boldsymbol{a}^0,\quad \boldsymbol{a}^0=\frac{\boldsymbol{a}}{|\boldsymbol{a}|}.$$

例 在平行四边形 $ABCD$ 中,设向量 $\overrightarrow{AB}=\boldsymbol{a}$,$\overrightarrow{AD}=\boldsymbol{b}$,试用 $\boldsymbol{a}$ 和 $\boldsymbol{b}$ 表示向量 $\overrightarrow{MA}$,$\overrightarrow{MB}$,$\overrightarrow{MC}$,$\overrightarrow{MD}$,其中 M 为该平行四边形对角线的交点(见图 7.11).

解 因为平行四边形的对角线互相平分,所以 $\boldsymbol{a}+\boldsymbol{b}=2\overrightarrow{AM}$,从而

$$\overrightarrow{AM}=\frac{\boldsymbol{a}+\boldsymbol{b}}{2},\quad \overrightarrow{MA}=-\frac{\boldsymbol{a}+\boldsymbol{b}}{2}.$$

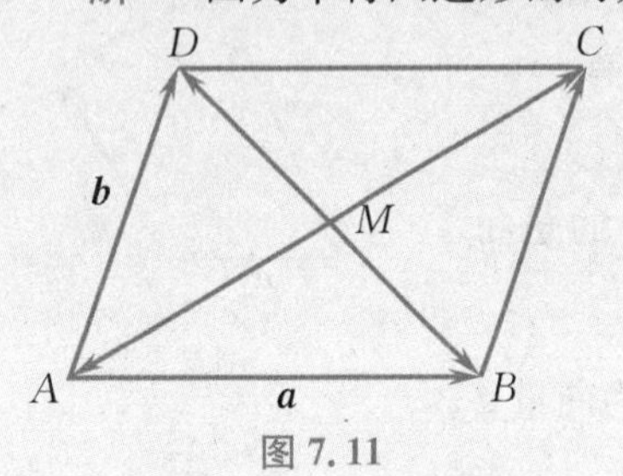

图 7.11

而

$$\overrightarrow{MC}=-\overrightarrow{MA},$$

故

$$\overrightarrow{MC}=\frac{\boldsymbol{a}+\boldsymbol{b}}{2}.$$

又

$$-\boldsymbol{a}+\boldsymbol{b}=2\overrightarrow{MD},$$

故

$$\overrightarrow{MD}=\frac{1}{2}(\boldsymbol{b}-\boldsymbol{a}).$$

而

$$\overrightarrow{MB}=-\overrightarrow{MD},$$

故

$$\overrightarrow{MB}=\frac{1}{2}(\boldsymbol{a}-\boldsymbol{b}).$$

定理 设 $\boldsymbol{a},\boldsymbol{b}$ 为两个向量,且 $\boldsymbol{a}\neq\boldsymbol{0}$,则向量 $\boldsymbol{b}$ 平行于向量 $\boldsymbol{a}$ 的充要条件是存在唯一的实数 λ,使得 $\boldsymbol{b}=\lambda\boldsymbol{a}$.

证 充分性显然成立.

下面证明必要性. 设 $\boldsymbol{b}\,/\!/\,\boldsymbol{a}$. 取 $|\lambda|=\dfrac{|\boldsymbol{b}|}{|\boldsymbol{a}|}$,当 $\boldsymbol{b}$ 与 $\boldsymbol{a}$ 同向时,λ 取正值;当 $\boldsymbol{b}$ 与 $\boldsymbol{a}$ 反向时,λ 取负值,此时 $\boldsymbol{b}$ 与 $\lambda\boldsymbol{a}$ 同向. 故 $\boldsymbol{b}=\lambda\boldsymbol{a}$,且

$$|\lambda\boldsymbol{a}|=|\lambda|\,|\boldsymbol{a}|=\frac{|\boldsymbol{b}|}{|\boldsymbol{a}|}|\boldsymbol{a}|=|\boldsymbol{b}|.$$

再证实数 λ 的唯一性. 不妨设 $\boldsymbol{b}=\mu\boldsymbol{a}$,且 $\boldsymbol{b}=\lambda\boldsymbol{a}$. 这两式相减,得 $(\lambda-\mu)\boldsymbol{a}=\boldsymbol{0}$, 即

$$|\lambda-\mu|\,|\boldsymbol{a}|=0.$$

因为 $|\boldsymbol{a}|\neq 0$,所以 $|\lambda-\mu|=0$,即 $\lambda=\mu$,实数 λ 是唯一的.

习 题 7.2

1. 设向量 $\boldsymbol{u}=\boldsymbol{a}-\boldsymbol{b}+2\boldsymbol{c}$，$\boldsymbol{v}=-\boldsymbol{a}+3\boldsymbol{b}-\boldsymbol{c}$，试用向量 $\boldsymbol{a},\boldsymbol{b},\boldsymbol{c}$ 表示向量 $2\boldsymbol{u}-3\boldsymbol{v}$.

2. 设将 $\triangle OAB$ 的边 OB 五等分，分点依次记为 D_1,D_2,D_3,D_4，再将各分点依次与点 A 连接，试用向量 $\overrightarrow{OA}=\boldsymbol{a}$，$\overrightarrow{OB}=\boldsymbol{b}$ 表示向量 $\overrightarrow{D_1A},\overrightarrow{D_2A},\overrightarrow{D_3A},\overrightarrow{D_4A}$.

3. 设平面上一个四边形的对角线互相平分，试用向量证明该四边形是平行四边形.

§7.3 向量的坐标以及在数轴上的投影

一、向量的坐标

在空间直角坐标系 $Oxyz$ 中，将坐标轴上分别与 x 轴、y 轴、z 轴方向相同的单位向量称为基本单位向量，依次用 $\boldsymbol{i},\boldsymbol{j},\boldsymbol{k}$ 表示.

在空间直角坐标系 $Oxyz$ 中，设向量 $\boldsymbol{a}=\overrightarrow{OM}$. 过点 M 分别作垂直于三条坐标轴的平面，它们分别交 x 轴、y 轴、z 轴于点 P,Q,R（见图 7.12），则有

$$\boldsymbol{a}=\overrightarrow{OM}=\overrightarrow{OP}+\overrightarrow{PN}+\overrightarrow{NM}=\overrightarrow{OP}+\overrightarrow{OQ}+\overrightarrow{OR}.$$

设 $\overrightarrow{OP}=x\boldsymbol{i}$，$\overrightarrow{OQ}=y\boldsymbol{j}$，$\overrightarrow{OR}=z\boldsymbol{k}$，则

$$\boldsymbol{a}=\overrightarrow{OM}=x\boldsymbol{i}+y\boldsymbol{j}+z\boldsymbol{k}.$$

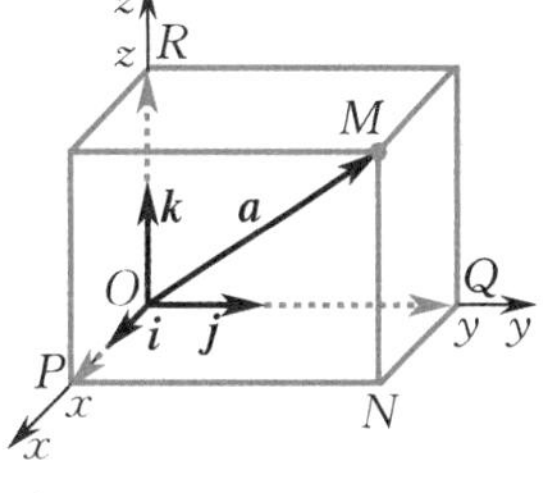

图 7.12

上式称为向量 $\boldsymbol{a}$ 的坐标分解式. 也就是说，给定向量 $\boldsymbol{a}$，就确定了点 M 及三个向量 $\overrightarrow{OP}=x\boldsymbol{i}$，$\overrightarrow{OQ}=y\boldsymbol{j}$，$\overrightarrow{OR}=z\boldsymbol{k}$，进而确定了三元有序数组 (x,y,z). 反之，若给定三元有序数组 (x,y,z)，则确定了向量 $\boldsymbol{a}$ 与点 $M(x,y,z)$. 于是，点 M、向量 $\boldsymbol{a}$ 与三元有序数组 (x,y,z) 有一一对应关系，即

$$M\leftrightarrow\boldsymbol{a}=\overrightarrow{OM}=x\boldsymbol{i}+y\boldsymbol{j}+z\boldsymbol{k}\leftrightarrow(x,y,z),$$

这时称 $x\boldsymbol{i},y\boldsymbol{j},z\boldsymbol{k}$ 为向量 $\boldsymbol{a}$ 在 x 轴、y 轴、z 轴上的分向量，而称三元有序数组 (x,y,z) 为向量 $\boldsymbol{a}$ 在空间直角坐标系 $Oxyz$ 中的坐标，记作 $\boldsymbol{a}=(x,y,z)$，并称之为向量 $\boldsymbol{a}$ 的坐标表达式.

由上述讨论可知，点 M 与点 M 对原点 O 的向径 $\overrightarrow{OM}$（也称为点 M 的位置向量）有相同的坐标 (x,y,z)，三元有序数组 (x,y,z) 既表示点 M，又表示向径 $\overrightarrow{OM}$.

例如，点 $A(1,2,1)$ 对原点 O 的向径为 $\overrightarrow{OA}=\boldsymbol{i}+2\boldsymbol{j}+\boldsymbol{k}$. 又如，起

点为 $A(1,2,1)$,终点为 $B(3,3,0)$ 的向量 $\overrightarrow{AB}$ 的坐标分解式为

$$\overrightarrow{AB}=(3-1)\boldsymbol{i}+(3-2)\boldsymbol{j}+(0-1)\boldsymbol{k}=2\boldsymbol{i}+\boldsymbol{j}-\boldsymbol{k}.$$

例 1 设有 $M_1(x_1,y_1,z_1)$,$M_2(x_2,y_2,z_2)$两点.若点 M 将有向线段 $\overrightarrow{M_1M_2}$ 分为两条有向线段 $\overrightarrow{M_1M}$,$\overrightarrow{MM_2}$,且两者的长度之比为 $\dfrac{|\overrightarrow{M_1M}|}{|\overrightarrow{MM_2}|}=\lambda$,求点 M 的坐标.

解 设点 M 的坐标为(x,y,z).因为向量 $\overrightarrow{M_1M}$ 与 $\overrightarrow{MM_2}$ 平行,所以由题意得

$$\overrightarrow{M_1M}=\lambda\overrightarrow{MM_2}.$$

而

$$\overrightarrow{M_1M}=(x-x_1)\boldsymbol{i}+(y-y_1)\boldsymbol{j}+(z-z_1)\boldsymbol{k},$$
$$\overrightarrow{MM_2}=(x_2-x)\boldsymbol{i}+(y_2-y)\boldsymbol{j}+(z_2-z)\boldsymbol{k},$$

故

$$x-x_1=\lambda(x_2-x),\quad y-y_1=\lambda(y_2-y),\quad z-z_1=\lambda(z_2-z),$$

解得

$$x=\frac{x_1+\lambda x_2}{1+\lambda},\quad y=\frac{y_1+\lambda y_2}{1+\lambda},\quad z=\frac{z_1+\lambda z_2}{1+\lambda},$$

即点 M 的坐标为

$$\left(\frac{x_1+\lambda x_2}{1+\lambda},\frac{y_1+\lambda y_2}{1+\lambda},\frac{z_1+\lambda z_2}{1+\lambda}\right).$$

特别地,当 $\lambda=1$ 时,点 M 为有向线段 $\overrightarrow{M_1M_2}$ 的中点,其坐标为

$$\left(\frac{x_1+x_2}{2},\frac{y_1+y_2}{2},\frac{z_1+z_2}{2}\right).$$

利用向量的坐标,可得到向量线性运算的坐标表达式,也可讨论两个向量的平行问题.

设向量 $\boldsymbol{a}=(a_x,a_y,a_z)$,$\boldsymbol{b}=(b_x,b_y,b_z)$,即

$$\boldsymbol{a}=a_x\boldsymbol{i}+a_y\boldsymbol{j}+a_z\boldsymbol{k},\quad \boldsymbol{b}=b_x\boldsymbol{i}+b_y\boldsymbol{j}+b_z\boldsymbol{k},$$

则

$$\begin{aligned}\boldsymbol{a}+\boldsymbol{b}&=(a_x\boldsymbol{i}+a_y\boldsymbol{j}+a_z\boldsymbol{k})+(b_x\boldsymbol{i}+b_y\boldsymbol{j}+b_z\boldsymbol{k})\\&=(a_x+b_x)\boldsymbol{i}+(a_y+b_y)\boldsymbol{j}+(a_z+b_z)\boldsymbol{k}\\&=(a_x+b_x,a_y+b_y,a_z+b_z),\\\boldsymbol{a}-\boldsymbol{b}&=(a_x\boldsymbol{i}+a_y\boldsymbol{j}+a_z\boldsymbol{k})-(b_x\boldsymbol{i}+b_y\boldsymbol{j}+b_z\boldsymbol{k})\\&=(a_x-b_x)\boldsymbol{i}+(a_y-b_y)\boldsymbol{j}+(a_z-b_z)\boldsymbol{k}\\&=(a_x-b_x,a_y-b_y,a_z-b_z),\\\lambda\boldsymbol{a}&=\lambda(a_x\boldsymbol{i}+a_y\boldsymbol{j}+a_z\boldsymbol{k})=(\lambda a_x)\boldsymbol{i}+(\lambda a_y)\boldsymbol{j}+(\lambda a_z)\boldsymbol{k}\\&=(\lambda a_x,\lambda a_y,\lambda a_z).\end{aligned}$$

由此可见,对向量进行加法、减法以及与数的乘法运算,只需对向量的各坐标分别进行相应的数量运算即可.

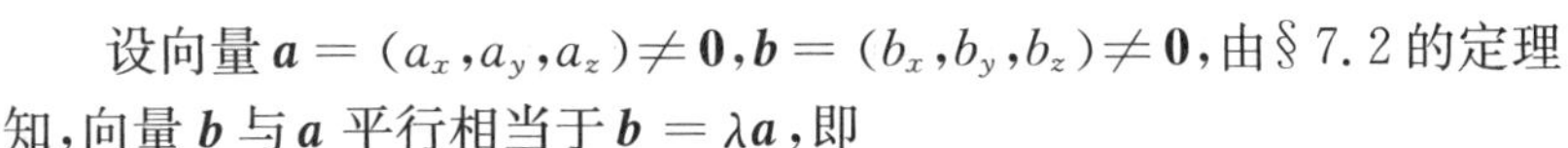

设向量 $\boldsymbol{a}=(a_x,a_y,a_z)\neq\boldsymbol{0}$，$\boldsymbol{b}=(b_x,b_y,b_z)\neq\boldsymbol{0}$，由§7.2的定理知，向量 $\boldsymbol{b}$ 与 $\boldsymbol{a}$ 平行相当于 $\boldsymbol{b}=\lambda\boldsymbol{a}$，即

$$(b_x,b_y,b_z)=\lambda(a_x,a_y,a_z),$$

亦即

$$\frac{b_x}{a_x}=\frac{b_y}{a_y}=\frac{b_z}{a_z}. \tag{7.2}$$

注　当 a_x,a_y,a_z 中有一个或两个为零，如 $a_x=0,a_y,a_z\neq0$ 或 $a_x=a_y=0,a_z\neq0$ 时，(7.2) 式应理解为

$$\begin{cases}b_x=0,\\ \dfrac{b_y}{a_y}=\dfrac{b_z}{a_z}\end{cases}\quad\text{或}\quad\begin{cases}b_x=0,\\ b_y=0.\end{cases}$$

二、向量在数轴上的投影

先来介绍两个向量夹角的概念.

设有两个向量 $\boldsymbol{a},\boldsymbol{b}$，它们交于点 S（若 $\boldsymbol{a},\boldsymbol{b}$ 不相交，可将其中一个向量平行移动，使它们相交），把其中一个向量绕点 S 在这两个向量所确定的平面上旋转，直到方向和另一个向量的方向重合，称所旋转的角度 φ（限定 $0\leqslant\varphi\leqslant\pi$）为向量 $\boldsymbol{a}$ 与 $\boldsymbol{b}$ 的夹角（见图 7.13），记作

$$(\boldsymbol{a},\boldsymbol{b})=\varphi\quad\text{或}\quad(\boldsymbol{b},\boldsymbol{a})=\varphi.$$

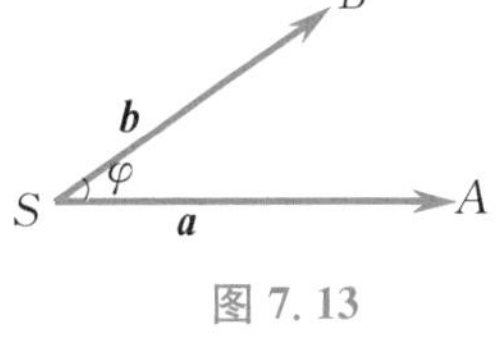

图 7.13

若向量 $\boldsymbol{a}$ 与 $\boldsymbol{b}$ 平行，方向相同，则规定 $\varphi=0$；若向量 $\boldsymbol{a}$ 与 $\boldsymbol{b}$ 平行，方向相反，则规定 $\varphi=\pi$.

若 $(\boldsymbol{a},\boldsymbol{b})=\dfrac{\pi}{2}$，则称向量 $\boldsymbol{a}$ 与 $\boldsymbol{b}$ 垂直，记为 $\boldsymbol{a}\perp\boldsymbol{b}$.

设点 O 及单位向量 $\boldsymbol{e}$ 确定数轴 u. 作向量 $\boldsymbol{a}=\overrightarrow{OM}$，再过点 M 作与数轴 u 垂直的平面，交数轴 u 于点 M'，称点 M' 为点 M 在数轴 u 上的投影，并称向量 $\overrightarrow{OM'}$ 为向量 $\boldsymbol{a}$ 在数轴 u 上的分向量或投影向量（见图 7.14）. 因向量 $\overrightarrow{OM'}$ 与单位向量 $\boldsymbol{e}$ 共线，故存在实数 λ，使得 $\overrightarrow{OM'}=\lambda\boldsymbol{e}$. 这时，实数 λ 称为向量 $\boldsymbol{a}$ 在数轴 u 上的投影，记作 $\mathrm{Prj}_u\boldsymbol{a}$，即 $\lambda=\mathrm{Prj}_u\boldsymbol{a}$.

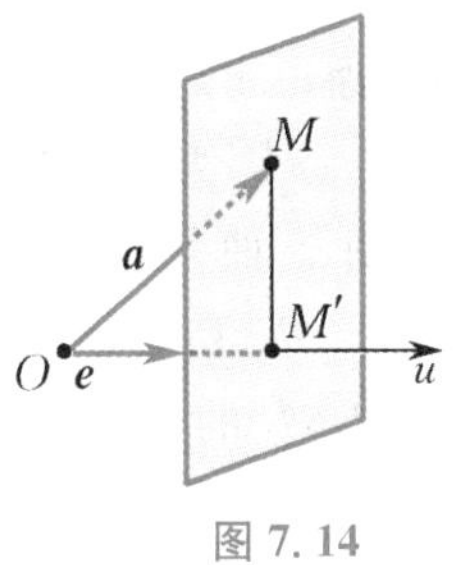

图 7.14

依此定义，向量 $\boldsymbol{a}$ 在空间直角坐标系 $Oxyz$ 中的横坐标 a_x、纵坐标 a_y、竖坐标 a_z 就是向量 $\boldsymbol{a}$ 分别在 x 轴、y 轴、z 轴上的投影，即

$$a_x=\mathrm{Prj}_x\boldsymbol{a},\quad a_y=\mathrm{Prj}_y\boldsymbol{a},\quad a_z=\mathrm{Prj}_z\boldsymbol{a}.$$

容易证明，向量 $\boldsymbol{a}$ 在数轴 u 上的投影满足下列性质：

(1) $\mathrm{Prj}_u\boldsymbol{a}=|\boldsymbol{a}|\cos\varphi$，其中 φ 为向量 $\boldsymbol{a}$ 与数轴 u 的夹角；

(2) $\mathrm{Prj}_u(\boldsymbol{a}+\boldsymbol{b})=\mathrm{Prj}_u\boldsymbol{a}+\mathrm{Prj}_u\boldsymbol{b}$；

(3) $\mathrm{Prj}_u(\lambda\boldsymbol{a})=\lambda\mathrm{Prj}_u\boldsymbol{a}$，其中 λ 为实数.

若数轴 u 与非零向量 $\boldsymbol{b}$ 同方向，我们也称向量 $\boldsymbol{a}$ 在数轴 u 上的投影为向量 $\boldsymbol{a}$ 在向量 $\boldsymbol{b}$ 上的投影，记作 $\mathrm{Prj}_{\boldsymbol{b}}\boldsymbol{a}$.

三、向量的方向角与方向余弦

向量可用坐标来表示，也可用其模和方向来表示. 为了应用上的方便,下面讨论向量的坐标与模和方向之间的联系.

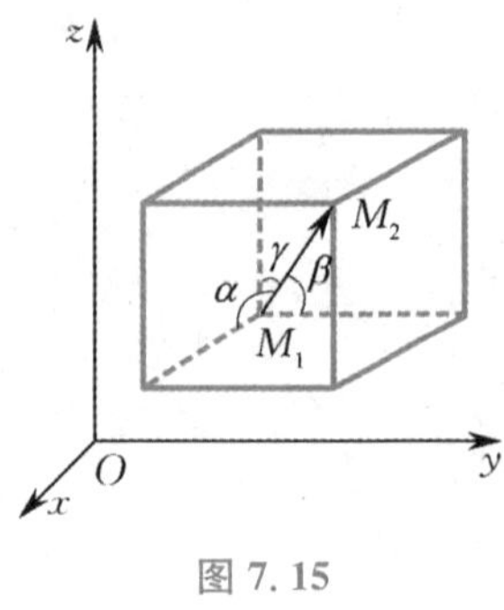

图 7.15

定义 设向量 $\boldsymbol{a}=\overrightarrow{M_1M_2}$ 与 x 轴、y 轴、z 轴正向的夹角分别为 α,β,γ,规定 $0\leqslant\alpha\leqslant\pi,0\leqslant\beta\leqslant\pi,0\leqslant\gamma\leqslant\pi$,称 α,β,γ 为向量 $\boldsymbol{a}$ 的方向角(见图 7.15).

设向量 $\boldsymbol{a}=(a_x,a_y,a_z)\neq\boldsymbol{0}$ 的方向角为 α,β,γ,则有

$$a_x=|\boldsymbol{a}|\cos\alpha,\quad a_y=|\boldsymbol{a}|\cos\beta,\quad a_z=|\boldsymbol{a}|\cos\gamma,$$

其中 $\cos\alpha,\cos\beta,\cos\gamma$ 称为 $\boldsymbol{a}$ 的方向余弦.

由于向量 $\boldsymbol{a}$ 的模为

$$|\boldsymbol{a}|=\sqrt{a_x^2+a_y^2+a_z^2},$$

因此

$$\cos\alpha=\frac{a_x}{|\boldsymbol{a}|}=\frac{a_x}{\sqrt{a_x^2+a_y^2+a_z^2}},$$

$$\cos\beta=\frac{a_y}{|\boldsymbol{a}|}=\frac{a_y}{\sqrt{a_x^2+a_y^2+a_z^2}},$$

$$\cos\gamma=\frac{a_z}{|\boldsymbol{a}|}=\frac{a_z}{\sqrt{a_x^2+a_y^2+a_z^2}}.$$

那么,我们有

$$\cos^2\alpha+\cos^2\beta+\cos^2\gamma=\frac{a_x^2+a_y^2+a_z^2}{|\boldsymbol{a}|^2}=1.$$

例 2 已知 $M_1(3,3,-2)$,$M_2(2,2,-1)$ 两点,求向量 $\overrightarrow{M_1M_2}$ 在空间直角坐标系中三条坐标轴上的投影,向量 $\overrightarrow{M_1M_2}$ 的模、方向角,以及与 $\overrightarrow{M_1M_2}$ 同向的单位向量.

解 因为 $\overrightarrow{M_1M_2}=(2-3,2-3,-1-(-2))=(-1,-1,1)$,所以向量 $\overrightarrow{M_1M_2}$ 在 x 轴、y 轴、z 轴上的投影分别为

$$a_x=-1,\quad a_y=-1,\quad a_z=1;$$

向量 $\overrightarrow{M_1M_2}$ 的模为

$$|\overrightarrow{M_1M_2}|=\sqrt{a_x^2+a_y^2+a_z^2}=\sqrt{(-1)^2+(-1)^2+1^2}=\sqrt{3};$$

向量 $\overrightarrow{M_1M_2}$ 的方向余弦为

$$\cos\alpha=-\frac{\sqrt{3}}{3},\quad \cos\beta=-\frac{\sqrt{3}}{3},\quad \cos\gamma=\frac{\sqrt{3}}{3},$$

从而其方向角为

$$\alpha=\arccos\left(-\frac{\sqrt{3}}{3}\right),\quad \beta=\arccos\left(-\frac{\sqrt{3}}{3}\right),\quad \gamma=\arccos\frac{\sqrt{3}}{3};$$

与 $\overrightarrow{M_1M_2}$ 同向的单位向量为

$$\boldsymbol{a}^0=\frac{\overrightarrow{M_1M_2}}{|\overrightarrow{M_1M_2}|}=\left(-\frac{\sqrt{3}}{3},-\frac{\sqrt{3}}{3},\frac{\sqrt{3}}{3}\right).$$

习　题　7.3

1. 已知 $A(0,1,2)$，$B(1,-1,0)$ 两点，求向量 $\overrightarrow{AB}$ 及 $-2\overrightarrow{AB}$ 的坐标表达式.

2. 已知 $A(4,\sqrt{2},1)$，$B(3,0,2)$ 两点，求向量 $\overrightarrow{AB}$ 的方向余弦和方向角.

3. 试说明方向角满足下列条件的向量与各坐标轴和各坐标平面的关系：

(1) $\cos\alpha=0$；　(2) $\cos\beta=1$；　(3) $\cos\alpha=\cos\beta=0$.

4. 设向量 $\boldsymbol{a}$ 的模是 4，且与数轴 u 的夹角是 $\frac{\pi}{3}$，求向量 $\boldsymbol{a}$ 在数轴 u 上的投影.

5. 设向量 $\overrightarrow{AB}$ 的终点为 $B(2,-1,7)$，且在 x 轴、y 轴、z 轴上的投影依次为 $4,-4,7$，求向量 $\overrightarrow{AB}$ 的起点 A 的坐标.

6. 设向量 $\boldsymbol{m}=3\boldsymbol{i}+5\boldsymbol{j}+8\boldsymbol{k}$，$\boldsymbol{n}=2\boldsymbol{i}-4\boldsymbol{j}-7\boldsymbol{k}$，$\boldsymbol{p}=5\boldsymbol{i}+\boldsymbol{j}-4\boldsymbol{k}$，求向量 $\boldsymbol{a}=4\boldsymbol{m}+3\boldsymbol{n}-\boldsymbol{p}$ 在 x 轴上的投影以及在 y 轴上的分向量.

7. 求向量 $\boldsymbol{a}=(4,-3,4)$ 在向量 $\boldsymbol{b}=(2,2,1)$ 上的投影.

8. 设向量 $\boldsymbol{a}=(3,5,-2)$，$\boldsymbol{b}=(2,1,4)$，问：实数 λ 与 μ 有怎样的关系，能使得向量 $\lambda\boldsymbol{a}+\mu\boldsymbol{b}$ 与 z 轴垂直？

9. 已知向量 $\overrightarrow{OA}=\boldsymbol{i}+3\boldsymbol{k}$，$\overrightarrow{OB}=\boldsymbol{j}+3\boldsymbol{k}$，求 $\triangle OAB$ 的面积.

§7.4　数量积、向量积与混合积

在§7.3 中，讨论了向量线性运算的坐标表达式. 现在来讨论向量的非线性运算，包括数量积、向量积与混合积这三种运算.

一、向量的数量积

由物理学知识可知，如果一物体在常力 $\boldsymbol{F}$ 的作用下沿直线从点 A 移动到点 B(见图 7.16)，位移为 $\boldsymbol{s}=\overrightarrow{AB}$，那么力 $\boldsymbol{F}$ 所做的功为

$$W=|\boldsymbol{F}||\boldsymbol{s}|\cos\theta=|\boldsymbol{F}||\overrightarrow{AB}|\cos\theta,$$

其中 θ 为力 $\boldsymbol{F}$ 与向量 $\overrightarrow{AB}$ 的夹角.

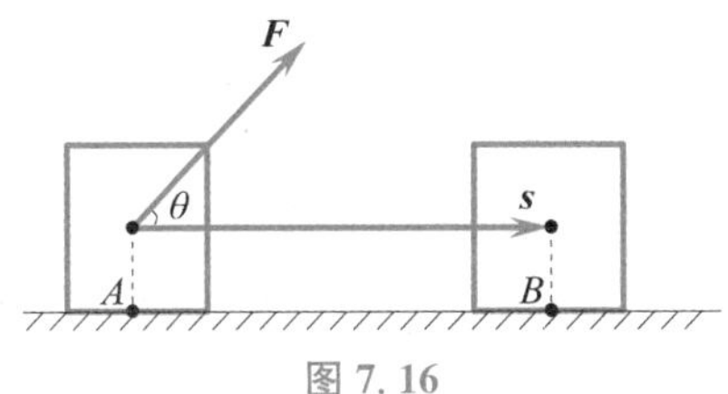

图 7.16

从数学的角度来看,上述求功的这种运算相当于两个向量经过某种运算的结果是一个数. 在实际应用中,类似于这样的问题还有很多. 为此,抽象出两个向量的数量积概念.

定义 1 设有两个向量 $\boldsymbol{a},\boldsymbol{b}$,它们的夹角为 $\theta(0\leqslant\theta\leqslant\pi)$,称数 $|\boldsymbol{a}||\boldsymbol{b}|\cos\theta$ 为 $\boldsymbol{a}$ 与 $\boldsymbol{b}$ 的数量积(或内积、点积),记作 $\boldsymbol{a}\cdot\boldsymbol{b}$, 即

$$\boldsymbol{a}\cdot\boldsymbol{b}=|\boldsymbol{a}||\boldsymbol{b}|\cos\theta.$$

由定义 1 知,力 $\boldsymbol{F}$ 所做的功 W 等于力 $\boldsymbol{F}$ 与位移 $\boldsymbol{s}$ 的数量积,即

$$W=\boldsymbol{F}\cdot\boldsymbol{s}.$$

设向量 $\boldsymbol{a}$ 与 $\boldsymbol{b}$ 的夹角为 $\theta(0\leqslant\theta\leqslant\pi)$,当 $\boldsymbol{a}\neq\boldsymbol{0}$ 时,由于 $|\boldsymbol{b}|\cos\theta$ 是 $\boldsymbol{b}$ 在 $\boldsymbol{a}$ 上的投影,因此有

$$\boldsymbol{a}\cdot\boldsymbol{b}=|\boldsymbol{a}|\mathrm{Prj}_{\boldsymbol{a}}\boldsymbol{b}.$$

同理,当 $\boldsymbol{b}\neq\boldsymbol{0}$ 时,有

$$\boldsymbol{a}\cdot\boldsymbol{b}=|\boldsymbol{b}|\mathrm{Prj}_{\boldsymbol{b}}\boldsymbol{a}.$$

这表明,两个向量的数量积等于其中一个向量的模与另一个向量在前一个向量上的投影的乘积.

对于任意的向量 $\boldsymbol{a},\boldsymbol{b}$,由定义 1 可以推得向量的数量积有下列性质:

(1) $\boldsymbol{a}\cdot\boldsymbol{a}=|\boldsymbol{a}|^2$;

(2) $\boldsymbol{a}\cdot\boldsymbol{b}=0$ 当且仅当 $\boldsymbol{a}\perp\boldsymbol{b}$.

以(2) 为例来证明.

证 设向量 $\boldsymbol{a}$ 与 $\boldsymbol{b}$ 的夹角为 θ. 当 $\boldsymbol{a}$ 与 $\boldsymbol{b}$ 均为非零向量,即 $\boldsymbol{a}\neq\boldsymbol{0}$, $\boldsymbol{b}\neq\boldsymbol{0}$ 时,若 $\boldsymbol{a}\cdot\boldsymbol{b}=0$,则有 $\cos\theta=0$,从而 $\theta=\dfrac{\pi}{2}$,即 $\boldsymbol{a}\perp\boldsymbol{b}$;当 $\boldsymbol{a}$ 与 $\boldsymbol{b}$ 中至少有一个为零向量时,因零向量与任何向量都垂直,故 $\boldsymbol{a}\perp\boldsymbol{b}$.

反之,如果 $\boldsymbol{a}\perp\boldsymbol{b}$,那么 $\theta=\dfrac{\pi}{2}$,即 $\cos\theta=0$,因此

$$\boldsymbol{a}\cdot\boldsymbol{b}=|\boldsymbol{a}||\boldsymbol{b}|\cos\theta=0.$$

不难证明,对于任意的向量 $\boldsymbol{a},\boldsymbol{b},\boldsymbol{c}$,数量积满足下列运算规律($\lambda\in\mathbf{R}$):

(1) 交换律 $\boldsymbol{a}\cdot\boldsymbol{b}=\boldsymbol{b}\cdot\boldsymbol{a}$;

(2) 分配律 $(\boldsymbol{a}+\boldsymbol{b})\cdot\boldsymbol{c}=\boldsymbol{a}\cdot\boldsymbol{c}+\boldsymbol{b}\cdot\boldsymbol{c}$;

(3) 结合律 $(\lambda\boldsymbol{a})\cdot\boldsymbol{b}=\boldsymbol{a}\cdot(\lambda\boldsymbol{b})=\lambda(\boldsymbol{a}\cdot\boldsymbol{b})$.

以(2) 为例来证明.

证 $$\begin{aligned}(\boldsymbol{a}+\boldsymbol{b})\cdot\boldsymbol{c}&=|\boldsymbol{c}|\mathrm{Prj}_{\boldsymbol{c}}(\boldsymbol{a}+\boldsymbol{b})=|\boldsymbol{c}|\mathrm{Prj}_{\boldsymbol{c}}\boldsymbol{a}+|\boldsymbol{c}|\mathrm{Prj}_{\boldsymbol{c}}\boldsymbol{b}\\&=\boldsymbol{a}\cdot\boldsymbol{c}+\boldsymbol{b}\cdot\boldsymbol{c}.\end{aligned}$$

现利用数量积的运算规律,推导数量积的坐标表达式.

设向量 $\boldsymbol{a}=a_1\boldsymbol{i}+a_2\boldsymbol{j}+a_3\boldsymbol{k}$, $\boldsymbol{b}=b_1\boldsymbol{i}+b_2\boldsymbol{j}+b_3\boldsymbol{k}$,那么由上述运算规律得

$$\begin{aligned}\boldsymbol{a}\cdot\boldsymbol{b}&=(a_1\boldsymbol{i}+a_2\boldsymbol{j}+a_3\boldsymbol{k})\cdot(b_1\boldsymbol{i}+b_2\boldsymbol{j}+b_3\boldsymbol{k})\\&=a_1\boldsymbol{i}\cdot(b_1\boldsymbol{i}+b_2\boldsymbol{j}+b_3\boldsymbol{k})+a_2\boldsymbol{j}\cdot(b_1\boldsymbol{i}+b_2\boldsymbol{j}+b_3\boldsymbol{k})\\&\quad+a_3\boldsymbol{k}\cdot(b_1\boldsymbol{i}+b_2\boldsymbol{j}+b_3\boldsymbol{k})\\&=a_1b_1\boldsymbol{i}\cdot\boldsymbol{i}+a_1b_2\boldsymbol{i}\cdot\boldsymbol{j}+a_1b_3\boldsymbol{i}\cdot\boldsymbol{k}+a_2b_1\boldsymbol{j}\cdot\boldsymbol{i}\\&\quad+a_2b_2\boldsymbol{j}\cdot\boldsymbol{j}+a_2b_3\boldsymbol{j}\cdot\boldsymbol{k}+a_3b_1\boldsymbol{k}\cdot\boldsymbol{i}+a_3b_2\boldsymbol{k}\cdot\boldsymbol{j}\\&\quad+a_3b_3\boldsymbol{k}\cdot\boldsymbol{k}.\end{aligned}$$

因为单位向量 $\boldsymbol{i},\boldsymbol{j},\boldsymbol{k}$ 互相垂直且模均为 1，所以

$$\boldsymbol{i}\cdot\boldsymbol{j}=\boldsymbol{j}\cdot\boldsymbol{k}=\boldsymbol{k}\cdot\boldsymbol{i}=0,\quad \boldsymbol{j}\cdot\boldsymbol{i}=\boldsymbol{k}\cdot\boldsymbol{j}=\boldsymbol{i}\cdot\boldsymbol{k}=0,$$
$$\boldsymbol{i}\cdot\boldsymbol{i}=\boldsymbol{j}\cdot\boldsymbol{j}=\boldsymbol{k}\cdot\boldsymbol{k}=1.$$

故

$$\boldsymbol{a}\cdot\boldsymbol{b}=a_1b_1+a_2b_2+a_3b_3.$$

特别地，当 $\boldsymbol{a}=\boldsymbol{b}$ 时，则有

$$\boldsymbol{a}\cdot\boldsymbol{a}=a_1^2+a_2^2+a_3^2.$$

由于 $\boldsymbol{a}\cdot\boldsymbol{b}=|\boldsymbol{a}||\boldsymbol{b}|\cos\theta$，因此当 $\boldsymbol{a},\boldsymbol{b}$ 都是非零向量时，$\boldsymbol{a}$ 与 $\boldsymbol{b}$ 的夹角余弦的坐标表达式为

$$\cos\theta=\frac{\boldsymbol{a}\cdot\boldsymbol{b}}{|\boldsymbol{a}||\boldsymbol{b}|}=\frac{a_1b_1+a_2b_2+a_3b_3}{\sqrt{a_1^2+a_2^2+a_3^2}\cdot\sqrt{b_1^2+b_2^2+b_3^2}}.$$

例 1　已知 $M(1,1,1)$，$A(2,2,1)$，$B(2,1,2)$ 三点，求 $\overrightarrow{MA}\cdot\overrightarrow{MB}$ 及向量 $\overrightarrow{MA}$ 与 $\overrightarrow{MB}$ 的夹角 $\angle AMB$.

解　因为

$$\overrightarrow{MA}=(1,1,0),\quad \overrightarrow{MB}=(1,0,1),$$
$$|\overrightarrow{MA}|=\sqrt{1^2+1^2+0^2}=\sqrt{2},\quad |\overrightarrow{MB}|=\sqrt{1^2+0^2+1^2}=\sqrt{2},$$

所以

$$\overrightarrow{MA}\cdot\overrightarrow{MB}=1\times1+1\times0+0\times1=1,$$
$$\cos\angle AMB=\frac{\overrightarrow{MA}\cdot\overrightarrow{MB}}{|\overrightarrow{MA}||\overrightarrow{MB}|}=\frac{1}{\sqrt{2}\times\sqrt{2}}=\frac{1}{2}.$$

故 $\angle AMB=\dfrac{\pi}{3}$.

例 2　设液体流过平面 S 上面积为 A 的一个区域 D，液体在区域 D 上各点处的流速均为常向量 $\boldsymbol{v}$. 已知垂直于平面 S 的单位向量为 $\boldsymbol{n}$[见图 7.17(a)]，计算单位时间内经过区域 D 流向向量 $\boldsymbol{n}$ 所指一侧的液体的质量 m（设液体的密度为 ρ）.

解　由题意可知，单位时间内流过区域 D 的液体形成一个底面积为 A、斜高为 $|\boldsymbol{v}|$ 的斜柱体[见图 7.17(b)]，其斜高与底面的垂线的夹角就是向量 $\boldsymbol{v}$ 与 $\boldsymbol{n}$ 的夹角 θ. 因此，该斜柱体的高为 $|\boldsymbol{v}|\cos\theta$，体积为

$$A|\boldsymbol{v}|\cos\theta=A\boldsymbol{v}\cdot\boldsymbol{n},$$

从而所求的液体质量为

$$m=\rho A\boldsymbol{v}\cdot\boldsymbol{n}.$$

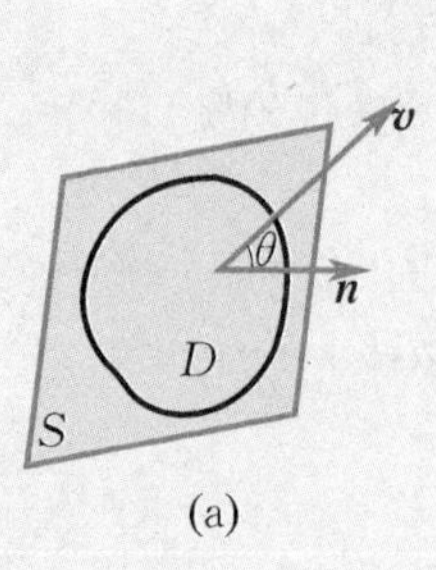

(a)

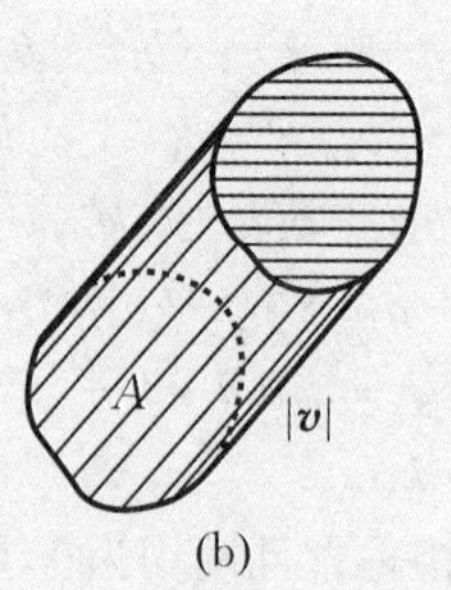

(b)

图 7.17

二、向量的向量积

设 O 为一根杠杆 L 的支点.若力 $\boldsymbol{F}$ 作用于杠杆上点 P 处，且力 $\boldsymbol{F}$ 和向量 $\overrightarrow{OP}$ 的夹角为 θ（见图 7.18），则由物理学知识可知，力 $\boldsymbol{F}$ 对点 O 的力矩是一个向量 $\boldsymbol{M}$，其模为

$$|\boldsymbol{M}| = |\overrightarrow{OP}|\sin\theta \cdot |\boldsymbol{F}|,$$

其方向垂直于 $\overrightarrow{OP}$ 和 $\boldsymbol{F}$ 所确定的平面，且方向按右手法则从 $\overrightarrow{OP}$ 以不超过 π 的角度转向 $\boldsymbol{F}$ 来确定（当右手的四个手指从 $\overrightarrow{OP}$ 以不超过 π 的角度转向 $\boldsymbol{F}$ 握拳时，大拇指的指向就是 $\boldsymbol{M}$ 的方向）.

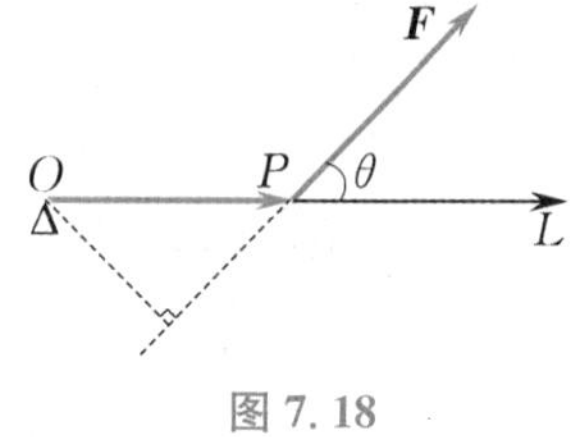

图 7.18

这种由两个已知向量按一定运算法则产生另一个向量的方法，在实际问题中常常会用到.为此，抽象出两个向量的向量积概念.

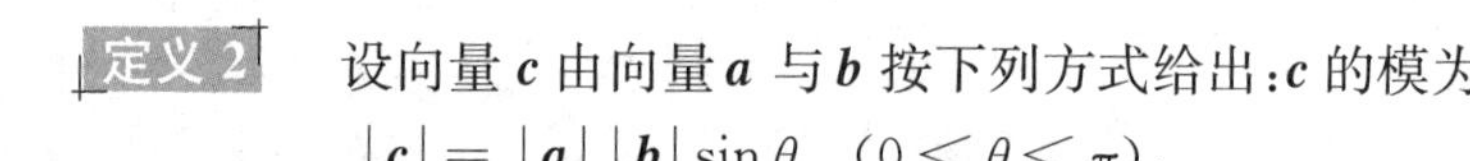
定义 2 设向量 $\boldsymbol{c}$ 由向量 $\boldsymbol{a}$ 与 $\boldsymbol{b}$ 按下列方式给出：$\boldsymbol{c}$ 的模为

$$|\boldsymbol{c}| = |\boldsymbol{a}||\boldsymbol{b}|\sin\theta \quad (0 \leqslant \theta \leqslant \pi),$$

其中 θ 为 $\boldsymbol{a}$ 与 $\boldsymbol{b}$ 的夹角；$\boldsymbol{c}$ 的方向垂直于 $\boldsymbol{a}$ 与 $\boldsymbol{b}$ 所确定的平面（$\boldsymbol{c}$ 既垂直于 $\boldsymbol{a}$，又垂直于 $\boldsymbol{b}$），且按右手法则从 $\boldsymbol{a}$ 以不超过 π 的角度转向 $\boldsymbol{b}$ 来确定.称 $\boldsymbol{c}$ 为 $\boldsymbol{a}$ 与 $\boldsymbol{b}$ 的向量积（见图 7.19），记作 $\boldsymbol{a}\times\boldsymbol{b}$，即

$$\boldsymbol{c} = \boldsymbol{a}\times\boldsymbol{b}.$$

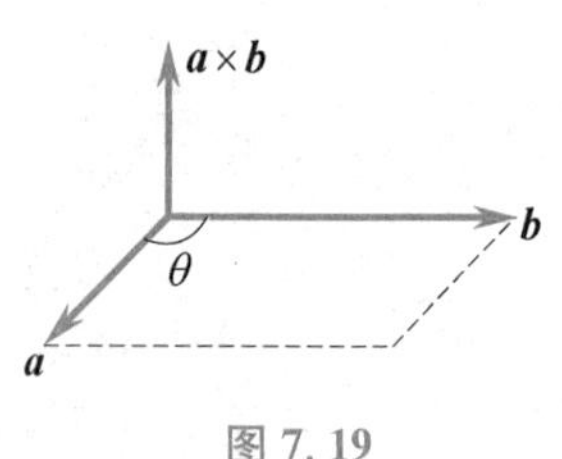

图 7.19

由定义 2 知，力矩 $\boldsymbol{M}$ 等于向量 $\overrightarrow{OP}$ 与力 $\boldsymbol{F}$ 的向量积，即

$$\boldsymbol{M} = \overrightarrow{OP}\times\boldsymbol{F}.$$

从几何上看，当向量 $\boldsymbol{a}$ 与 $\boldsymbol{b}$ 不共线时，向量 $\boldsymbol{a}\times\boldsymbol{b}$ 垂直于 $\boldsymbol{a}$ 与 $\boldsymbol{b}$ 所确定的平面，其模 $|\boldsymbol{a}\times\boldsymbol{b}|$ 就是以 $\boldsymbol{a}$ 与 $\boldsymbol{b}$ 为邻边的平行四边形的面积.

对于任意的向量 $\boldsymbol{a},\boldsymbol{b}$，由定义 2 可以推得向量积有下列性质：

(1) $\boldsymbol{a}\times\boldsymbol{a} = \boldsymbol{0}$；

(2) $\boldsymbol{a}\times\boldsymbol{b} = \boldsymbol{0}$ 当且仅当 $\boldsymbol{a} /\!/ \boldsymbol{b}$.

以(2)为例来证明.

证　设向量 $\boldsymbol{a}$ 与 $\boldsymbol{b}$ 的夹角为 θ.当 $\boldsymbol{a}\neq\boldsymbol{0},\boldsymbol{b}\neq\boldsymbol{0}$ 时，若 $\boldsymbol{a}\times\boldsymbol{b}=\boldsymbol{0}$，则有 $\sin\theta = 0$，从而 $\theta = 0$ 或 π，即 $\boldsymbol{a} /\!/ \boldsymbol{b}$；当 $\boldsymbol{a}$ 与 $\boldsymbol{b}$ 中至少有一个为零

向量时，因零向量与任何向量都平行，故 $\boldsymbol{a} /\!/ \boldsymbol{b}$.

反之，若 $\boldsymbol{a} /\!/ \boldsymbol{b}$，则 $\theta = 0$ 或 π，即 $\sin\theta = 0$，因此 $|\boldsymbol{a} \times \boldsymbol{b}| = 0$，则

$$\boldsymbol{a} \times \boldsymbol{b} = \boldsymbol{0}.$$

不难证明，对于任意的向量 $\boldsymbol{a},\boldsymbol{b},\boldsymbol{c}$，向量积满足下列运算规律 $(\lambda \in \mathbf{R})$：

(1) $\boldsymbol{b} \times \boldsymbol{a} = -\boldsymbol{a} \times \boldsymbol{b}$；

(2) 分配律　$(\boldsymbol{a} + \boldsymbol{b}) \times \boldsymbol{c} = \boldsymbol{a} \times \boldsymbol{c} + \boldsymbol{b} \times \boldsymbol{c}$；

(3) 结合律　$(\lambda \boldsymbol{a}) \times \boldsymbol{b} = \boldsymbol{a} \times (\lambda \boldsymbol{b}) = \lambda(\boldsymbol{a} \times \boldsymbol{b})$.

以(1)为例来证明.

证　易知，按右手法则从 $\boldsymbol{b}$ 转向 $\boldsymbol{a}$ 确定的方向恰好与按右手法则从 $\boldsymbol{a}$ 转向 $\boldsymbol{b}$ 确定的方向相反，即得证.

现利用向量积的运算规律，推导向量积的坐标表达式.

设向量 $\boldsymbol{a} = a_1\boldsymbol{i} + a_2\boldsymbol{j} + a_3\boldsymbol{k}$，$\boldsymbol{b} = b_1\boldsymbol{i} + b_2\boldsymbol{j} + b_3\boldsymbol{k}$，则由上述运算规律得

$$\begin{aligned}
\boldsymbol{a} \times \boldsymbol{b} &= (a_1\boldsymbol{i} + a_2\boldsymbol{j} + a_3\boldsymbol{k}) \times (b_1\boldsymbol{i} + b_2\boldsymbol{j} + b_3\boldsymbol{k}) \\
&= a_1\boldsymbol{i} \times (b_1\boldsymbol{i} + b_2\boldsymbol{j} + b_3\boldsymbol{k}) + a_2\boldsymbol{j} \times (b_1\boldsymbol{i} + b_2\boldsymbol{j} + b_3\boldsymbol{k}) \\
&\quad + a_3\boldsymbol{k} \times (b_1\boldsymbol{i} + b_2\boldsymbol{j} + b_3\boldsymbol{k}) \\
&= a_1b_1\boldsymbol{i} \times \boldsymbol{i} + a_1b_2\boldsymbol{i} \times \boldsymbol{j} + a_1b_3\boldsymbol{i} \times \boldsymbol{k} \\
&\quad + a_2b_1\boldsymbol{j} \times \boldsymbol{i} + a_2b_2\boldsymbol{j} \times \boldsymbol{j} + a_2b_3\boldsymbol{j} \times \boldsymbol{k} \\
&\quad + a_3b_1\boldsymbol{k} \times \boldsymbol{i} + a_3b_2\boldsymbol{k} \times \boldsymbol{j} + a_3b_3\boldsymbol{k} \times \boldsymbol{k}.
\end{aligned}$$

因为

$$\begin{gathered}
\boldsymbol{i} \times \boldsymbol{i} = \boldsymbol{j} \times \boldsymbol{j} = \boldsymbol{k} \times \boldsymbol{k} = \boldsymbol{0}, \\
\boldsymbol{i} \times \boldsymbol{j} = \boldsymbol{k}, \quad \boldsymbol{j} \times \boldsymbol{k} = \boldsymbol{i}, \quad \boldsymbol{k} \times \boldsymbol{i} = \boldsymbol{j}, \\
\boldsymbol{j} \times \boldsymbol{i} = -\boldsymbol{k}, \quad \boldsymbol{k} \times \boldsymbol{j} = -\boldsymbol{i}, \quad \boldsymbol{i} \times \boldsymbol{k} = -\boldsymbol{j},
\end{gathered}$$

所以

$$\boldsymbol{a} \times \boldsymbol{b} = (a_2b_3 - a_3b_2)\boldsymbol{i} + (a_3b_1 - a_1b_3)\boldsymbol{j} + (a_1b_2 - a_2b_1)\boldsymbol{k}.$$

为了方便记忆，可将上式表示为如下行列式形式：

$$\boldsymbol{a} \times \boldsymbol{b} = \begin{vmatrix} \boldsymbol{i} & \boldsymbol{j} & \boldsymbol{k} \\ a_1 & a_2 & a_3 \\ b_1 & b_2 & b_3 \end{vmatrix}.$$

例3　已知 $A(2,3,2)$，$B(3,3,3)$，$C(4,5,5)$ 三点，求 $\overrightarrow{AB} \times \overrightarrow{AC}$ 及 $\angle BAC$ 的正弦.

解　由题意得 $\overrightarrow{AB} = (1,0,1)$，$\overrightarrow{AC} = (2,2,3)$，则

$$\overrightarrow{AB} \times \overrightarrow{AC} = \begin{vmatrix} \boldsymbol{i} & \boldsymbol{j} & \boldsymbol{k} \\ 1 & 0 & 1 \\ 2 & 2 & 3 \end{vmatrix} = -2\boldsymbol{i} - \boldsymbol{j} + 2\boldsymbol{k}.$$

因此

$$\sin\angle BAC=\frac{|\overrightarrow{AB}\times\overrightarrow{AC}|}{|\overrightarrow{AB}||\overrightarrow{AC}|}=\frac{\sqrt{(-2)^2+(-1)^2+2^2}}{\sqrt{1^2+0^2+1^2}\times\sqrt{2^2+2^2+3^2}}$$

$$=\frac{3}{\sqrt{2}\times\sqrt{17}}=\frac{3}{\sqrt{34}}=\frac{3\sqrt{34}}{34}.$$

例 4 求以 $A(1,-1,2)$，$B(3,3,1)$，$C(3,1,3)$ 三点为顶点的三角形的面积 S.

解 根据向量积的几何意义，以向量 $\overrightarrow{AB}$ 与 $\overrightarrow{AC}$ 为邻边的平行四边形的面积为 $|\overrightarrow{AB}\times\overrightarrow{AC}|$. 因为 $\overrightarrow{AB}=(2,4,-1)$，$\overrightarrow{AC}=(2,2,1)$，所以

$$\overrightarrow{AB}\times\overrightarrow{AC}=\begin{vmatrix}\boldsymbol{i} & \boldsymbol{j} & \boldsymbol{k}\\ 2 & 4 & -1\\ 2 & 2 & 1\end{vmatrix}=6\boldsymbol{i}-4\boldsymbol{j}-4\boldsymbol{k}.$$

因此，所求的三角形面积为

$$S=\frac{1}{2}|\overrightarrow{AB}\times\overrightarrow{AC}|=\frac{1}{2}\sqrt{6^2+(-4)^2+(-4)^2}=\sqrt{17}.$$

三、向量的混合积

根据两个向量的数量积和向量积，可以得到关于 $\boldsymbol{a},\boldsymbol{b},\boldsymbol{c}$ 三个向量的三种向量运算：

$$(\boldsymbol{a}\cdot\boldsymbol{b})\boldsymbol{c},\quad (\boldsymbol{a}\times\boldsymbol{b})\cdot\boldsymbol{c},\quad (\boldsymbol{a}\times\boldsymbol{b})\times\boldsymbol{c},$$

其结果依次为向量、数和向量. 下面主要讨论向量运算 $(\boldsymbol{a}\times\boldsymbol{b})\cdot\boldsymbol{c}$.

定义 3 设有 $\boldsymbol{a},\boldsymbol{b},\boldsymbol{c}$ 三个向量，先做 $\boldsymbol{a},\boldsymbol{b}$ 的向量积 $\boldsymbol{a}\times\boldsymbol{b}$，再与 $\boldsymbol{c}$ 做数量积 $(\boldsymbol{a}\times\boldsymbol{b})\cdot\boldsymbol{c}$，所得结果称为 $\boldsymbol{a},\boldsymbol{b},\boldsymbol{c}$ 的混合积，记作 $[\boldsymbol{abc}]$，即

$$[\boldsymbol{abc}]=(\boldsymbol{a}\times\boldsymbol{b})\cdot\boldsymbol{c}.$$

下面推导混合积的坐标表达式.

设向量

$$\boldsymbol{a}=(a_1,a_2,a_3),\quad \boldsymbol{b}=(b_1,b_2,b_3),\quad \boldsymbol{c}=(c_1,c_2,c_3).$$

因为

$$\boldsymbol{a}\times\boldsymbol{b}=\begin{vmatrix}\boldsymbol{i} & \boldsymbol{j} & \boldsymbol{k}\\ a_1 & a_2 & a_3\\ b_1 & b_2 & b_3\end{vmatrix}=\begin{vmatrix}a_2 & a_3\\ b_2 & b_3\end{vmatrix}\boldsymbol{i}+\begin{vmatrix}a_3 & a_1\\ b_3 & b_1\end{vmatrix}\boldsymbol{j}+\begin{vmatrix}a_1 & a_2\\ b_1 & b_2\end{vmatrix}\boldsymbol{k},$$

所以

$$[\boldsymbol{abc}]=(\boldsymbol{a}\times\boldsymbol{b})\cdot\boldsymbol{c}=c_1\begin{vmatrix}a_2 & a_3\\ b_2 & b_3\end{vmatrix}+c_2\begin{vmatrix}a_3 & a_1\\ b_3 & b_1\end{vmatrix}+c_3\begin{vmatrix}a_1 & a_2\\ b_1 & b_2\end{vmatrix}$$

$$=\begin{vmatrix}a_1 & a_2 & a_3\\ b_1 & b_2 & b_3\\ c_1 & c_2 & c_3\end{vmatrix}.$$

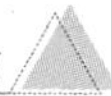

混合积的几何意义是：对于非零向量 $\boldsymbol{a},\boldsymbol{b},\boldsymbol{c}$，$[\boldsymbol{abc}]=(\boldsymbol{a}\times\boldsymbol{b})\cdot\boldsymbol{c}$ 的绝对值是以向量 $\boldsymbol{a},\boldsymbol{b},\boldsymbol{c}$ 为棱的平行六面体的体积 V. 事实上，若设向量 $\overrightarrow{OA}=\boldsymbol{a}$，$\overrightarrow{OB}=\boldsymbol{b}$，$\overrightarrow{OC}=\boldsymbol{c}$，则以向量 $\boldsymbol{a},\boldsymbol{b},\boldsymbol{c}$ 为棱形成的平行六面体底面 $OADB$ 的面积为 $|\boldsymbol{a}\times\boldsymbol{b}|$（见图 7.20). 以 α 表示向量 $\boldsymbol{a}\times\boldsymbol{b}$ 与 $\boldsymbol{c}$ 的夹角. 因为 $\boldsymbol{a}\times\boldsymbol{b}$ 垂直于底面 $OADB$，所以当 α 为锐角时，$|\boldsymbol{c}|\cos\alpha$ 就是平行六面体的高，于是

$$V=|\boldsymbol{a}\times\boldsymbol{b}|\,|\boldsymbol{c}|\cos\alpha=(\boldsymbol{a}\times\boldsymbol{b})\cdot\boldsymbol{c}=[\boldsymbol{abc}];$$

当 α 为钝角时，$[\boldsymbol{abc}]=(\boldsymbol{a}\times\boldsymbol{b})\cdot\boldsymbol{c}=-V$.

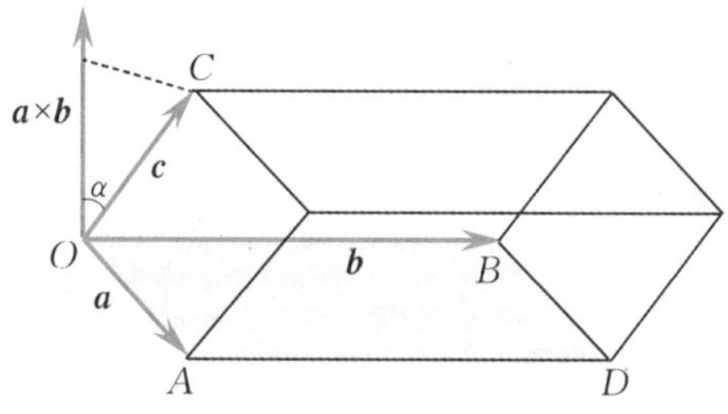

图 7.20

若 $\boldsymbol{a},\boldsymbol{b},\boldsymbol{c}$ 构成右手系（$\boldsymbol{c}$ 的方向可按右手法则从 $\boldsymbol{a}$ 以不超过 π 的角度转向 $\boldsymbol{b}$ 来确定），则混合积 $[\boldsymbol{abc}]$ 取正值；若 $\boldsymbol{a},\boldsymbol{b},\boldsymbol{c}$ 构成左手系（$\boldsymbol{c}$ 的方向可按左手法则从 $\boldsymbol{a}$ 以不超过 π 的角度转向 $\boldsymbol{b}$ 来确定），则混合积 $[\boldsymbol{abc}]$ 取负值.

例 5　求以 $M_1(2,3,2)$，$M_2(3,3,3)$，$M_3(4,5,5)$，$M_4(6,8,9)$ 四点为顶点的四面体 $M_1M_2M_3M_4$ 的体积 V.

解　由立体几何知识可知，四面体 $M_1M_2M_3M_4$ 的体积 V 是以向量 $\overrightarrow{M_1M_2}$，$\overrightarrow{M_1M_3}$，$\overrightarrow{M_1M_4}$ 为棱的平行六面体体积的 $\frac{1}{6}$，即

$$V=\frac{1}{6}\left|[\overrightarrow{M_1M_2}\ \overrightarrow{M_1M_3}\ \overrightarrow{M_1M_4}]\right|.$$

而

$$\overrightarrow{M_1M_2}=(1,0,1),\quad \overrightarrow{M_1M_3}=(2,2,3),\quad \overrightarrow{M_1M_4}=(4,5,7),$$

故

$$V=\frac{1}{6}\left|\begin{vmatrix}1&0&1\\2&2&3\\4&5&7\end{vmatrix}\right|=\frac{1}{6}\left|\left(1\times\begin{vmatrix}2&3\\5&7\end{vmatrix}+0\times\begin{vmatrix}3&2\\7&4\end{vmatrix}+1\times\begin{vmatrix}2&2\\4&5\end{vmatrix}\right)\right|$$

$$=\frac{1}{6}|(-1+0+2)|=\frac{1}{6}.$$

易推得以下结论：

向量 $\boldsymbol{a}=(a_1,a_2,a_3),\boldsymbol{b}=(b_1,b_2,b_3),\boldsymbol{c}=(c_1,c_2,c_3)$共面的充要条件是混合积$[\boldsymbol{abc}]=0$,即

$$\begin{vmatrix} a_1 & a_2 & a_3 \\ b_1 & b_2 & b_3 \\ c_1 & c_2 & c_3 \end{vmatrix}=0.$$

事实上,若混合积$[\boldsymbol{abc}]\neq 0$,则以向量 $\boldsymbol{a},\boldsymbol{b},\boldsymbol{c}$ 为棱能构成一个平行六面体,即$\boldsymbol{a},\boldsymbol{b},\boldsymbol{c}$不共面;反之,若向量$\boldsymbol{a},\boldsymbol{b},\boldsymbol{c}$不共面,则必能以$\boldsymbol{a},\boldsymbol{b},\boldsymbol{c}$为棱构成一个平行六面体,从而$[\boldsymbol{abc}]\neq 0$.

例 6 已知 $A(1,2,0),B(2,3,1),C(4,2,2),M(x,y,z)$ 四点共面,求点 M 的坐标所满足的关系式.

解 A,B,C,M 四点共面也就是$\overrightarrow{AM},\overrightarrow{AB},\overrightarrow{AC}$ 三个向量共面. 由

$$\overrightarrow{AM}=(x-1,y-2,z),\quad \overrightarrow{AB}=(1,1,1),\quad \overrightarrow{AC}=(3,0,2)$$

三个向量共面的充要条件,可得点 M 的坐标所满足的关系式为

$$\begin{vmatrix} x-1 & y-2 & z \\ 1 & 1 & 1 \\ 3 & 0 & 2 \end{vmatrix}=0,\quad 即\quad 2x+y-3z-4=0.$$

习 题 7.4

1. 设向量 $\boldsymbol{a}=3\boldsymbol{i}-\boldsymbol{j}-2\boldsymbol{k},\boldsymbol{b}=\boldsymbol{i}+2\boldsymbol{j}-\boldsymbol{k}$,求：

(1) $\boldsymbol{a}\cdot\boldsymbol{b}$ 及 $\boldsymbol{a}\times\boldsymbol{b}$;

(2) $(-2\boldsymbol{a})\cdot(3\boldsymbol{b})$ 及 $\boldsymbol{a}\times 2\boldsymbol{b}$;

(3) $\boldsymbol{a}$ 与 $\boldsymbol{b}$ 的夹角的余弦.

2. 设 $\boldsymbol{a},\boldsymbol{b},\boldsymbol{c}$ 均为单位向量,且满足 $\boldsymbol{a}+\boldsymbol{b}+\boldsymbol{c}=\boldsymbol{0}$,求：

(1) $\boldsymbol{a}\cdot\boldsymbol{b}+\boldsymbol{b}\cdot\boldsymbol{c}+\boldsymbol{c}\cdot\boldsymbol{a}$;

(2) $\boldsymbol{a}\times\boldsymbol{b}+\boldsymbol{b}\times\boldsymbol{c}+\boldsymbol{c}\times\boldsymbol{a}$.

3. 设向量 $\boldsymbol{a}=2\boldsymbol{i}-3\boldsymbol{j}+\boldsymbol{k},\boldsymbol{b}=\boldsymbol{i}-\boldsymbol{j}+3\boldsymbol{k},\boldsymbol{c}=\boldsymbol{i}-2\boldsymbol{j}$,求：

(1) $(\boldsymbol{a}\cdot\boldsymbol{b})\boldsymbol{c}-(\boldsymbol{a}\cdot\boldsymbol{c})\boldsymbol{b}$;

(2) $(\boldsymbol{a}+\boldsymbol{b})\times(\boldsymbol{b}+\boldsymbol{c})$;

(3) $(\boldsymbol{a}\times\boldsymbol{b})\cdot\boldsymbol{c}$.

4. 设有 $M_1(1,-1,2),M_2(3,3,1),M_3(3,1,3)$ 三点,求与向量$\overrightarrow{M_1M_2},\overrightarrow{M_2M_3}$同时垂直的单位向量.

5. 将质量为 100 kg 的物体从点 $M_1(3,1,8)$ 沿直线移动到点 $M_2(1,4,2)$，求重力所做的功(坐标系长度的单位为 m，重力方向为 z 轴负向，取重力加速度 $g=9.8\ \mathrm{m/s^2}$).

6. 设点 P_1,P_2 分别在一根杠杆上支点 O 的两侧，且与支点 O 的距离分别为 x_1,x_2. 若作用在点 P_1 且与 $\overrightarrow{OP_1}$ 成 θ_1 角的力为 $\boldsymbol{F}_1$，作用在点 P_2 且与 $\overrightarrow{OP_2}$ 成 θ_2 角的力为 $\boldsymbol{F}_2$(见图 7.21)，试问：$\theta_1,\theta_2,x_1,x_2,|\boldsymbol{F}_1|,|\boldsymbol{F}_2|$ 有怎样的关系，才能使杠杆保持平衡?

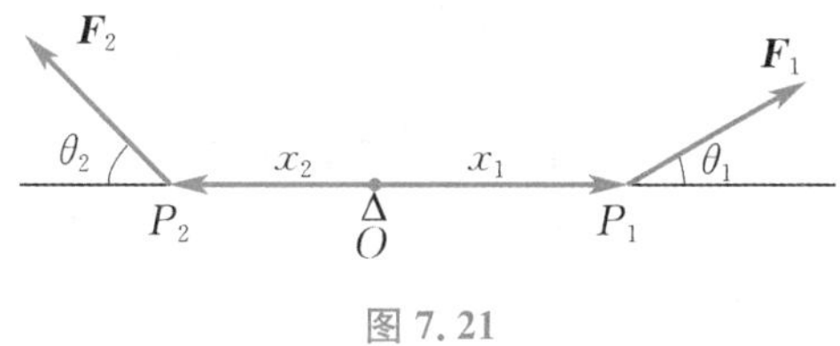

图 7.21

§7.5 平面及其方程

我们已经知道，在平面解析几何中，一条平面曲线可看作平面上动点的几何轨迹. 同样，在空间解析几何中，一条空间曲线或一个曲面可看作空间中动点的几何轨迹. 空间中任一点 M 与三元有序数组 (x,y,z) 有一一对应关系，因此和平面直角坐标系下的曲线与二元(或一元)方程有对应关系类似，空间直角坐标系下的曲面与三元方程也有对应关系.

一、曲面方程与空间曲线方程的概念

因为平面和空间直线分别是曲面和空间曲线的特例，所以下面先引入曲面方程和空间曲线方程的概念.

在空间直角坐标系下，若一个曲面 S 上任一点的坐标都满足三元方程

$$F(x,y,z)=0,$$

而不在曲面 S 上的点的坐标都不满足此方程，则称此方程为曲面 S 的方程，而称曲面 S 为此方程的图形(见图 7.22).

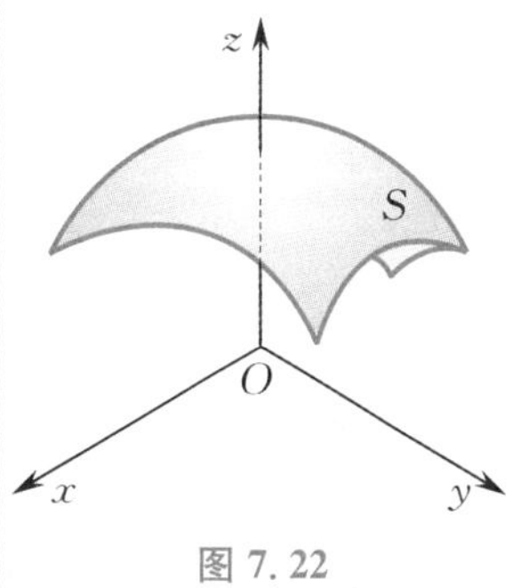

图 7.22

空间曲线可以看作两个曲面的交线. 设曲面 $S_1: F(x,y,z)=0$ 和 $S_2: G(x,y,z)=0$ 的交线为 C(见图 7.23)，则 C 为一条空间曲线，且空间曲线 C 上点的坐标应满足方程组

$$\begin{cases}F(x,y,z)=0,\\ G(x,y,z)=0.\end{cases}\tag{7.3}$$

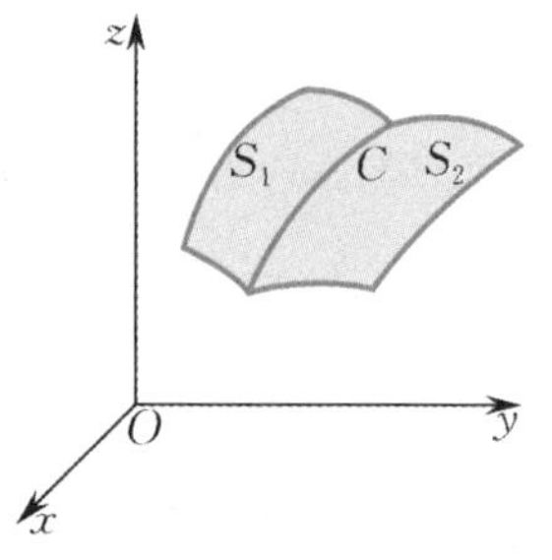

图 7.23

反之，如果点 M 不在空间曲线 C 上，那么它不可能同时在曲面 S_1 和 S_2 上，即它的坐标不满足方程组(7.3). 因此，空间曲线 C 可以用方程组

(7.3) 来表示，这时称方程组(7.3) 为空间曲线 C 的方程，空间曲线 C 称为方程(7.3) 的图形.

在空间解析几何中，平面和空间直线是最基本、最简单的曲面和空间曲线，本节和下一节将以向量为工具来讨论平面和空间直线的方程，以及平面与平面、直线与直线、平面与直线的关系.

二、平面的点法式方程和一般式方程

空间平面可以看作具有这样特征的动点的几何轨迹：动点与一个定点所成的向量垂直于一个已知的非零向量. 所以，可以用向量来研究平面.

定义 若非零向量 $\boldsymbol{n}$ 垂直于平面 Π，则称 $\boldsymbol{n}$ 为平面 Π 的法线向量(简称法向量).

下面建立平面 Π 的方程.

显然，若 $\boldsymbol{n}$ 是平面 Π 的法向量，则对于任意实数 $\lambda \neq 0$，$\lambda\boldsymbol{n}$ 也是平面 Π 的法向量，且平面 Π 上的任一向量均与平面 Π 的法向量 $\boldsymbol{n}$ 垂直.

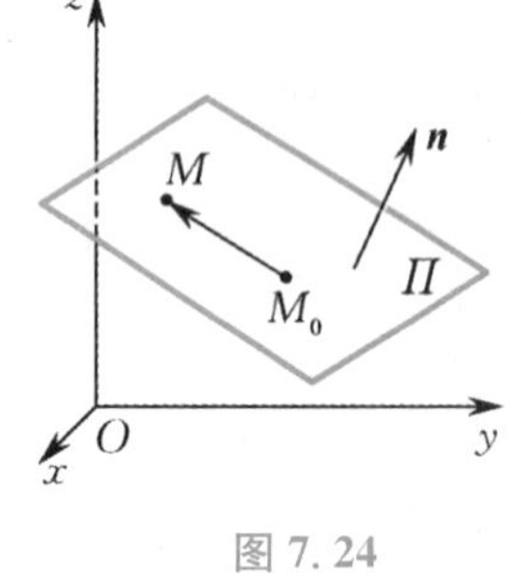

图 7.24

由于过空间一点仅存在一个与已知直线垂直的平面，因此当平面 Π 的法向量 $\boldsymbol{n}=(A,B,C)$ 和平面 Π 上的一点 $M_0(x_0,y_0,z_0)$ 确定时，也就确定了平面 Π 的位置. 这是因为，若 $M(x,y,z)$ 是平面 Π 上的任一点，则向量 $\overrightarrow{M_0M}=(x-x_0,y-y_0,z-z_0)$ 在平面 Π 上. 而 $\boldsymbol{n}=(A,B,C)$ 是平面 Π 的一个法向量，于是向量 $\boldsymbol{n}$ 与 $\overrightarrow{M_0M}$ 垂直(见图 7.24)，从而它们的数量积 $\boldsymbol{n}\cdot\overrightarrow{M_0M}=0$，即

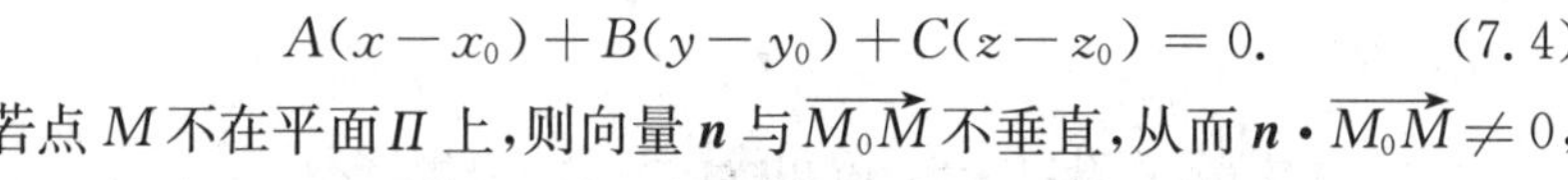

$$A(x-x_0)+B(y-y_0)+C(z-z_0)=0. \tag{7.4}$$

若点 M 不在平面 Π 上，则向量 $\boldsymbol{n}$ 与 $\overrightarrow{M_0M}$ 不垂直，从而 $\boldsymbol{n}\cdot\overrightarrow{M_0M}\neq 0$，即不在平面 Π 上的点 M 的坐标不满足方程(7.4).

通常称方程(7.4) 为平面 Π 的点法式方程，而称平面 Π 为方程(7.4) 的图形.

例 1 求过 $M_1(2,3,2)$，$M_2(3,3,3)$，$M_3(4,5,5)$ 三点的平面方程.

解 因为该平面的法向量 $\boldsymbol{n}$ 与向量 $\overrightarrow{M_1M_2}=(1,0,1)$，$\overrightarrow{M_1M_3}=(2,2,3)$ 均垂直，所以可取法向量

$$\boldsymbol{n}=\overrightarrow{M_1M_2}\times\overrightarrow{M_1M_3}=\begin{vmatrix} \boldsymbol{i} & \boldsymbol{j} & \boldsymbol{k} \\ 1 & 0 & 1 \\ 2 & 2 & 3 \end{vmatrix}=-2\boldsymbol{i}-\boldsymbol{j}+2\boldsymbol{k},$$

即

$$\boldsymbol{n}=(-2,-1,2).$$

又因点 M_1 在该平面上，故所求的平面方程为

$$-2(x-2)+(-1)(y-3)+2(z-2)=0,$$

即

$$-2x-y+2z+3=0.$$

由于方程(7.4)可以写成

$$Ax+By+Cz+D=0, \tag{7.5}$$

其中 $D=-Ax_0-By_0-Cz_0$，因此任一平面的方程都可写成一个三元一次方程的形式. 通常称方程(7.5)为**平面 Π 的一般式方程**.

当方程(7.5)中的系数或常数取特殊值时，表示特殊情形的平面. 例如，若 $D=0$，则方程(7.5)表示过原点的平面；若 $A=0$，此时法向量 $\boldsymbol{n}=(0,B,C)$ 垂直于 x 轴，则方程(7.5)表示平行于 x 轴的平面(包含过 x 轴的情形)；若 $A=0,B=0$，此时法向量 $\boldsymbol{n}=(0,0,C)$ 既垂直于 x 轴，又垂直于 y 轴，则方程(7.5)表示与 xOy 面平行的平面(包含重合的情形).

方程(7.5)中的系数或常数取特殊值时各情形汇总如表 7.3 所示.

表 7.3

平面的方程	平面的特征
$Ax+By+Cz=0$	过原点(0,0,0)
$By+Cz+D=0$，$Ax+Cz+D=0$ 或 $Ax+By+D=0$　$(D\neq 0)$	平行于 x 轴、y 轴或 z 轴
$By+Cz=0$，$Ax+Cz=0$ 或 $Ax+By=0$	过 x 轴、y 轴或 z 轴
$Cz+D=0$，$Ax+D=0$ 或 $By+D=0$　$(D\neq 0)$	平行于 xOy 面、yOz 面或 zOx 面

例 2　求过 z 轴和点 $M(6,8,9)$ 的平面方程.

解　由题意知，可设所求的平面方程为 $Ax+By=0$. 因为该平面过点 M，所以 $6A+8B=0$，解得 $A=-\frac{4}{3}B$. 因此，所求的平面方程为

$$\left(-\frac{4}{3}x+y\right)B=0,$$

即

$$-4x+3y=0\quad(\text{因 } B\neq 0).$$

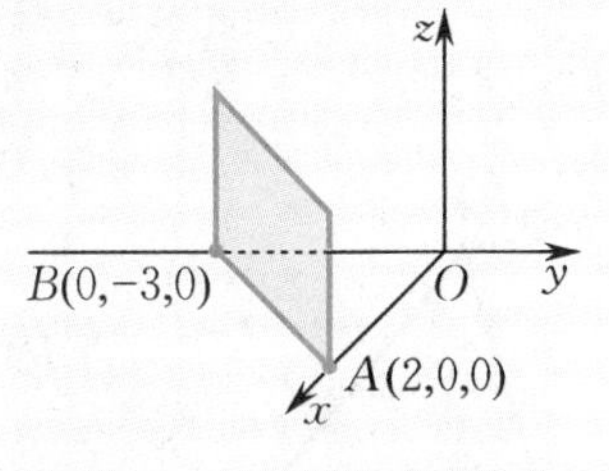

图 7.25

例 3　说明平面 $-3x+2y+6=0$ 的位置特征.

解　因为方程 $-3x+2y+6=0$ 缺 z 项，所以该平面平行于 z 轴，且与 x 轴、y 轴的交点分别为 $A(2,0,0)$，$B(0,-3,0)$(见图 7.25).

例 4　设平面 Π 垂直于平面 $2x+3y+2z=0$ 且过 $M_1(3,3,3)$，$M_2(4,5,5)$ 两点，求

平面 Π 的方程.

解　因为平面 $2x+3y+2z=0$ 的法向量为 $\boldsymbol{n}_1=(2,3,2)$，且向量 $\overrightarrow{M_1M_2}=(1,2,2)$ 在平面 Π 上，所以平面 Π 的法向量 $\boldsymbol{n}$ 同时垂直于 $\overrightarrow{M_1M_2}$ 及 $\boldsymbol{n}_1$，于是可取法向量

$$\boldsymbol{n}=\boldsymbol{n}_1\times\overrightarrow{M_1M_2}=\begin{vmatrix}\boldsymbol{i} & \boldsymbol{j} & \boldsymbol{k}\\ 2 & 3 & 2\\ 1 & 2 & 2\end{vmatrix}=2\boldsymbol{i}-2\boldsymbol{j}+\boldsymbol{k}.$$

故平面 Π 的方程为

$$2(x-3)-2(y-3)+(z-3)=0,$$

即

$$2x-2y+z-3=0.$$

三、平面的三点式方程和截距式方程

设 $M_1(x_1,y_1,z_1)$，$M_2(x_2,y_2,z_2)$，$M_3(x_3,y_3,z_3)$ 为平面 Π 上不共线的三点，$M(x,y,z)$ 为平面 Π 上的任一点，且 $M(x,y,z)\neq M_k(x_k,y_k,z_k)$ $(k=1,2,3)$，则这四点共面的充要条件是

$$\overrightarrow{M_1M}\cdot(\overrightarrow{M_1M_2}\times\overrightarrow{M_1M_3})=0,$$

即

$$\begin{vmatrix}x-x_1 & y-y_1 & z-z_1\\ x_2-x_1 & y_2-y_1 & z_2-z_1\\ x_3-x_1 & y_3-y_1 & z_3-z_1\end{vmatrix}=0. \tag{7.6}$$

称方程(7.6)为**平面 Π 的三点式方程**.

例 5　求分别与 x 轴、y 轴、z 轴交于点 $P(3,0,0)$，$Q(0,4,0)$，$R(0,0,5)$ 的平面方程.

解　设所求的平面方程为 $Ax+By+Cz+D=0$. 因为 P,Q,R 三点均在该平面上，所以

$$\begin{cases}3A+D=0,\\ 4B+D=0,\\ 5C+D=0,\end{cases}$$

解得 $A=-\dfrac{D}{3}$，$B=-\dfrac{D}{4}$，$C=-\dfrac{D}{5}$. 由于 $D\neq 0$，因此所求的平面方程为

$$\frac{x}{3}+\frac{y}{4}+\frac{z}{5}=1.$$

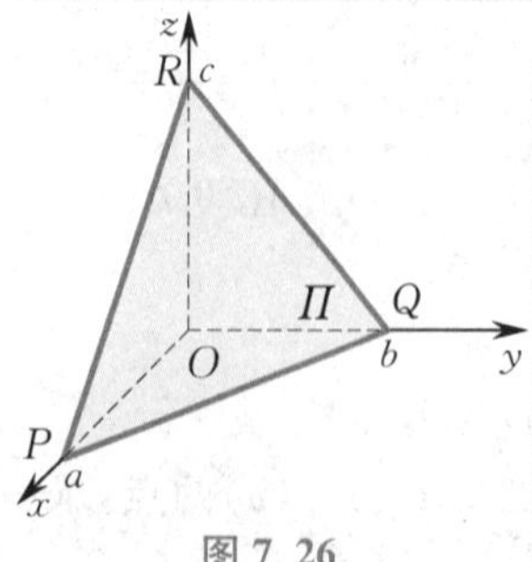

图 7.26

如图 7.26 所示，若一个平面 Π 与 x 轴、y 轴、z 轴的交点分别为 $P(a,0,0)$，$Q(0,b,0)$，$R(0,0,c)$ $(abc\neq 0)$，则平面 Π 的方程为

$$\frac{x}{a}+\frac{y}{b}+\frac{z}{c}=1. \tag{7.7}$$

称方程(7.7)为**平面 Π 的截距式方程**，其中 a,b,c 分别称为平面 Π 在 x 轴、y 轴、z 轴上的截距.

四、两个平面的夹角

两个平面的法向量的夹角（取锐角或直角）称为两个平面的夹角.

设平面

$$\Pi_1: A_1x + B_1y + C_1z + D_1 = 0$$

和

$$\Pi_2: A_2x + B_2y + C_2z + D_2 = 0,$$

现来推导这两个平面的夹角 θ（见图 7.27）满足的关系式.

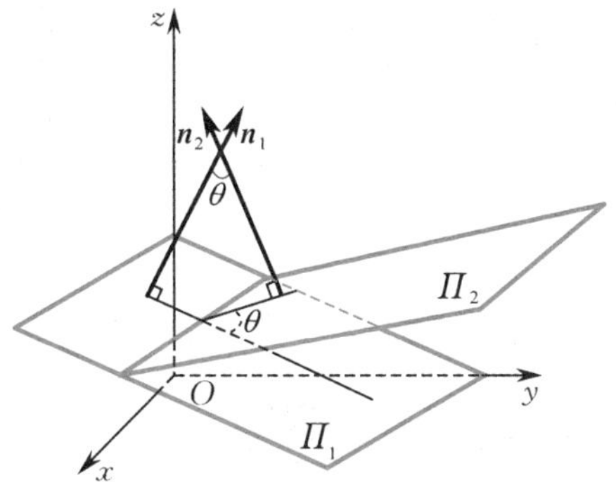

图 7.27

因为平面 Π_1 的法向量为 $\boldsymbol{n}_1 = (A_1, B_1, C_1)$，平面 Π_2 的法向量为 $\boldsymbol{n}_2 = (A_2, B_2, C_2)$，所以平面 Π_1 与 Π_2 的夹角 $\theta\left(0 \leqslant \theta \leqslant \frac{\pi}{2}\right)$满足

$$\cos\theta = \frac{|A_1A_2 + B_1B_2 + C_1C_2|}{\sqrt{A_1^2 + B_1^2 + C_1^2} \cdot \sqrt{A_2^2 + B_2^2 + C_2^2}}. \tag{7.8}$$

(7.8) 式为两个平面夹角余弦的坐标表达式.

由两个向量垂直、平行的充要条件可以推得如下结论：

(1) 平面 Π_1 与 Π_2 垂直当且仅当

$$A_1A_2 + B_1B_2 + C_1C_2 = 0;$$

(2) 平面 Π_1 与 Π_2 平行（或重合）当且仅当

$$\frac{A_1}{A_2} = \frac{B_1}{B_2} = \frac{C_1}{C_2} \neq \frac{D_1}{D_2} \quad \left(或 \frac{A_1}{A_2} = \frac{B_1}{B_2} = \frac{C_1}{C_2} = \frac{D_1}{D_2}\right).$$

例 6　求平面 $\Pi_1: x - y + 2z - 6 = 0$ 与 $\Pi_2: 2x + y + z - 5 = 0$ 的夹角.

解　平面 Π_1, Π_2 的法向量分别为

$$\boldsymbol{n}_1 = (1, -1, 2), \quad \boldsymbol{n}_2 = (2, 1, 1),$$

显然平面 Π_1 与 Π_2 不平行，从而必相交. 设平面 Π_1 与 Π_2 的夹角为 θ，由(7.8) 式得

$$\cos\theta = \frac{|1\times 2+(-1)\times 1+2\times 1|}{\sqrt{1^2+(-1)^2+2^2}\times\sqrt{2^2+1^2+1^2}} = \frac{1}{2},$$

即这两个平面的夹角为 $\theta = \frac{\pi}{3}$.

例 7 设 $M_0(x_0, y_0, z_0)$ 为平面 $\Pi: Ax+By+Cz+D=0$ 外一点，求点 M_0 到平面 Π 的距离 d.

解 在平面 Π 上任取一点 $M_1(x_1, y_1, z_1)$，过点 M_0 作平面 Π 的法向量 $\boldsymbol{n}$，并设其与平面 Π 的交点为 N（见图 7.28），故

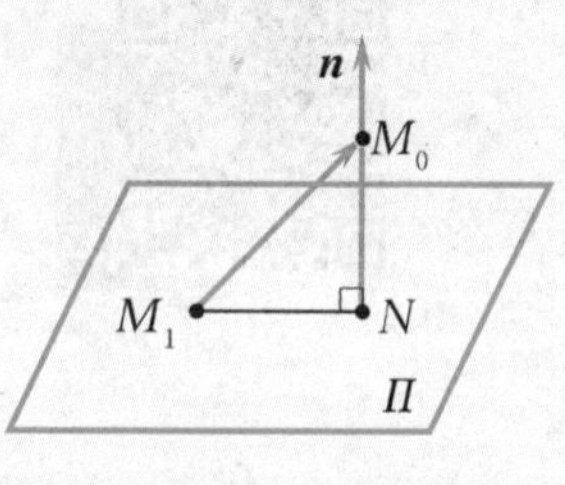

图 7.28

$$d = |M_0N| = |\overrightarrow{M_1M_0}|\cos\angle M_1M_0N.$$

设 $\boldsymbol{n}^0$ 是与法向量 $\boldsymbol{n}$ 方向一致的单位向量. 若向量 $\overrightarrow{M_1M_0}$ 与 $\boldsymbol{n}$ 的夹角为锐角，则

$$d = |\overrightarrow{M_1M_0}|\cdot 1\cdot\cos\angle M_1M_0N = \overrightarrow{M_1M_0}\cdot\boldsymbol{n}^0.$$

因为

$$\boldsymbol{n}^0 = \left(\frac{A}{\sqrt{A^2+B^2+C^2}}, \frac{B}{\sqrt{A^2+B^2+C^2}}, \frac{C}{\sqrt{A^2+B^2+C^2}}\right),$$

$$\overrightarrow{M_1M_0} = (x_0-x_1, y_0-y_1, z_0-z_1),$$

所以

$$d = \frac{A(x_0-x_1)}{\sqrt{A^2+B^2+C^2}} + \frac{B(y_0-y_1)}{\sqrt{A^2+B^2+C^2}} + \frac{C(z_0-z_1)}{\sqrt{A^2+B^2+C^2}}$$

$$= \frac{Ax_0+By_0+Cz_0}{\sqrt{A^2+B^2+C^2}} - \frac{Ax_1+By_1+Cz_1}{\sqrt{A^2+B^2+C^2}}.$$

由于点 M_1 在平面 Π 上，即

$$Ax_1+By_1+Cz_1+D=0,$$

因此

$$Ax_1+By_1+Cz_1=-D,$$

从而

$$d = \frac{Ax_0+By_0+Cz_0+D}{\sqrt{A^2+B^2+C^2}}.$$

若向量 $\overrightarrow{M_1M_0}$ 与 $\boldsymbol{n}$ 的夹角为钝角，则类似地有

$$d = -\frac{Ax_0+By_0+Cz_0+D}{\sqrt{A^2+B^2+C^2}}.$$

综上可得，点 (x_0, y_0, z_0) 到平面 Π 的距离为

$$d = \frac{|Ax_0+By_0+Cz_0+D|}{\sqrt{A^2+B^2+C^2}}. \tag{7.9}$$

习　题　7.5

1. 求过点 $M_0(2,9,-6)$ 且与连接原点及点 M_0 的线段 OM_0 垂直的平面方程.
2. 求过 $M_1(2,-1,4)$,$M_2(-1,3,-2)$,$M_3(0,2,3)$ 三点的平面方程.
3. 指出下列平面的特殊位置,并作出各平面的图形:

(1) $x=0$;　　(2) $3y-1=0$;

(3) $2x-3y-6=0$;　　(4) $x-\sqrt{3}y=0$;

(5) $y+z=1$;　　(6) $x-2z=0$;

(7) $6x+5y-z=0$.

4. 求下列平面的方程:

(1) 平行于 zOx 面且过点 $(2,-5,3)$ 的平面;

(2) 过 z 轴和点 $(-3,1,-2)$ 的平面;

(3) 平行于 x 轴且过 $(4,0,-2)$ 和 $(5,1,7)$ 两点的平面.

5. 求平面 $x+2y-z-3=0$ 与 $2x+y+z+5=0$ 的夹角.
6. 求过点 $(3,0,-1)$ 且与平面 $3x-7y+5z-12=0$ 平行的平面方程.
7. 求过 $M_1(1,1,1)$,$M_2(0,1,-1)$ 两点且与平面 $x+y+z=0$ 垂直的平面方程.
8. 求点 $(-1,2,0)$ 在平面 $x+2y-z+1=0$ 上的投影.
9. 求点 $(1,2,1)$ 到平面 $x+2y+2z-10=0$ 的距离.

§7.6 空间直线及其方程

一、直线的一般式方程

由于两个不平行的平面相交于一条空间直线,因此如果平面 Π_1:$A_1x+B_1y+C_1z+D_1=0$ 与 Π_2:$A_2x+B_2y+C_2z+D_2=0$ 相交于直线 L(见图 7.29),那么直线 L 上任一点 M 既在平面 Π_1 上,也在平面 Π_2 上. 于是,点 M 的坐标满足方程组

$$\begin{cases}A_1x+B_1y+C_1z+D_1=0,\\A_2x+B_2y+C_2z+D_2=0.\end{cases}\tag{7.10}$$

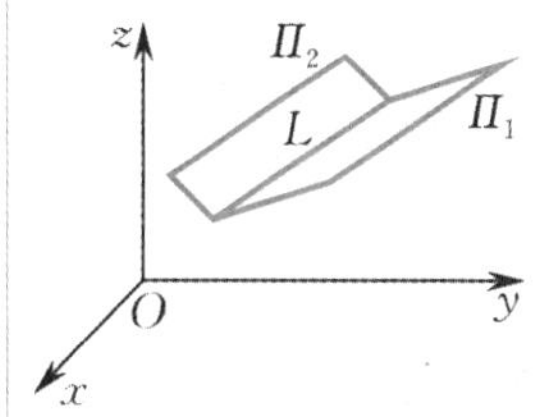

图 7.29

反之,如果点 M 不在直线 L 上,那么它不可能同时在平面 Π_1 和 Π_2 上,所以点 M 的坐标不满足方程组(7.10). 故直线 L 可以用方程组(7.10) 来表示,这时称方程组(7.10) 为**直线 L 的一般式方程**.

注　如果过空间中一条直线 L 的平面有 $k(k\geqslant 3)$ 个，那么在这 k 个平面中任意选取两个，将其方程联立起来，所得的方程组就是空间直线 L 的方程.

二、直线的点向式方程和参数方程

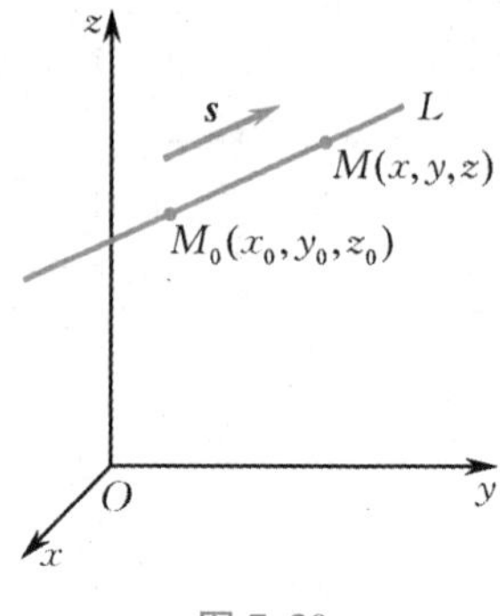

图 7.30

平行于一条直线的非零向量称作该直线的方向向量. 显然，该直线上任一向量都平行于其方向向量. 过一点能且只能作一条直线与一个非零向量平行，据此可推导出直线的方程.

设 $M_0(x_0,y_0,z_0)$ 为直线 L 上一点，直线 L 的方向向量为 $\boldsymbol{s}=(m,n,p)$（见图 7.30）. 在直线 L 上任取一点 $M(x,y,z)$，因为 $\overrightarrow{M_0M}=(x-x_0,y-y_0,z-z_0)$ 和 $\boldsymbol{s}$ 平行，所以

$$\frac{x-x_0}{m}=\frac{y-y_0}{n}=\frac{z-z_0}{p} \tag{7.11}$$

表示过点 $M_0(x_0,y_0,z_0)$ 且方向向量为 $\boldsymbol{s}=(m,n,p)$ 的直线 L. 我们称方程组(7.11) 为直线 L 的点向式方程，并称方向向量 $\boldsymbol{s}$ 的方向余弦为直线 L 的方向余弦，而称方向向量 $\boldsymbol{s}$ 的坐标 m,n,p 为直线 L 的一组方向数.

注　当方向向量 $\boldsymbol{s}=(m,n,p)$ 中方向数有一个或两个为零，如 $p=0$ 或 $n=0,p=0$ 时，方程组(7.11) 理解为

$$\begin{cases}\dfrac{x-x_0}{m}=\dfrac{y-y_0}{n},\\ z-z_0=0\end{cases}\quad 或\quad \begin{cases}y-y_0=0,\\ z-z_0=0.\end{cases}$$

在直线 L 的点向式方程(7.11) 中，若令 $\dfrac{x-x_0}{m}=\dfrac{y-y_0}{n}=\dfrac{z-z_0}{p}=t$，则有

$$\begin{cases}x=x_0+mt,\\ y=y_0+nt,\\ z=z_0+pt.\end{cases} \tag{7.12}$$

通常称方程组(7.12) 为直线 L 的参数方程.

例 1　求直线 L: $\begin{cases}x+y+z=-1,\\ 2x-y+3z=4\end{cases}$ 的点向式方程和参数方程.

解　先求直线 L 上的一点. 取 $x=1$，有

$$\begin{cases}y+z=-2,\\ -y+3z=2,\end{cases}$$

解得 $y=-2,z=0$，即 $(1,-2,0)$ 是直线 L 上的一点.

再求直线 L 的方向向量 $\boldsymbol{s}$. 因为平面 $x+y+z=-1$ 与 $2x-y+3z=4$ 的交线 L 与这两个平面的法向量 $\boldsymbol{n}_1=(1,1,1)$，$\boldsymbol{n}_2=(2,-1,3)$ 均垂直，所以可取

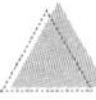

$$s = n_1 \times n_2 = \begin{vmatrix} i & j & k \\ 1 & 1 & 1 \\ 2 & -1 & 3 \end{vmatrix} = 4i - j - 3k.$$

因此，直线 L 的点向式方程为

$$\frac{x-1}{4} = \frac{y+2}{-1} = \frac{z}{-3}.$$

令 $\frac{x-1}{4} = \frac{y+2}{-1} = \frac{z}{-3} = t$，得直线 L 的参数方程为

$$\begin{cases} x = 1 + 4t, \\ y = -2 - t, \\ z = -3t. \end{cases}$$

三、直线的两点式方程

设直线 L 过 $M_1(x_1, y_1, z_1)$，$M_2(x_2, y_2, z_2)$ 两点. 因为向量 $\overrightarrow{M_1M_2}$ 可作为直线 L 的方向向量，所以直线 L 的方程为

$$\frac{x-x_1}{x_2-x_1} = \frac{y-y_1}{y_2-y_1} = \frac{z-z_1}{z_2-z_1}. \tag{7.13}$$

称方程组(7.13)为直线 L 的两点式方程.

例 2　设直线 L 过 $M_1(1,1,2)$，$M_2(2,3,2)$ 两点，求直线 L 的方程.

解　由方程组(7.13)得直线 L 的方程为

$$\frac{x-1}{2-1} = \frac{y-1}{3-1} = \frac{z-2}{2-2},$$

即

$$\begin{cases} \frac{x-1}{1} = \frac{y-1}{2}, \\ z = 2. \end{cases}$$

四、两条直线的夹角

两条直线的方向向量的夹角 θ（取锐角或直角）称为两条直线的夹角.

已知直线

$$L_1: \frac{x-x_1}{m_1} = \frac{y-y_1}{n_1} = \frac{z-z_1}{p_1}$$

和

$$L_2: \frac{x-x_2}{m_2} = \frac{y-y_2}{n_2} = \frac{z-z_2}{p_2},$$

现来推导这两条直线的夹角 θ 满足的关系式.

因为直线 L_1 的方向向量为 $\boldsymbol{s}_1=(m_1,n_1,p_1)$,直线 L_2 的方向向量为 $\boldsymbol{s}_2=(m_2,n_2,p_2)$,所以根据两个向量夹角的余弦公式,直线 L_1 与 L_2 的夹角 θ 满足

$$\cos\theta=\frac{|m_1m_2+n_1n_2+p_1p_2|}{\sqrt{m_1^2+n_1^2+p_1^2}\cdot\sqrt{m_2^2+n_2^2+p_2^2}}. \tag{7.14}$$

由两个向量垂直、平行的充要条件可以推得如下结论:

(1) 直线 L_1 与 L_2 垂直当且仅当

$$m_1m_2+n_1n_2+p_1p_2=0;$$

(2) 直线 L_1 与 L_2 平行当且仅当

$$\frac{m_1}{m_2}=\frac{n_1}{n_2}=\frac{p_1}{p_2}.$$

例 3 求直线 $L_1:\dfrac{x+2}{1}=\dfrac{y+4}{-2}=\dfrac{z+2}{1}$ 与 $L_2:\begin{cases}x-y=2,\\2y+z=1\end{cases}$ 的夹角 θ.

解 直线 L_1 的方向向量为 $\boldsymbol{s}_1=(1,-2,1)$,直线 L_2 的方向向量为

$$\boldsymbol{s}_2=\begin{vmatrix}\boldsymbol{i}&\boldsymbol{j}&\boldsymbol{k}\\1&-1&0\\0&2&1\end{vmatrix}=-\boldsymbol{i}-\boldsymbol{j}+2\boldsymbol{k}.$$

根据(7.14)式,直线 L_1 与 L_2 的夹角 θ 满足

$$\cos\theta=\frac{|1\times(-1)+(-2)\times(-1)+1\times2|}{\sqrt{1^2+(-2)^2+1^2}\times\sqrt{(-1)^2+(-1)^2+2^2}}=\frac{1}{2},$$

故 $\theta=\dfrac{\pi}{3}$.

例 4 设直线 L_1 过点 $M(3,-2,6)$,并与直线

$$L:\begin{cases}x-3y+3=0,\\3x+y+6z+1=0\end{cases}$$

平行,求直线 L_1 的方程.

解 设 $\boldsymbol{n}_1,\boldsymbol{n}_2$ 分别为直线 L 的方程对应的两个平面的法向量,显然 $\boldsymbol{n}_1=(1,-3,0)$,$\boldsymbol{n}_2=(3,1,6)$. 因为 $L_1\,/\!/\,L$,所以可取 L 的方向向量 $\boldsymbol{n}_1\times\boldsymbol{n}_2$ 作为 L_1 的方向向量 $\boldsymbol{s}$,即取

$$\begin{aligned}\boldsymbol{s}=\boldsymbol{n}_1\times\boldsymbol{n}_2&=\begin{vmatrix}\boldsymbol{i}&\boldsymbol{j}&\boldsymbol{k}\\1&-3&0\\3&1&6\end{vmatrix}=-18\boldsymbol{i}-6\boldsymbol{j}+10\boldsymbol{k}\\&=(-18,-6,10)=2(-9,-3,5).\end{aligned}$$

因此,由点向式方程(7.11)得直线 L_1 的方程

$$\frac{x-3}{-9}=\frac{y+2}{-3}=\frac{z-6}{5}.$$

五、直线与平面的位置关系

如果直线与平面不垂直,那么称直线和它在平面上的投影直线的夹角(取锐角)为直线与平面的夹角.当直线与平面垂直时,规定直线与平面的夹角为$\frac{\pi}{2}$.

设直线

$$L:\frac{x-x_0}{m}=\frac{y-y_0}{n}=\frac{z-z_0}{p}$$

和平面

$$\Pi:Ax+By+Cz+D=0,$$

则直线 L 的方向向量为 $\boldsymbol{s}=(m,n,p)$,平面 Π 的法向量为 $\boldsymbol{n}=(A,B,C)$.记直线 L 与平面 Π 的夹角为 θ(见图 7.31),那么 $\theta=\left|\frac{\pi}{2}-(\boldsymbol{s},\boldsymbol{n})\right|$.于是

$$\sin\theta=|\cos(\boldsymbol{s},\boldsymbol{n})|.$$

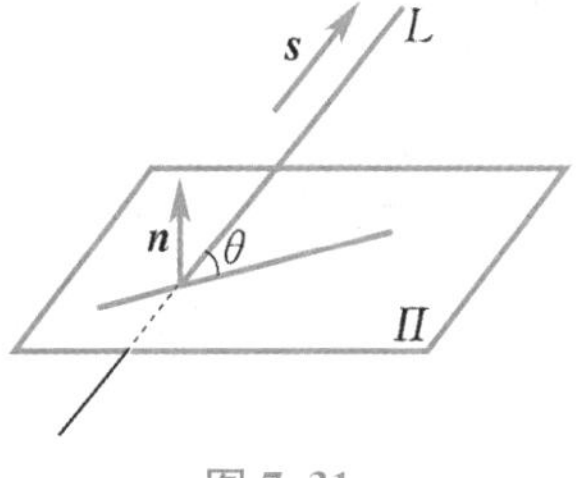

图 7.31

根据(7.14)式,有

$$\sin\theta=\frac{|Am+Bn+Cp|}{\sqrt{A^2+B^2+C^2}\cdot\sqrt{m^2+n^2+p^2}}. \tag{7.15}$$

(7.15)式为直线与平面夹角正弦的坐标表达式.

因为直线与平面垂直相当于直线的方向向量与平面的法向量平行,而直线与平面平行或直线在平面上相当于直线的方向向量与平面的法向量垂直,所以可以推得如下结论:

(1) 直线 L 垂直于平面 Π 当且仅当 $\frac{A}{m}=\frac{B}{n}=\frac{C}{p}$;

(2) 直线 L 平行于平面 Π 当且仅当 $\begin{cases}Am+Bn+Cp=0,\\Ax_0+By_0+Cz_0+D\neq 0;\end{cases}$

(3) 直线 L 在平面 Π 上当且仅当 $\begin{cases}Am+Bn+Cp=0,\\Ax_0+By_0+Cz_0+D=0.\end{cases}$

例 5　设一直线过点(2,1,2)且与直线 $L:\frac{x-2}{1}=\frac{y-3}{1}=\frac{z-4}{2}$ 垂直相交,求该直线的方程.

解　由题意知,过点(2,1,2)且与直线 L 垂直的平面为

$$(x-2)+(y-1)+2(z-2)=0,\quad 即\quad x+y+2z=7.$$

易求得此平面与直线 L 的交点为点(1,2,2),则所求直线的方向向量为

$$\boldsymbol{s}=(1,2,2)-(2,1,2)=(-1,1,0).$$

所以,所求的直线方程为

$$\begin{cases}\frac{x-2}{-1}=\frac{y-1}{1},\\z-2=0.\end{cases}$$

例 6 设一直线过点 $M(3,-2,6)$ 且与平面 $x+3=0$ 垂直，求该直线的方程.

解 因为该直线垂直于平面 $x+3=0$，所以可取该直线的方向向量为 $\boldsymbol{s}=(1,0,0)$. 因此，所求的直线方程为

$$\frac{x-3}{1}=\frac{y+2}{0}=\frac{z-6}{0},$$

即

$$\begin{cases} y=-2, \\ z=6. \end{cases}$$

例 7 判定直线 $L:\frac{x}{2}=\frac{y-2}{5}=\frac{x-6}{3}$ 与平面 $\Pi:15x-9y+5z=12$ 的位置关系.

解 设直线 L 与平面 Π 的夹角为 θ. 由于直线 L 的方向向量为 $\boldsymbol{s}=(2,5,3)$，平面 Π 的法向量为 $\boldsymbol{n}=(15,-9,5)$，根据(7.15)式，有

$$\sin\theta=\frac{|2\times15+5\times(-9)+3\times5|}{\sqrt{2^2+5^2+3^2}\times\sqrt{15^2+(-9)^2+5^2}}=0,$$

因此 $\theta=0$，即直线 L 与平面 Π 平行，或直线 L 在平面 Π 上.

又可以验证直线 L 上的点 $(0,2,6)$ 在平面 Π 上，故直线 L 在平面 Π 上.

习　题　7.6

1. 求过点 $(4,-1,3)$ 且平行于直线 $\frac{x-3}{2}=\frac{y}{1}=\frac{z-1}{5}$ 的直线方程.

2. 求过 $M_1(3,-2,1)$，$M_2(-1,0,2)$ 两点的直线方程.

3. 求过点 $(0,2,4)$ 且与平面 $x+2z=1$ 和 $y-3z=2$ 均平行的直线方程.

4. 求直线 $L_1:\begin{cases}5x-3y+3z-9=0,\\3x-2y+z-1=0\end{cases}$ 与 $L_2:\begin{cases}2x+2y-z+23=0,\\3x+8y+z-18=0\end{cases}$ 的夹角的余弦.

5. 证明：直线 $L_1:\begin{cases}x+2y-z=7,\\-2x+y+z=7\end{cases}$ 与 $L_2:\begin{cases}3x+6y-3z=8,\\2x-y-z=0\end{cases}$ 平行.

6. 求过点 $(2,1,3)$ 且与直线 $\frac{x+1}{3}=\frac{y-1}{2}=\frac{z}{-1}$ 垂直相交的直线方程.

7. 设一直线过点 $(-1,0,4)$，与平面 $\Pi:3x-4y+z+10=0$ 平行且与直线 $L:\frac{x+1}{1}=\frac{y-3}{1}=\frac{z}{2}$ 相交，求该直线的方程.

8. 求直线 $\frac{x-2}{1}=\frac{y-3}{1}=\frac{z-4}{2}$ 与平面 $2x+y+z-6=0$ 的交点.

9. 试判定下列直线与平面的位置关系：

(1) $\frac{x+3}{-2}=\frac{y+4}{-7}=\frac{z}{3}$ 与 $4x-2y-2z=3$；

(2) $\frac{x-2}{3}=\frac{y+2}{1}=\frac{z-3}{-4}$ 与 $x+y+z=3$.

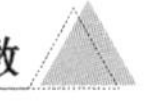

§7.7 曲面及其方程

在空间解析几何中,关于曲面的研究,有下列两个基本问题:

(1) 如何根据曲面上动点(或动直线、动曲线)的轨迹,建立曲面的方程 $F(x,y,z)=0$.

(2) 如何根据曲面方程 $F(x,y,z)=0$ 的特征,确定曲面的形状.

一般称三元二次方程 $F(x,y,z)=0$ 所表示的曲面为二次曲面,平面则称为一次曲面.本节主要讨论球面、柱面、旋转曲面、椭圆锥面、椭球面、抛物面和双曲面等.

一、球面

例 1 设一曲面上任一点与点 $M_0(x_0,y_0,z_0)$ 的距离为 R,试建立该曲面的方程.

解 设 $M(x,y,z)$ 是该曲面上任一点,则 $|M_0M|=R$,即

$$\sqrt{(x-x_0)^2+(y-y_0)^2+(z-z_0)^2}=R.$$

上式两边平方,得

$$(x-x_0)^2+(y-y_0)^2+(z-z_0)^2=R^2. \qquad (7.16)$$

因为该曲面上任一点 $M(x,y,z)$ 的坐标均满足方程(7.16),不在该曲面上的点的坐标均不满足方程(7.16),所以方程(7.16)就是所求的曲面方程.该曲面是球心为点 $M_0(x_0,y_0,z_0)$、半径为 R 的球面,如图 7.32 所示.

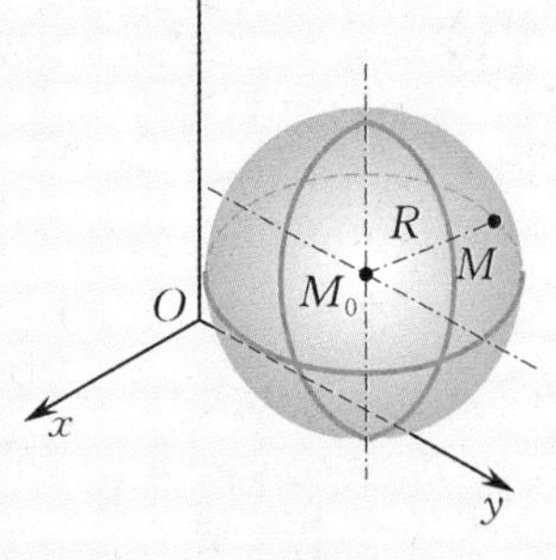

图 7.32

特别地,当球心 M_0 在原点,即 $x_0=y_0=z_0=0$ 时,有

$$x^2+y^2+z^2=R^2.$$

例 2 方程 $x^2+2y^2+z^2-4x+2z=0$ 表示怎样的曲面?

解 通过配方,原方程可改写为

$$(x-2)^2+2y^2+(z+1)^2=5.$$

与方程(7.16)比较可知,原方程表示球心为点 $M_0(2,0,-1)$、半径为 $R=\sqrt{5}$ 的球面.

一般地,如果三元二次方程

$$Ax^2+Ay^2+Az^2+Dx+Ey+Fz+G=0 \qquad (7.17)$$

经过配方可以化为

$$(x-x_0)^2+(y-y_0)^2+(z-z_0)^2=R^2$$

的形式,那么方程(7.17)所表示的图形就是一个球面.

二、柱面

例 3 方程 $x^2+y^2=R^2$ 表示怎样的曲面?

解 在平面直角坐标系下，方程 $x^2+y^2=R^2$ 表示圆心为原点、半径为 R 的圆.

在空间直角坐标系下，因为该方程不含 z 项，所以它所表示的曲面上点 $M(x,y,z)$ 的竖坐标 z 无论取何值，坐标 (x,y,z) 都满足方程 $x^2+y^2=R^2$；反之，不在该曲面上的点的坐标都不满足方程 $x^2+y^2=R^2$. 这表明，过 xOy 面上圆 $x^2+y^2=R^2$ 的一点 $M(x,y,0)$ 且平行于 z 轴的直线都在该曲面上. 因此，这个曲面可以看成由平行于 z 轴的直线沿 xOy 面上的圆移动形成的，即它是圆柱面(见图 7.33).

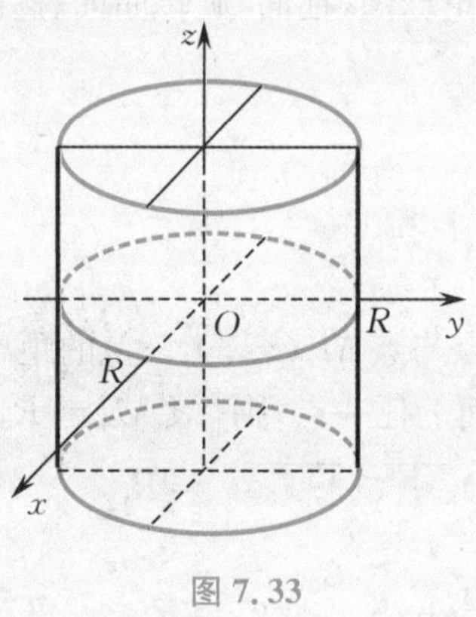
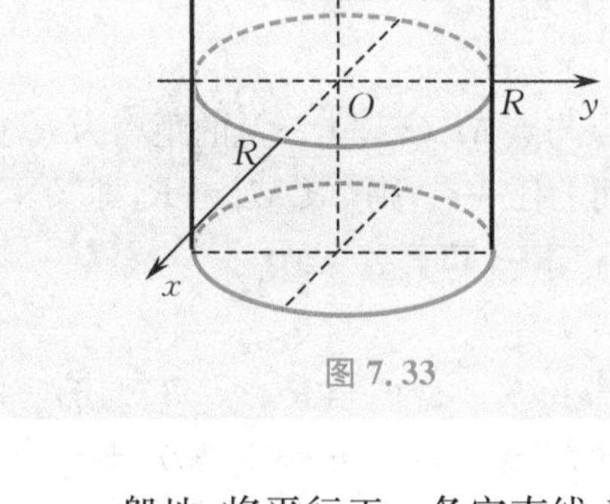

图 7.33

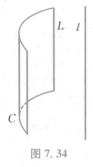

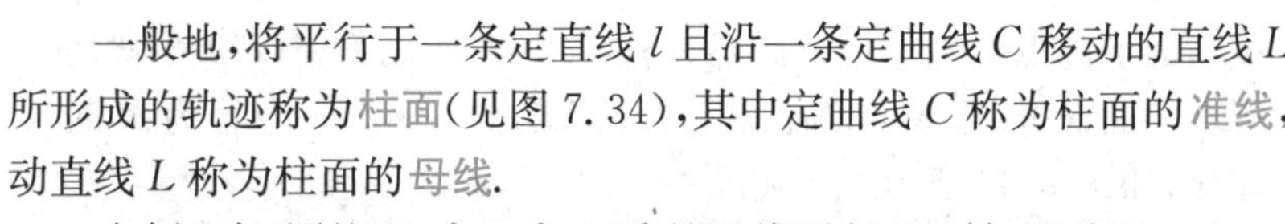

一般地，将平行于一条定直线 l 且沿一条定曲线 C 移动的直线 L 所形成的轨迹称为柱面(见图 7.34)，其中定曲线 C 称为柱面的准线，动直线 L 称为柱面的母线.

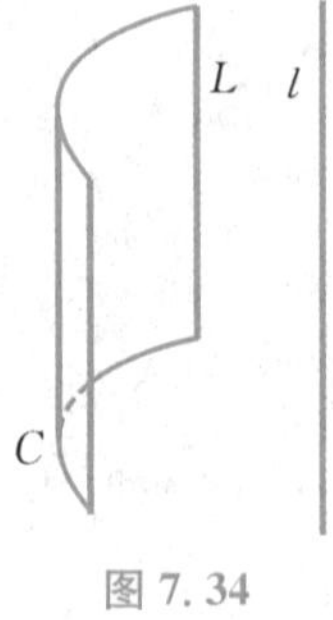

图 7.34

在例 3 中，圆柱面 $x^2+y^2=R^2$ 的母线平行于 z 轴，准线是 xOy 面上以原点为圆心、R 为半径的圆.

由此可见，在空间直角坐标系下，只含有变量 x,y 而缺变量 z 的方程

$$F(x,y)=0$$

表示母线平行于 z 轴的柱面；只含有变量 z,x 而缺变量 y 的方程

$$G(z,x)=0$$

表示母线平行于 y 轴的柱面；只含有变量 y,z 而缺变量 x 的方程

$$H(y,z)=0$$

表示母线平行于 x 轴的柱面.

例如，方程 $y^2=2x$ 表示准线为 xOy 面上的抛物线、母线平行于 z 轴的柱面，称之为抛物柱面[见图 7.35(a)]；方程 $x-z=0$ 表示母线平行于 y 轴的平面(过 y 轴)，它是一个特殊的柱面[见图 7.35(b)].

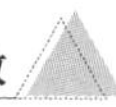

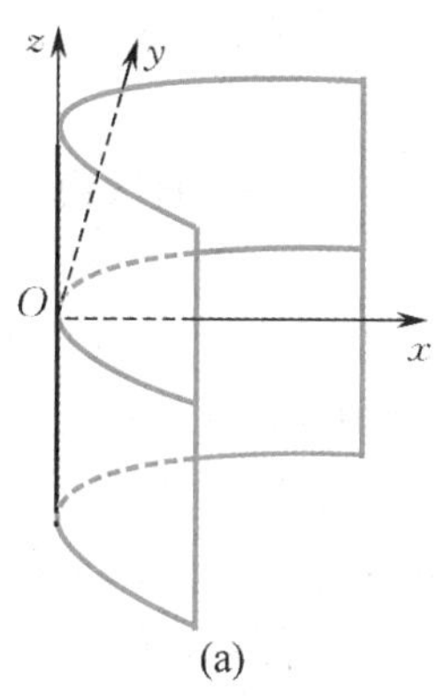

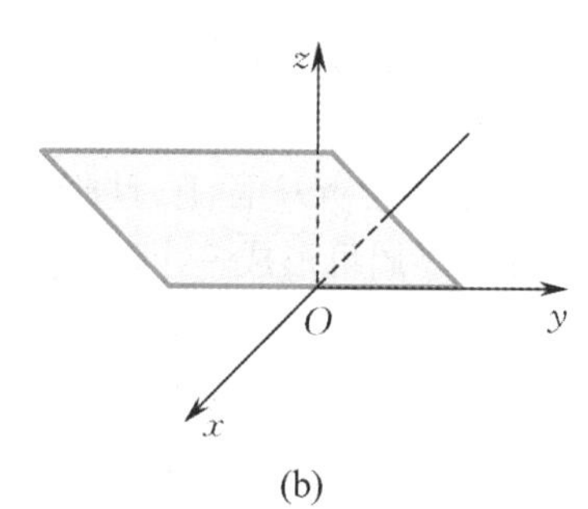

图 7.35

又如，方程

$$\frac{x^2}{a^2}-\frac{y^2}{b^2}=1 \quad (a,b>0)$$

表示准线为 xOy 面上的双曲线、母线平行于 z 轴的柱面，称之为双曲柱面（见图 7.36）.

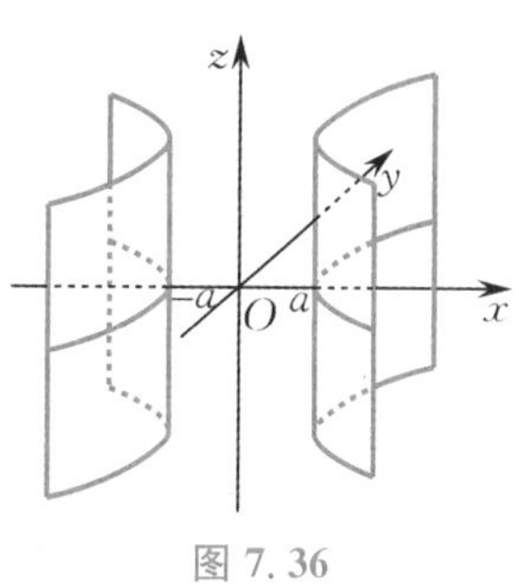

图 7.36

三、旋转曲面

设直线 L 与 l 相交. 如果直线 L 绕定直线 l 旋转一周，那么所形成的曲面称为圆锥面，其中定直线 l 称为圆锥面的轴，直线 L 与 l 的交点称为圆锥面的顶点，直线 L 与 l 的夹角 $\alpha\left(0<\alpha<\frac{\pi}{2}\right)$ 称为圆锥面的半顶角.

例 4　试建立顶点在原点 O、轴为 z 轴、半顶角为 α 的圆锥面方程.

解　设该圆锥面由直线 L 绕 z 轴旋转一周而形成，且直线 L 位于 yOz 面上，$M_1(0,y_1,z_1)$ 是直线 L 上的任一点，则

$$z_1=y_1\cot\alpha. \tag{7.18}$$

当直线 L 转动时，设点 M_1 转到点 $M(x,y,z)$（见图 7.37）. 因为在直线 L 转动过程中，有 $z=z_1$，而点 M 到 z 轴的距离为 $d=\sqrt{x^2+y^2}=|y_1|$，所以 $z_1=z, y_1=\pm\sqrt{x^2+y^2}$. 代入(7.18)式，有

$$z=\pm\sqrt{x^2+y^2}\cot\alpha,$$

即

$$z^2=a^2(x^2+y^2), \tag{7.19}$$

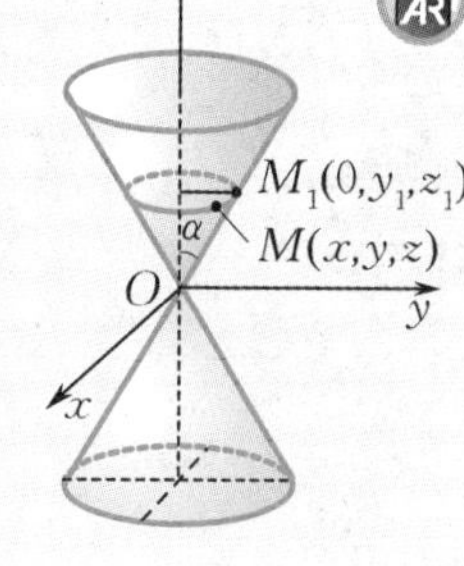

图 7.37

其中 $a=\cot\alpha$. 因此，该圆锥面上任一点 M 的坐标必满足方程(7.19)；若点 M 不在该圆锥面上，则点 M 的坐标不满足方程(7.19). 故方程(7.19)就是所求的圆锥面方程.

一般地，一条平面曲线 C 绕其所在平面上的一条定直线 L 旋转一

周所形成的曲面称为旋转曲面，其中定直线 L 称为旋转曲面的轴，曲线 C 称为旋转曲面的母线.

例 4 中的圆锥面可看作由 yOz 面上过原点的一条直线绕 z 轴旋转一周所形成的旋转曲面.

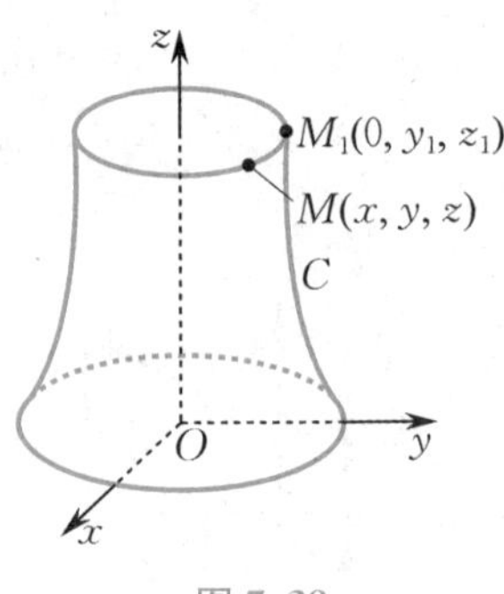

图 7.38

若曲线 C 在 yOz 面上，且曲线 C 的方程为 $f(y,z)=0$，则曲线 C 绕 z 轴旋转一周可形成一个以 z 轴为轴的旋转曲面，其方程为

$$f(\pm\sqrt{x^2+y^2},z)=0.$$

事实上，该旋转曲面上任一点 $M(x,y,z)$ 可以看成曲线 C 上的一点 $M_1(0,y_1,z_1)$ 绕 z 轴旋转所得（见图 7.38）. 若过点 M 作平面 $z=z_1$，则它与旋转曲面的交线是平面 $z=z_1$ 上的圆，且圆的半径为 $R=|y_1|=\sqrt{x^2+y^2}$，因此有

$$f(\pm\sqrt{x^2+y^2},z)=0.$$

由此可知，若将曲线 C 的方程 $f(y,z)=0$ 中的 y 改成 $\pm\sqrt{x^2+y^2}$，z 保持不变，得到的方程

$$f(\pm\sqrt{x^2+y^2},z)=0$$

就是曲线 C 绕 z 轴旋转一周所形成的旋转曲面方程.

同理，若将曲线 C 的方程 $f(y,z)=0$ 中的 z 改成 $\pm\sqrt{x^2+z^2}$，而 y 保持不变，得到的方程

$$f(y,\pm\sqrt{x^2+z^2})=0$$

就是曲线 C 绕 y 轴旋转一周所形成的旋转曲面方程.

为了研究二次曲面的图形，通常用坐标平面或平行于坐标平面的平面截二次曲面，这时得到的交线称为截痕. 通过考察截痕的形状和位置特征来确定二次曲面的全貌，这样的方法称为截痕法.

下面用截痕法研究一些常见的二次曲面.

四、椭圆锥面

方程

$$\frac{x^2}{a^2}+\frac{y^2}{b^2}=z^2 \quad (a,b>0) \tag{7.20}$$

所表示的曲面称为椭圆锥面.

下面用截痕法讨论椭圆锥面(7.20)的形状.

用平面 $z=0$ 截椭圆锥面(7.20)，截痕为原点(0,0,0). 用平行于 xOy 面的平面 $z=z_1$ 截椭圆锥面(7.20)，截痕为

$$L:\begin{cases}\dfrac{x^2}{(az_1)^2}+\dfrac{y^2}{(bz_1)^2}=1,\\ z=z_1.\end{cases}$$

这是椭圆，且其半轴是 az_1，bz_1. 随着 z_1 的变化，椭圆的中心保持在 z

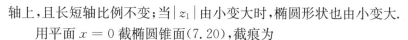

轴上，且长短轴比例不变；当 $|z_1|$ 由小变大时，椭圆形状也由小变大.

用平面 $x=0$ 截椭圆锥面(7.20)，截痕为

$$L:\begin{cases} y=\pm bz, \\ x=0. \end{cases}$$

这是两条相交直线. 用平行于 yOz 面的平面 $x=x_1$ 截椭圆锥面(7.20)，截痕为

$$L:\begin{cases} \dfrac{z^2}{\dfrac{x_1^2}{a^2}}-\dfrac{y^2}{\dfrac{b^2x_1^2}{a^2}}=1, \\ x=x_1. \end{cases}$$

这是双曲线.

类似地，用平面 $y=0$ 或平行于 zOx 面的平面 $y=y_1$ 截椭圆锥面(7.20)，截痕为两条相交直线或双曲线.

综合上述，可得椭圆锥面(7.20)的形状如图 7.39 所示.

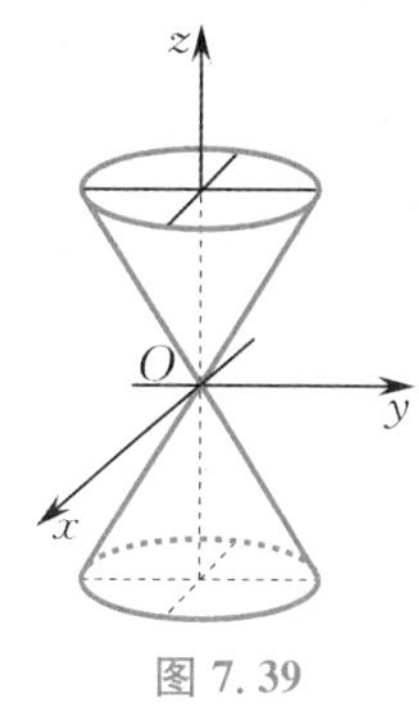

图 7.39

五、椭球面

方程

$$\frac{x^2}{a^2}+\frac{y^2}{b^2}+\frac{z^2}{c^2}=1 \quad (a,b,c>0) \tag{7.21}$$

所表示的曲面称为**椭球面**，其中 a,b,c 称为椭球面的**半轴**.

由方程(7.21)得

$$\frac{x^2}{a^2}\leqslant 1,\quad \frac{y^2}{b^2}\leqslant 1,\quad \frac{z^2}{c^2}\leqslant 1,$$

即

$$|x|\leqslant a,\quad |y|\leqslant b,\quad |z|\leqslant c.$$

下面用截痕法研究椭球面(7.21)的形状.

用平面 $z=0$ 截椭球面(7.21)，截痕为

$$L:\begin{cases} \dfrac{x^2}{a^2}+\dfrac{y^2}{b^2}=1, \\ z=0. \end{cases}$$

这是椭圆，且其半轴是 a,b.

用平面 $z=z_1(|z_1|\leqslant c)$ 截椭球面(7.21)，截痕为

$$L:\begin{cases} \dfrac{x^2}{\dfrac{a^2}{c^2}(c^2-z_1^2)}+\dfrac{y^2}{\dfrac{b^2}{c^2}(c^2-z_1^2)}=1, \\ z=z_1. \end{cases}$$

这是椭圆，且其半轴是 $\dfrac{a}{c}\sqrt{c^2-z_1^2}$，$\dfrac{b}{c}\sqrt{c^2-z_1^2}$. 当 z_1 变化时，椭圆的中心均在 z 轴上；当 $|z_1|$ 从 0 变到 c 时，椭圆由大变小，最后缩成一点.

用平面 $x=x_1(|x_1|\leqslant a)$，$y=y_1(|y_1|\leqslant b)$ 截椭球面(7.21)，亦可得到类似的结果.

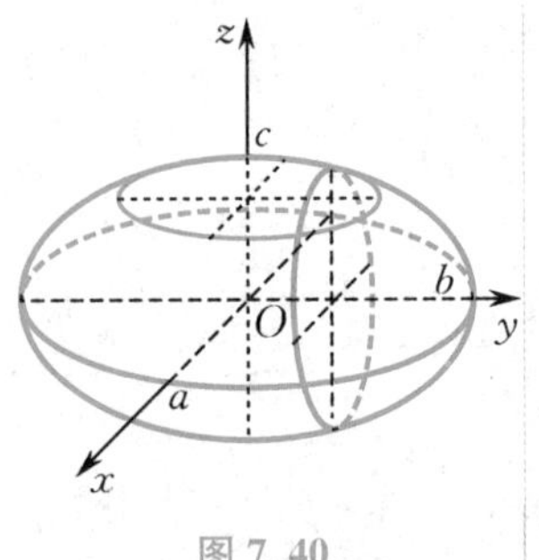

图 7.40

综合上述，可得椭球面(7.21)的形状如图 7.40 所示.

六、抛物面

抛物面包括椭圆抛物面和双曲抛物面.

方程

$$\frac{x^2}{a^2}+\frac{y^2}{b^2}=z \quad (a,b>0) \tag{7.22}$$

所表示的曲面称为椭圆抛物面，其中原点称为椭圆抛物面的顶点.

方程

$$\frac{x^2}{a^2}-\frac{y^2}{b^2}=z \quad (a,b>0) \tag{7.23}$$

所表示的曲面称为双曲抛物面.

用截痕法分别研究椭圆抛物面(7.22)和双曲抛物面(7.23)的形状，讨论结果如表 7.4 所示.

表 7.4

曲面的类型	曲面的方程	截曲面所用的平面	截痕
椭圆抛物面	$\frac{x^2}{a^2}+\frac{y^2}{b^2}=z$ $(a,b>0)$	$z=0$ 或 $z=z_1(z_1>0)$	点或椭圆
		$x=0$ 或 $x=x_1$	抛物线
		$y=0$ 或 $y=y_1$	抛物线
双曲抛物面	$\frac{x^2}{a^2}-\frac{y^2}{b^2}=z$ $(a,b>0)$	$z=0$ 或 $z=z_1$	两条相交直线或双曲线
		$x=0$ 或 $x=x_1$	抛物线
		$y=0$ 或 $y=y_1$	抛物线

椭圆抛物面(7.22)的形状如图 7.41 所示，双曲抛物面(7.23)的形状如图 7.42 所示.

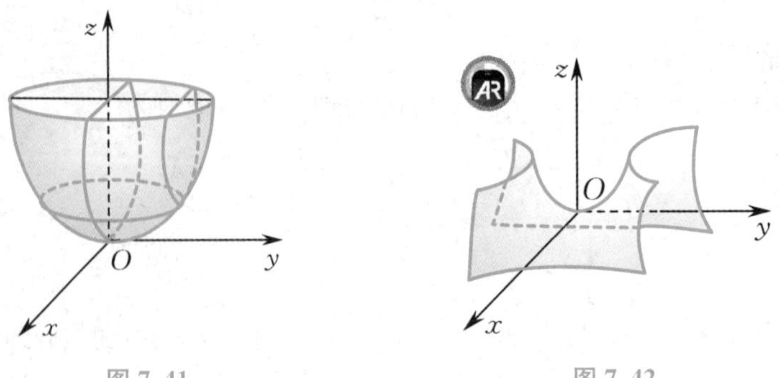

图 7.41　　图 7.42

注　双曲抛物面形似马鞍，故也称之为马鞍面.

七、双曲面

双曲面包括单叶双曲面和双叶双曲面.

方程

$$\frac{x^2}{a^2}+\frac{y^2}{b^2}-\frac{z^2}{c^2}=1 \quad (a,b,c>0) \tag{7.24}$$

所表示的曲面称为单叶双曲面.

方程

$$\frac{x^2}{a^2}+\frac{y^2}{b^2}-\frac{z^2}{c^2}=-1 \quad (a,b,c>0) \tag{7.25}$$

所表示的曲面称为双叶双曲面.

用截痕法分别研究单叶双曲面(7.24)和双叶双曲面(7.25)的形状,讨论结果如表 7.5 所示.

表 7.5

曲面的类型	曲面的方程	截曲面所用的平面	截痕
单叶双曲面	$\frac{x^2}{a^2}+\frac{y^2}{b^2}-\frac{z^2}{c^2}=1$ $(a,b,c>0)$	$z=0$ 或 $z=z_1$	椭圆
		$x=0$ 或 $x=x_1$	双曲线
		$y=0$ 或 $y=y_1$	双曲线
双叶双曲面	$\frac{x^2}{a^2}+\frac{y^2}{b^2}-\frac{z^2}{c^2}=-1$ $(a,b,c>0)$	$z=z_1(\lvert z_1\rvert\geqslant c>0)$	点或椭圆
		$x=0$ 或 $x=x_1$	双曲线
		$y=0$ 或 $y=y_1$	双曲线

单叶双曲面(7.24)的形状如图 7.43 所示,双叶双曲面(7.25)的形状如图 7.44 所示.

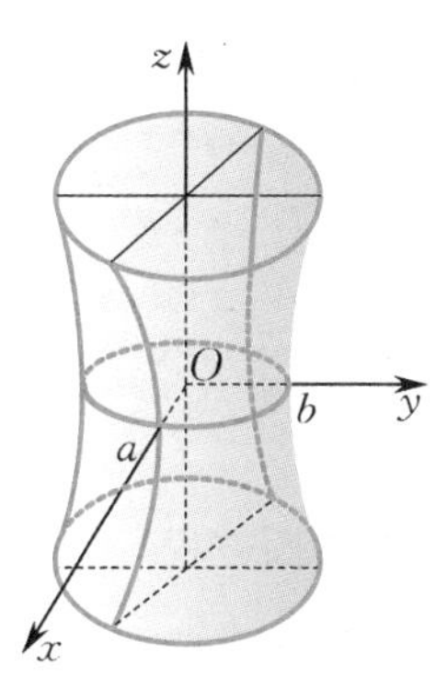

图 7.43

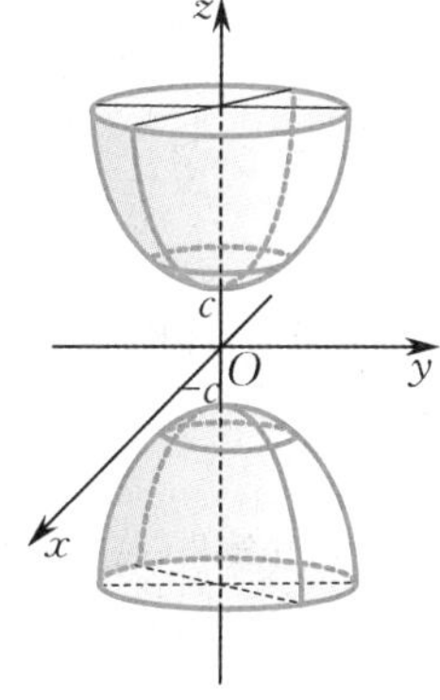

图 7.44

例 5 求直线 $L:\dfrac{x-1}{1}=\dfrac{y}{1}=\dfrac{z-1}{-1}$ 在平面 $\Pi: x-y+2z-1=0$ 上的投影直线 L_0 绕 y 轴旋转一周所形成的旋转曲面方程.

解 将直线 $L:\dfrac{x-1}{1}=\dfrac{y}{1}=\dfrac{z-1}{-1}$ 化为一般式方程

$$\begin{cases} x-y-1=0, \\ y+z-1=0. \end{cases}$$

设过直线 L 且与平面 Π 垂直的平面 Π_1 的方程为

$$x-y-1+\lambda(y+z-1)=0^{①},$$

即

$$x+(\lambda-1)y+\lambda z-\lambda-1=0,$$

其中 λ 为待定常数,则由平面 Π 与 Π_1 的法向量垂直有 $1-(\lambda-1)+2\lambda=0$,解得 $\lambda=-2$. 于是,平面 Π_1 的方程为

$$x-3y-2z+1=0.$$

因此,直线 L_0 的方程为

$$\begin{cases} x-3y-2z+1=0, \\ x-y+2z-1=0, \end{cases}$$

可化为

$$\begin{cases} x=2y, \\ z=-\dfrac{1}{2}(y-1). \end{cases}$$

设直线 L_0 绕 y 轴旋转一周所形成的旋转曲面为 S, $P(x_P, y_P, z_P)$ 是曲面 S 上的一点. 对于取定的 y_P,有

$$x_P^2+z_P^2=(2y_P)^2+\left[-\frac{1}{2}(y_P-1)\right]^2.$$

因此,直线 L_0 绕 y 轴旋转一周所形成的旋转曲面方程为

$$x^2+z^2=(2y)^2+\left[-\frac{1}{2}(y-1)\right]^2,$$

即

$$4x^2-17y^2+4z^2+2y-1=0.$$

习 题 7.7

1. 设一动点与(2,3,1),(4,5,6) 两点等距离,求该动点所形成的曲面方程.
2. 建立以点(1,3,−2) 为球心且过原点的球面方程.
3. 方程 $x^2+y^2+z^2-2x+4y+2z=0$ 表示怎样的曲面?
4. 设一动点与原点 O 及点(2,3,4) 的距离之比为 1∶2,求该动点所形成的曲面方程.

---

① 当 λ 为任意实数时,此方程表示所有过直线 L 的平面(除平面 $y+z-1=0$ 外).

5. 将 zOx 面上的抛物线 $z^2 = 5x$ 绕 x 轴旋转一周，求所形成的旋转曲面方程.

6. 将 zOx 面上的圆 $x^2 + z^2 = 9$ 绕 z 轴旋转一周，求所形成的旋转曲面方程.

7. 将 xOy 面上的双曲线 $4x^2 - 9y^2 = 36$ 分别绕 x 轴和 y 轴旋转一周，求各自所形成的旋转曲面方程.

8. 试作出下列曲面的图形：

(1) $\left(x-\dfrac{a}{2}\right)^2 + y^2 = \left(\dfrac{a}{2}\right)^2 \ (a>0)$；　　(2) $z = 2 - x^2$.

9. 指出下列方程在平面直角坐标系和空间直角坐标系中各表示的图形：

(1) $x = 2$；　　(2) $y = x + 1$；

(3) $x^2 + y^2 = 4$；　　(4) $x^2 - y^2 = 1$.

10. 试根据 k 的不同取值，说明方程 $(9-k)x^2 + (4-k)y^2 + (1-k)z^2 = 1$ 表示的图形.

11. 设 yOz 面上一直线的方程为 $z = ky\ (k>0)$，求该直线绕 z 轴旋转一周所形成的圆锥面的方程和半顶角.

12. 求过点 $(3,2,1)$ 且顶点为原点 O，轴与平面 $x+y+z=0$ 垂直的圆锥面方程.

13. 设一椭圆抛物面的顶点为原点，xOy 面和 zOx 面是它的两个对称面，且它过点 $(6,1,2)$ 与 $\left(1,-\dfrac{1}{3},-1\right)$，求该椭圆抛物面的方程.

14. 写出图 7.45 所示的双叶双曲面的方程.

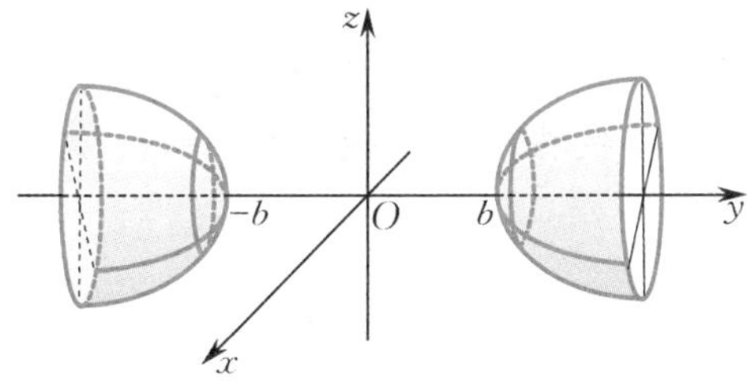

图 7.45

§7.8 空间曲线及其方程

一、空间曲线的一般式方程

我们已经知道，一条空间曲线 C 可以看作两个曲面的交线. 设 $F(x,y,z)=0$ 和 $G(x,y,z)=0$ 是这两个曲面的方程，则方程组

$$\begin{cases} F(x,y,z)=0, \\ G(x,y,z)=0 \end{cases} \tag{7.26}$$

就是曲线 C 的方程.

通常称方程组(7.26)为曲线 C 的一般式方程.

例如：

(1) 方程组 $\begin{cases} x^2+y^2=4, \\ 2x+y+z=4 \end{cases}$ 表示圆柱面 $x^2+y^2=4$ 和平面 $2x+y+z=4$ 的交线(见图 7.46).

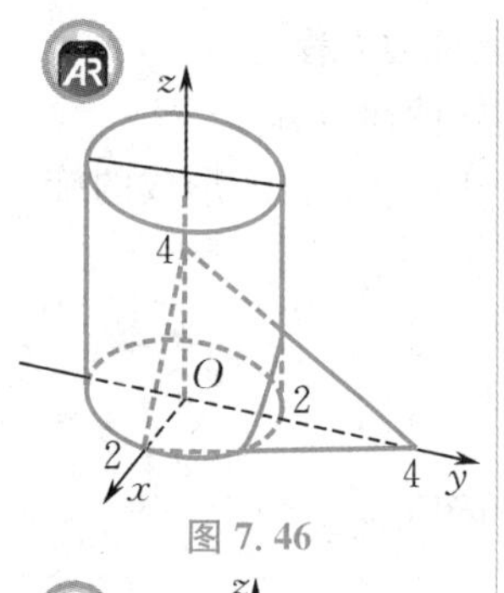

图 7.46

(2) 方程组 $\begin{cases} z=\sqrt{a^2-x^2-y^2}, \\ \left(x-\dfrac{a}{2}\right)^2+y^2=\left(\dfrac{a}{2}\right)^2 \end{cases}$ 表示半球面(上半球)$z=\sqrt{a^2-x^2-y^2}$ 和圆柱面 $\left(x-\dfrac{a}{2}\right)^2+y^2=\left(\dfrac{a}{2}\right)^2$ 的交线(见图 7.47).

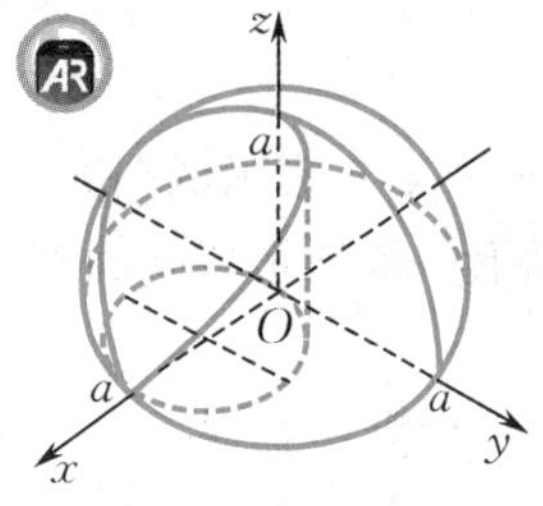

图 7.47

(3) 方程组 $\begin{cases} z=x^2+2y^2, \\ z=2-y^2 \end{cases}$ 表示椭圆抛物面 $z=x^2+2y^2$ 和抛物柱面 $z=2-y^2$ 的交线(见图 7.48).

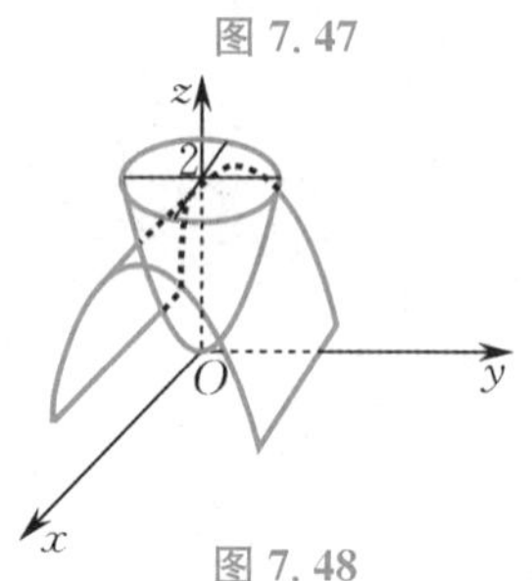

图 7.48

二、空间曲线的参数方程

设空间曲线 C 上动点 $M(x,y,z)$ 的坐标可表示为变量 t 的函数，即

$$\begin{cases} x=x(t), \\ y=y(t), \\ z=z(t), \end{cases} \tag{7.27}$$

随着 t 的变动，得到曲线 C 上全部点. 这时，称方程组(7.27)为曲线 C 的参数方程.

例 1 设一动点 M 在圆柱面 $x^2+y^2=a^2(a>0)$ 上以角速度 ω 绕 z 轴旋转，同时又以线速度 v 沿平行于 z 轴的正向匀速上升(ω,v 都是常数)，求动点 M 的轨迹方程.

解　取时间 t 为参数. 设当 $t=0$ 时，动点 M 位于 x 轴上的点 $A(a,0,0)$ 处，经过时间 t，动点 M 由点 A 运动到点(x,y,z)(见图 7.49).

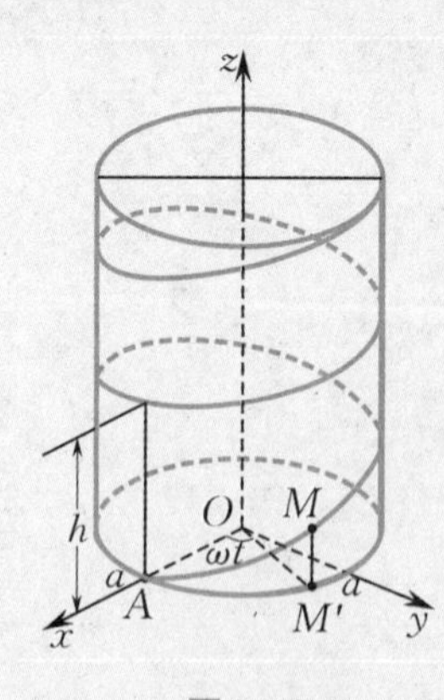

图 7.49

令动点 $M(x,y,z)$ 在 xOy 面上的投影为点 M'，则点 M' 的坐标为$(x,y,0)$. 由于动点 M 在圆柱面上以角速度 ω 绕 z 轴旋转，因此经过时间 t，$\angle AOM'=\omega t$，即

$$x=|OM'|\cos\angle AOM'=a\cos\omega t,$$
$$y=|OM'|\sin\angle AOM'=a\sin\omega t.$$

又动点 M 同时以线速度 v 沿平行于 z 轴的正向匀速上升，则

$$z=|MM'|=vt.$$

故动点 M 的轨迹方程为

$$\begin{cases} x=a\cos\omega t, \\ y=a\sin\omega t, \\ z=vt. \end{cases} \tag{7.28}$$

该空间曲线的图形称为圆柱螺旋线.

在(7.28)式中,若令参数 $\theta=\omega t$,则圆柱螺旋线的参数方程可写为

$$\begin{cases} x=a\cos\theta, \\ y=a\sin\theta, \\ z=b\theta, \end{cases}$$

其中 $b=\dfrac{v}{\omega}$.

注　例 1 表明,曲线的参数方程的表达式不唯一.

三、空间曲线在坐标平面上的投影

以空间曲线 C 为准线、母线平行于 z 轴(垂直于 xOy 面)的柱面称为曲线 C 在 xOy 面上的投影柱面,该投影柱面和 xOy 面的交线称为曲线 C 在 xOy 面上的投影曲线(简称投影).

设空间曲线 C 的一般式方程为

$$\begin{cases} F(x,y,z)=0, \\ G(x,y,z)=0, \end{cases} \tag{7.29}$$

消去 z 后得到的方程为

$$H(x,y)=0.$$

该方程表示一个母线平行于 z 轴的柱面. 因为方程 $H(x,y)=0$ 是由方程组(7.29)消去变量 z 后所得的方程,所以方程 $H(x,y)=0$ 所表示的柱面是曲线 C 的投影柱面,从而曲线 C 在 xOy 面上的投影为

$$\begin{cases} H(x,y)=0, \\ z=0. \end{cases}$$

类似地,可以定义空间曲线 C 在其他坐标平面上的投影.

设空间曲线 C 的一般式方程消去 x 后得到的方程为

$$R(y,z)=0,$$

它与 $x=0$ 联立,即得曲线 C 在 yOz 面上的投影

$$\begin{cases} R(y,z)=0, \\ x=0. \end{cases}$$

设空间曲线 C 的一般式方程消去 y 后得到的方程为

$$T(z,x)=0,$$

它与 $y=0$ 联立,即得曲线 C 在 zOx 面上的投影

$$\begin{cases} T(z,x)=0, \\ y=0. \end{cases}$$

例 2 求空间曲线 C 在 xOy 面上的投影，其中曲线 C 的方程为

$$\begin{cases} x^2+y^2+z^2=1, & (7.30) \\ x^2+(y-1)^2+(z-1)^2=1. & (7.31) \end{cases}$$

解 方程(7.31)可化为

$$x^2+y^2+z^2-2y-2z=-1.$$

上式与(7.30)式相减，得 $y+z=1$. 将 $z=1-y$ 代入(7.30)式或(7.31)式，即得曲线 C 在 xOy 面上的投影柱面方程

$$x^2+2y^2-2y=0.$$

因此，曲线 C 在 xOy 面上的投影为

$$\begin{cases} x^2+2y^2-2y=0, \\ z=0. \end{cases}$$

例 3 分别求出空间曲线 C 在 xOy 面和 yOz 面上的投影，其中曲线 C 的方程为

$$\begin{cases} x^2+y^2+z^2=64, & (7.32) \\ x^2+y^2=8y. & (7.33) \end{cases}$$

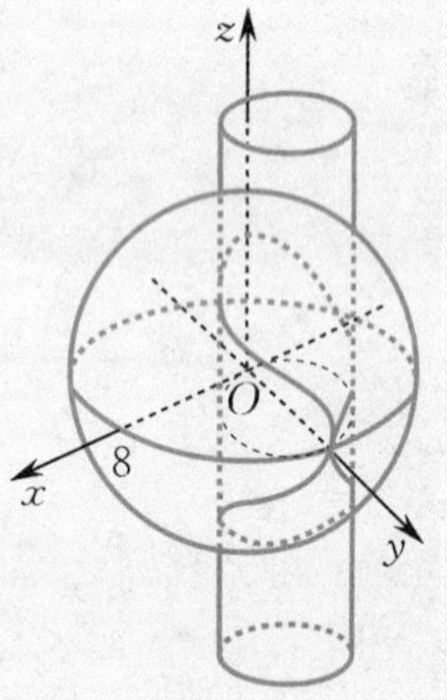

图 7.50

解 方程(7.33)的图形就是母线平行于 z 轴的柱面，则

$$x^2+y^2=8y$$

就是曲线 C 在 xOy 面上的投影柱面方程，因而曲线 C 在 xOy 面上的投影为

$$\begin{cases} x^2+y^2=8y, \\ z=0, \end{cases}$$

它是一个圆，如图 7.50 所示.

(7.32)式减去(7.33)式，消去 x，得曲线 C 在 yOz 面上的投影柱面方程

$$z^2+8y=64,$$

于是曲线 C 在 yOz 面上的投影为

$$\begin{cases} z^2+8y=64, \\ x=0 \end{cases} \quad (0\leqslant y\leqslant 8),$$

它是一段抛物线.

习 题 7.8

1. 指出下列方程组在平面直角坐标系和空间直角坐标系中各表示的图形：

(1) $\begin{cases} y=5x+1, \\ y=2x-3; \end{cases}$ (2) $\begin{cases} \dfrac{x^2}{4}+\dfrac{y^2}{9}=1, \\ y=3. \end{cases}$

2. 求过空间曲线 C：$\begin{cases} 2x^2+y^2+z^2=16, \\ x^2+z^2-y^2=0 \end{cases}$ 且满足下列条件的柱面方程：

(1) 母线平行于 x 轴；　　(2) 母线平行于 y 轴.

3. 求球面 $x^2+y^2+z^2=9$ 与平面 $x+z=1$ 的交线在 xOy 面上的投影.

4. 将下列空间曲线的一般式方程化为参数方程：

(1) $\begin{cases} x^2+y^2+z^2=9, \\ y=x; \end{cases}$　　(2) $\begin{cases} (x-1)^2+y^2+(z+1)^2=4, \\ z=0. \end{cases}$

5. 求出螺旋线 $\begin{cases} x=a\cos\theta, \\ y=a\sin\theta, \\ z=b\theta \end{cases}$ $(a,b,c>0)$ 在空间直角坐标系中三个坐标平面上的投影.

6. 求出旋转抛物面 $z=x^2+y^2(0\leqslant z\leqslant 4)$ 在空间直角坐标系中三个坐标平面上的投影.

7. 设一立体由上半球面 $z=\sqrt{4-x^2-y^2}$ 和圆锥面 $z=\sqrt{3(x^2+y^2)}$ 所围成，求其在 xOy 面上的投影.

综合练习七

1. 选择题：

(1) 在 x 轴上与点(3,2,1)的距离为 3 的点是(　　)；

A. (−1,0,0)　　B. (5,0,0)

C. (1,0,0)　　D. (1,0,0)和(5,0,0)

(2) 已知 $A(1,0,2)$，$B(1,2,1)$是空间两点，则向量 $\overrightarrow{AB}$ 的模是(　　)；

A. $\sqrt{5}$　　B. 3

C. 6　　D. 9

(3) 设向量 $\boldsymbol{a}=(1,-1,-3)$，$\boldsymbol{b}=(-2,-2,2)$，$\boldsymbol{c}=\boldsymbol{a}-\boldsymbol{b}$，则 $\boldsymbol{c}$ 可用基本单位向量 $\boldsymbol{i}$，$\boldsymbol{j}$，$\boldsymbol{k}$ 表示为(　　)；

A. $-\boldsymbol{i}-2\boldsymbol{j}+5\boldsymbol{k}$　　B. $-\boldsymbol{i}-\boldsymbol{j}+3\boldsymbol{k}$

C. $-\boldsymbol{i}-\boldsymbol{j}+5\boldsymbol{k}$　　D. $-2\boldsymbol{i}-\boldsymbol{j}+5\boldsymbol{k}$

(4) 下列结论中错误的是(　　).

A. $\dfrac{x^2}{9}+\dfrac{y^2}{16}=z^2$ 表示椭圆锥面　　B. $x^2-y^2-z^2=-1$ 表示双叶双曲面

C. $\dfrac{x^2}{9}-\dfrac{y^2}{16}=z$ 表示双曲抛物面　　D. $x^2+y^2-2z^2=1$ 表示单叶双曲面

2. 填空题：

(1) 球面 $x^2+y^2+z^2-2x-2z=0$ 的球心为__________，半径为__________；

(2) 已知 $A(4,0,5)$，$B(7,1,3)$ 两点，与向量 $\overrightarrow{AB}$ 方向一致的单位向量是__________；

(3) 设向量 $\boldsymbol{a}$，$\boldsymbol{b}$ 不共线，则 $\lambda=$__________时，向量 $\boldsymbol{p}=\lambda\boldsymbol{a}+5\boldsymbol{b}$ 与 $\boldsymbol{q}=3\boldsymbol{a}-\boldsymbol{b}$ 共线；

(4) 与向量 $\boldsymbol{a}=(6,7,-6)$ 平行的单位向量是__________；

(5) 过点 $M_0(x_0,y_0,z_0)$ 且与 yOz 面平行的平面方程为__________；

(6) 过原点与点 $M_0(3,0,5)$ 的直线的一般式方程为__________，参数方程为__________；

(7) 直线 $\dfrac{x}{3}=\dfrac{y}{-2}=\dfrac{z}{7}$ 与平面 $3x-2y+7z=8$ 的位置关系是__________.

3. 求过点 $(2,1,2)$ 且与直线 $\dfrac{x-2}{1}=\dfrac{y-3}{1}=\dfrac{z-4}{2}$ 垂直相交的直线方程.

4. 设直线 L_1 过点 $M(3,-2,6)$ 且与直线

$$L:\begin{cases} x-3y+3=0, \\ 3x+y+6z+1=0 \end{cases}$$

平行，求直线 L_1 的方程.

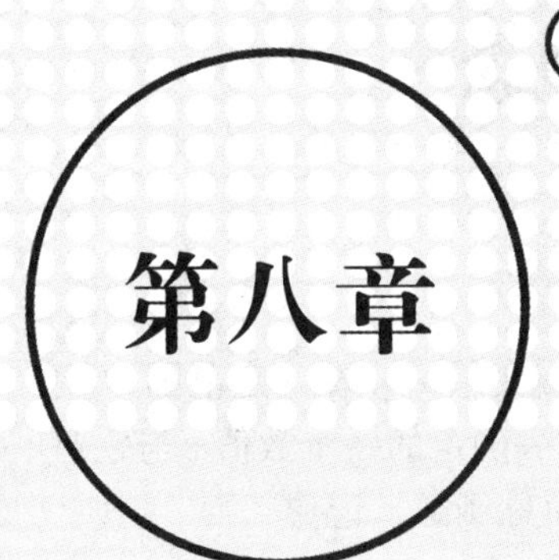

第八章 多元函数微分法

在上册中,我们所研究的函数均是含一个自变量的.这种函数称为一元函数.现在开始研究含两个及两个以上自变量的函数.含两个变量的函数就是二元函数.类似地,有三元函数、四元函数等.二元及二元以上的函数统称为多元函数.

本章将在一元函数微分法的基础上,研究多元函数微分法及其应用,并以二元函数为主要研究对象.一般地,有关二元函数的结论和研究方法可推广到二元以上的函数.

§8.1 多元函数的概念

一、多元函数的定义

定义1 设有三个变量 x,y,z. 若当变量 x,y 在一定范围 D 内任取一对数值时,按照一定法则 f,总有唯一确定的一个数值 z 与之对应,则称变量 z 为变量 x,y 的二元函数(简称函数),记作

$$z=f(x,y) \quad \text{或} \quad z=z(x,y),$$

其中 x,y 称为自变量,z 称为因变量. 自变量 x,y 的变化范围 D 称为二元函数 $z=f(x,y)$ 的定义域.

为了简便,通常用 $f(x,y),g(x,y),z(x,y)$ 等来表示变量 x,y 的二元函数,有时也直接用对应法则 f,g 等来表示二元函数. 关于二元函数的定义域,与一元函数类似,我们做如下约定:在讨论用式子表示的二元函数时,就以使这个式子有意义的自变量的值所确定的点集为该函数的定义域,有时也称之为自然定义域. 自然定义域一般不特别指出. 在求二元函数的定义域时,应注意以下几点:

(1) 式子的分母不能为零;

(2) 偶次根式下的式子应为非负数;

(3) 对数符号下的式子应为正数;

(4) 若 $z(x,y)=z_1(x,y)+z_2(x,y)$,则函数 $z(x,y)$ 的定义域应为函数 $z_1(x,y)$ 和 $z_2(x,y)$ 的定义域的交集.

例如,函数 $z=\ln(y^2-4x+8)$ 的定义域 D 为 xOy 面上满足 $y^2-4x+8>0$,即 $y^2>4(x-2)$ 的点的全体:$D=\{(x,y)\mid y^2>4(x-2)\}$,简记作 $D:y^2>4(x-2)$.

又如,函数 $z=\arcsin\dfrac{x^2+y^2}{4}$ 的定义域 D 为 xOy 面上满足 $\dfrac{x^2+y^2}{4}\leqslant 1$,即 $x^2+y^2\leqslant 4$ 的点的全体:$D=\{(x,y)\mid x^2+y^2\leqslant 4\}$,简记作 $D:x^2+y^2\leqslant 4$.

类似地,可定义三元函数 $u=f(x,y,z)$ 及三元以上的函数.

若用平面直角坐标系中的点 $P(x,y)$ 表示一对有序数组 (x,y),则 $z=f(x,y)$ 可称为点 P 的函数,记作 $z=f(P)$;若用空间直角坐标系中的点 $P(x,y,z)$ 表示有序数组 (x,y,z),则 $u=f(x,y,z)$ 可称为点 P 的函数,记作 $u=f(P)$.

显然,二元函数的定义域是平面 $\mathbf{R}^2$ 中的点集,三元函数的定义域是空间 $\mathbf{R}^3$ 中的点集. 下面介绍关于点集的一些常用概念.

若点集 E 内的任意两点均可用属于 E 中的折线连接，则称点集 E 为**连通集**或**区域**. 这里的区域概念与通常数学分析中的区域(连通的开集)有稍微的区别.

若一个区域可包含在以原点为圆心、半径适当大的某个圆或球面内，则称该区域为**有界**的；否则，称该区域为**无界**的.

围成某个区域的曲线或曲面称为该区域的**边界**. 包括边界的区域称为**闭区域**；不包括边界的区域称为**开区域**.

例如，$\{(x,y) \mid y^2-4x+8>0\}$ 为无界开区域；$\{(x,y) \mid x^2+y^2 \leqslant 4\}$ 为有界闭区域.

以平面上任一点 P_0 为圆心的圆形开区域称为点 P_0 的**邻域**.

例如，以点 $P_0(x_0,y_0)$ 为圆心、δ 为半径的圆形开区域为

$$\{(x,y) \mid \sqrt{(x-x_0)^2+(y-y_0)^2}<\delta\},$$

它是点 P_0 的一个邻域，称为点 P_0 的 **δ 邻域**，记作 $U(P_0,\delta)$. 此外，我们称

$$\{(x,y) \mid 0<\sqrt{(x-x_0)^2+(y-y_0)^2}<\delta\}$$

为点 P_0 的**去心 δ 邻域**，记作 $\mathring{U}(P_0,\delta)$. 如果不需要强调半径 δ，则用 $U(P_0)$ 和 $\mathring{U}(P_0)$ 分别表示点 P_0 的某一邻域和某一去心邻域.

设 D 是一个区域. 如果存在点 P 的某一邻域 $U(P)$，使得 $U(P) \subset D$，则称点 P 为 D 的**内点**；如果点 P 的任一邻域内既有属于 D 的点，也有不属于 D 的点(点 P 可以属于 D，也可以不属于 D)，则称点 P 为区域 D 的**边界点**.

如图 8.1 所示，点 P_1 为区域 D 的内点，点 P_2 为区域 D 的边界点.

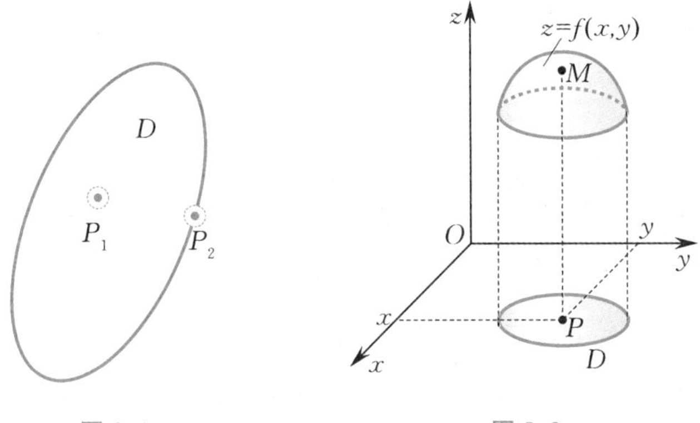

图 8.1　　图 8.2

设函数 $z=f(x,y)$ 的定义域是 xOy 面上的区域 D，对 D 中每一点 $P(x,y)$，都可在空间直角坐标系中作出一点 $M(x,y,f(x,y))$. 当点 P 在 D 中变动时，点 M 就相应地变动，一般其轨迹是一个曲面. 我们称此曲面为函数 $z=f(x,y)$ 的**图形**(见图 8.2).

例如，函数 $z=ax+by+c(a,b,c$ 为常数$)$ 的图形是一个平面；函数 $z=\dfrac{x^2+y^2}{4}$ 的图形是一个椭圆抛物面.

二、二元函数的极限

先讨论当 $(x,y)\to(x_0,y_0)$ 时函数 $f(x,y)$ 的极限.

定义 2 设函数 $f(x,y)$ 在区域 D 上有定义，(x_0,y_0) 是 D 的内点或边界点. 如果当点 (x,y) 以任何方式趋于点 (x_0,y_0) 时，函数 $f(x,y)$ 的值趋于常数 A，则称 A 为函数 $f(x,y)$ 当 $(x,y)\to(x_0,y_0)$ 时的极限，记作

$$\lim_{(x,y)\to(x_0,y_0)} f(x,y)=A. \tag{8.1}$$

例 1 求极限 $\lim\limits_{(x,y)\to(2,0)}\dfrac{\sin xy}{y}$.

解 转化为能利用一元函数极限运算的形式来求，即

$$\lim_{(x,y)\to(2,0)}\frac{\sin xy}{y}=\lim_{(x,y)\to(2,0)}\frac{\sin xy}{xy}x\xlongequal{t=xy}\lim_{t\to0}\frac{\sin t}{t}\cdot\lim_{x\to2}x=1\times2=2.$$

定义 3（ε-δ 语言） 设函数 $f(x,y)$ 在区域 D 上有定义，(x_0,y_0) 是 D 的内点或边界点. 如果存在常数 A，对于任意给定的小正数 ε，总可找到一个正数 δ，使得当 $0<\sqrt{(x-x_0)^2+(y-y_0)^2}<\delta$ 时，有

$$|f(x,y)-A|<\varepsilon$$

恒成立，则称 A 为函数 $f(x,y)$ 当 $(x,y)\to(x_0,y_0)$ 时的极限，记作

$$\lim_{(x,y)\to(x_0,y_0)} f(x,y)=A$$

或

$$f(x,y)\to A\quad(\rho\to0), \tag{8.2}$$

其中 $\rho=\sqrt{(x-x_0)^2+(y-y_0)^2}$.

例 2 求证：$\lim\limits_{(x,y)\to(1,2)}(3x+y)=5$.

证 对于任给的 $\varepsilon>0$，要使 $|3x+y-5|<\varepsilon$ 成立，即要

$$|(3x-3)+(y-2)|=|3(x-1)+(y-2)|<\varepsilon$$

成立. 因为

$$|3(x-1)+(y-2)|\leqslant 3|x-1|+|y-2|,$$

且

$$|x-1|\leqslant\sqrt{(x-1)^2+(y-2)^2},\quad |y-2|\leqslant\sqrt{(x-1)^2+(y-2)^2},$$

所以

$$|3x+y-5|\leqslant 3|x-1|+|y-2|$$

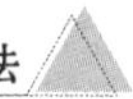

$$\leqslant 3\sqrt{(x-1)^2+(y-2)^2}+\sqrt{(x-1)^2+(y-2)^2}$$
$$=4\sqrt{(x-1)^2+(y-2)^2}.$$

取正数 $\delta \leqslant \frac{\varepsilon}{4}$，则当 $0<\sqrt{(x-1)^2+(y-2)^2}<\delta$ 时，有 $|3x+y-5|<\varepsilon$ 恒成立，即

$$\lim_{(x,y)\to(1,2)}(3x+y)=5.$$

注　(1) 证明函数 $f(x,y)$ 在点 (x_0,y_0) 处的极限为 A，一般采用分析的方法，要从 $|f(x,y)-A|<\varepsilon$ 出发，去找正数 δ. 在找 δ 时，可利用

$$0<\sqrt{(x-x_0)^2+(y-y_0)^2}<\delta.$$

(2) 函数 $f(x,y)$ 在点 (x_0,y_0) 处的极限存在，是指点 (x,y) 以任何方式趋于点 (x_0,y_0) 时，$f(x,y)$ 都趋于某个常数 A. 若点 (x,y) 按某种特殊方式趋于点 (x_0,y_0)，即使 $f(x,y)$ 趋于 A，仍不能断定 $f(x,y)$ 的极限为 A.

例 3　考察函数

$$f(x,y)=\begin{cases}\dfrac{xy}{x^2+y^2}, & (x,y)\neq(0,0),\\ 0, & (x,y)=(0,0)\end{cases}$$

当 $(x,y)\to(0,0)$ 时的极限.

解　当点 (x,y) 沿 x 轴趋于点 $(0,0)$ 时，有 $\lim\limits_{\substack{x\to0\\y=0}}f(x,y)=\lim\limits_{x\to0}f(x,0)=0$；当点 (x,y) 沿 y 轴趋于点 $(0,0)$ 时，有 $\lim\limits_{\substack{x=0\\y\to0}}f(x,y)=\lim\limits_{y\to0}f(0,y)=0$. 这说明，当点 (x,y) 以两种特殊方式趋于点 $(0,0)$ 时，函数 $f(x,y)$ 的极限为零.

而当点 (x,y) 沿直线 $y=kx\,(k\neq0)$ 趋于点 $(0,0)$ 时，有

$$\lim_{\substack{x\to0\\y=kx}}\frac{xy}{x^2+y^2}=\lim_{x\to0}\frac{kx^2}{x^2+k^2x^2}=\frac{k}{1+k^2}\triangleq I.$$

这说明，极限 I 随直线 $y=kx$ 的斜率 k 的值不同而不同. 例如，当 $k=1$ 时，$I=\frac{1}{2}$；当 $k=2$ 时，$I=\frac{2}{5}$. 因此，函数 $f(x,y)$ 当 $(x,y)\to(0,0)$ 时的极限不存在.

我们可以将二元函数 $z=f(x,y)$ 关于变化过程 $(x,y)\to(x_0,y_0)$ 的极限定义推广到其他变化过程的情形，这里不再赘述. 另外，二元函数极限的定义、结论等也可以推广到 $n(n\geqslant3)$ 元函数的情形，这里也不再列举.

二元函数极限 $\lim\limits_{(x,y)\to(x_0,y_0)}f(x,y)=A$ 的几何意义是：任作两个平面 $z=A-\varepsilon$ 和 $z=A+\varepsilon$，则总存在一个正数 δ，相应地存在点 $P_0(x_0,y_0)$ 的一个 δ 邻域，使得函数 $z=f(x,y)$ 在此邻域内（点 P_0 可除外）的图形

位于上述两个平面之间.

三、二元函数的连续性

在介绍了二元函数极限的定义后，就可以研究二元函数的连续性. 先给出函数 $f(x,y)$ 在点 (x_0,y_0) 处连续的定义.

定义 4 若函数 $f(x,y)$ 满足下列条件：

(1) 在点 (x_0,y_0) 的某一邻域内有定义；

(2) $\lim\limits_{(x,y)\to(x_0,y_0)} f(x,y)$ 存在；

(3) $\lim\limits_{(x,y)\to(x_0,y_0)} f(x,y)=f(x_0,y_0)$，

则称函数 $f(x,y)$ 在点 (x_0,y_0) 处连续.

若定义 4 的三个条件中有一个不满足，则称函数 $f(x,y)$ 在点 (x_0,y_0) 处不连续或间断，且称点 (x_0,y_0) 是函数 $f(x,y)$ 的间断点.

例如，在例 3 中，点 $(0,0)$ 是函数 $f(x,y)$ 的间断点；函数 $z=3x+y$ 在点 $(1,2)$ 处连续，因为

$$z(1,2)=5,\quad \lim_{(x,y)\to(1,2)}(3x+y)=5=z(1,2).$$

定义 5 若函数 $f(x,y)$ 在区域 D 内及边界上任一点 (x,y) 处均连续，则称函数 $f(x,y)$ 在 D 上连续，并称函数 $f(x,y)$ 是 D 上的连续函数.

注　函数 $f(x,y)$ 在区域 D 的边界上连续可参照一元函数在闭区间端点处连续的定义理解.

二元连续函数的几何意义是：二元函数的图形是一个无孔隙、无裂缝的曲面.

例 4 函数 $z=\dfrac{1}{x^2+y^2-1}$ 在 xOy 面中的圆 $x^2+y^2=1$ 上无定义，故其间断点是 xOy 面中的圆 $x^2+y^2=1$. 由此可见，二元函数的间断点可以是一条曲线.

与一元连续函数的情形类似，对于多元连续函数，有以下结论：

性质 1（最值定理） 若多元函数 $f(P)$ 在有界闭区域 D 上连续，则其在 D 上一定有最大值和最小值，即存在 $P_1,P_2\in D$，使得在 D 上有

$$f(P_2)\leqslant f(P)\leqslant f(P_1),$$

其中 $f(P_1)$ 为最大值，$f(P_2)$ 为最小值.

性质 2（介值定理） 在有界闭区域 D 上连续的多元函数 $f(P)$ 必取得介于其在 D 上的最大值 M 和最小值 m 之间的任何值，即当 $m\leqslant C\leqslant M$ 时，则在 D 上至少存在一点 P_0，使得

$$f(P_0)=C.$$

多元连续函数经过有限次四则运算和复合运算后仍为连续函数. 一切多元初等函数在其定义区域内连续(多元初等函数是指可用一个式子来表示的多元函数,且这个式子是由常数和各自变量的一元基本初等函数经过有限次四则运算和复合运算而形成的. 例如, $\sin(x+y)$, $\ln(1+x^2+y^2)$ 等都是多元初等函数. 定义区域是指包含在定义域内的区域).

由多元初等函数的连续性可知,如果函数 $f(P)$ 是多元初等函数,点 P_0 在其定义区域内,则 $f(P)$ 在点 P_0 处连续,从而有

$$\lim_{P\to P_0} f(P) = f(P_0).$$

例 5 求极限 $\lim\limits_{(x,y)\to(2,1)}(x^2-y^2)$.

解 $\lim\limits_{(x,y)\to(2,1)}(x^2-y^2) = 2^2-1^2=3$.

例 6 求极限 $\lim\limits_{(x,y)\to(0,0)}\dfrac{2-\sqrt{xy+4}}{xy}$.

解
$$\lim_{(x,y)\to(0,0)}\frac{2-\sqrt{xy+4}}{xy} = \lim_{(x,y)\to(0,0)}\frac{4-(xy+4)}{xy(2+\sqrt{xy+4})} = \lim_{(x,y)\to(0,0)}\frac{-1}{2+\sqrt{xy+4}} = -\frac{1}{4}.$$

习 题 8.1

1. 求下列函数的定义域:

(1) $z=2(\sqrt{x}+y)$;

(2) $u=\arccos\dfrac{z}{\sqrt{x^2+y^2}}$;

(3) $z=2\ln(x+y)$;

(4) $z=3(\sqrt{1-x^2}+\sqrt{y^2-1})$;

(5) $u=4\ln(4-x^2-y^2-z^2)$.

2. 求下列极限:

(1) $\lim\limits_{(x,y)\to(0,1)}\dfrac{2(1-xy)}{x^2+y^2}$;

(2) $\lim\limits_{(x,y)\to(\infty,\infty)}\dfrac{3}{x^2+y^2}$;

(3) $\lim\limits_{(x,y)\to(0,0)}\dfrac{3-\sqrt{xy+9}}{xy}$.

3. 求函数 $z=\dfrac{y^2+2x}{y^2-2x}$ 的间断点.

4. 证明:极限 $\lim\limits_{(x,y)\to(0,0)}\dfrac{x+y}{x-y}$ 不存在.

5. 设函数 $f(x,y)=\dfrac{2xy}{x^2+y^2}$,求 $f\left(1,\dfrac{y}{x}\right)$.

§8.2 偏导数

我们知道，一元函数的导数定义为函数增量与自变量增量之比的极限，它刻画了函数对于自变量的变化率. 对于多元函数，由于自变量个数的增加，函数关系更为复杂，但是我们仍然可以考虑多元函数对于某个自变量的变化率. 也就是说，在其中一个自变量变化而其余自变量都保持不变的情形下，考虑多元函数对于该自变量的变化率. 例如，在物理学中，位移 s、速度 v 和时间 t 之间存在某种关系，可以考察在匀速直线运动（将 v 看作常数）下位移 s 对于时间 t 的变化率，也可以考察在相同时间（将 t 看作常数）下位移 s 对于速度 v 的变化率. 由多元函数对于某个自变量的变化率就引出了偏导数的概念.

一、偏导数的定义及其计算法

定义 1 已知函数 $z=f(x,y)$ 在点 (x_0,y_0) 的某一邻域内有定义. 当自变量 x 在点 x_0 处取得增量 $\Delta x(\Delta x\neq 0)$，$y=y_0$ 保持不变时，函数 $z=f(x,y)$ 的增量为

$$\Delta_x z=f(x_0+\Delta x,y_0)-f(x_0,y_0).$$

如果当 $\Delta x\to 0$ 时，极限

$$\lim_{\Delta x\to 0}\frac{\Delta_x z}{\Delta x}=\lim_{\Delta x\to 0}\frac{f(x_0+\Delta x,y_0)-f(x_0,y_0)}{\Delta x} \tag{8.3}$$

存在，则称此极限值为函数 $z=f(x,y)$ 在点 (x_0,y_0) 处对 x 的偏导数，记作

$$f_x(x_0,y_0),\quad \left.\frac{\partial f(x,y)}{\partial x}\right|_{(x_0,y_0)},\quad \left.z_x\right|_{(x_0,y_0)}\quad 或\quad \left.\frac{\partial z}{\partial x}\right|_{(x_0,y_0)}.$$

同理，可定义函数 $z=f(x,y)$ 在点 (x_0,y_0) 处对 y 的偏导数为

$$\lim_{\Delta y\to 0}\frac{\Delta_y z}{\Delta y}=\lim_{\Delta y\to 0}\frac{f(x_0,y_0+\Delta y)-f(x_0,y_0)}{\Delta y}, \tag{8.4}$$

记作

$$f_y(x_0,y_0),\quad \left.\frac{\partial f(x,y)}{\partial y}\right|_{(x_0,y_0)},\quad \left.z_y\right|_{(x_0,y_0)}\quad 或\quad \left.\frac{\partial z}{\partial y}\right|_{(x_0,y_0)}.$$

若函数 $z=f(x,y)$ 在区域 D 内每一点 (x,y) 处均有对 x 和对 y 的偏导数，则称这两个偏导数分别为 $z=f(x,y)$ 对 x 和对 y 的偏导函数，简称偏导数，分别记作

$$f_x(x,y),\quad \frac{\partial f}{\partial x},\quad \frac{\partial z}{\partial x}\quad 或\quad z_x;$$

$$f_y(x,y),\quad \frac{\partial f}{\partial y},\quad \frac{\partial z}{\partial y}\quad 或\quad z_y.$$

类似地，可定义三元函数 $u=f(x,y,z)$ 分别对 x,y,z 的偏导数.

由定义1可见，函数 $z=f(x,y)$ 在点 (x_0,y_0) 处对 x 的偏导数就是该函数在点 (x_0,y_0) 处对 x 的变化率，即把变量 y 当作常数. 类似地，函数 $z=f(x,y)$ 在点 (x_0,y_0) 处对 y 的偏导数就是该函数在点 (x_0,y_0) 处对 y 的变化率，即把变量 x 当作常数.

例 1　求函数 $z=x^2+3xy+y^2$ 在点 $(1,2)$ 处的偏导数.

解　$\dfrac{\partial z}{\partial x}=2x+3y,\dfrac{\partial z}{\partial y}=3x+2y$，从而有

$$\left.\frac{\partial z}{\partial x}\right|_{(1,2)}=2\times1+3\times2=8,\quad \left.\frac{\partial z}{\partial y}\right|_{(1,2)}=3\times1+2\times2=7.$$

例 2　设函数 $r=\sqrt{x^2+y^2+z^2}$，求 $\dfrac{\partial r}{\partial x},\dfrac{\partial r}{\partial y},\dfrac{\partial r}{\partial z}$.

解　$\dfrac{\partial r}{\partial x}=\dfrac{2x}{2\sqrt{x^2+y^2+z^2}}=\dfrac{x}{\sqrt{x^2+y^2+z^2}}$.

同理可得

$$\frac{\partial r}{\partial y}=\frac{y}{\sqrt{x^2+y^2+z^2}},\quad \frac{\partial r}{\partial z}=\frac{z}{\sqrt{x^2+y^2+z^2}}.$$

例 3　求函数 $z=y^x(y>0$ 且 $y\neq1)$ 的偏导数.

解　$\dfrac{\partial z}{\partial x}=y^x\ln y,\dfrac{\partial z}{\partial y}=xy^{x-1}$.

例 4　已知理想气体的状态方程为 $pV=RT$（R 为常数），求证：

$$\frac{\partial p}{\partial V}\cdot\frac{\partial V}{\partial T}\cdot\frac{\partial T}{\partial p}=-1.$$

证　由 $pV=RT$ 有

$$p=\frac{RT}{V},\quad \frac{\partial p}{\partial V}=-\frac{RT}{V^2},$$

$$V=\frac{RT}{p},\quad \frac{\partial V}{\partial T}=\frac{R}{p},$$

$$T=\frac{pV}{R},\quad \frac{\partial T}{\partial p}=\frac{V}{R},$$

于是

$$\frac{\partial p}{\partial V}\cdot\frac{\partial V}{\partial T}\cdot\frac{\partial T}{\partial p}=-\frac{RT}{V^2}\cdot\frac{R}{p}\cdot\frac{V}{R}=-\frac{RT}{pV}=-1.$$

对于一元函数 $y=f(x)$，$\dfrac{\mathrm{d}y}{\mathrm{d}x}$ 可看作函数的微分 $\mathrm{d}y$ 与自变量的微分 $\mathrm{d}x$ 之商. 而例4表明，偏导数的记号 $\dfrac{\partial z}{\partial x}$ 是一个整体记号，其中的横

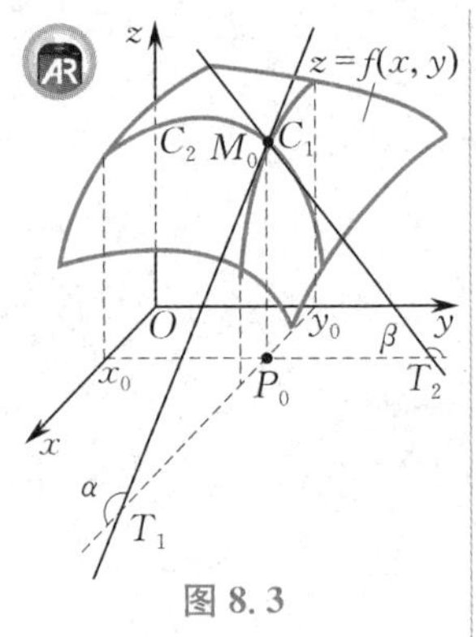

图 8.3

线没有相除的意义.

二元函数偏导数的几何意义是:函数 $z=f(x,y)$ 在点 $P_0(x_0,y_0)$ 处对 x 的偏导数,实际上是曲面 $z=f(x,y)$ 和平面 $y=y_0$ 的交线 C_1 在点 $M_0(x_0,y_0,z_0)(z_0=f(x_0,y_0))$ 处的切线 M_0T_1 对 x 轴的斜率 $\tan\alpha$. 同理,函数 $z=f(x,y)$ 在点 P_0 处对 y 的偏导数,实际上是曲面 $z=f(x,y)$ 和平面 $x=x_0$ 的交线 C_2 在点 M_0 处的切线 M_0T_2 对 y 轴的斜率 $\tan\beta$(见图 8.3).

我们知道,如果一元函数在某点处具有导数,则一元函数在该点处必定连续. 但对于多元函数,即使在某点处的各偏导数都存在,也不能保证多元函数在该点处连续.

例 5 已知函数

$$f(x,y)=\begin{cases}\dfrac{xy}{x^2+y^2}, & (x,y)\neq(0,0),\\ 0, & (x,y)=(0,0),\end{cases}$$

求 $f_x(0,0)$, $f_y(0,0)$.

解 由偏导数的定义,计算得

$$f_x(0,0)=\lim_{\Delta x\to 0}\frac{f(0+\Delta x,0)-f(0,0)}{\Delta x}=\lim_{\Delta x\to 0}\frac{\dfrac{\Delta x\cdot 0}{(\Delta x)^2+0}-0}{\Delta x}=0,$$

$$f_y(0,0)=\lim_{\Delta y\to 0}\frac{f(0,0+\Delta y)-f(0,0)}{\Delta y}=\lim_{\Delta y\to 0}\frac{\dfrac{0\cdot \Delta y}{0+(\Delta y)^2}-0}{\Delta y}=0.$$

注 由§8.1 的例 3 可知,例 5 中的函数 $f(x,y)$ 在点(0,0) 处并不连续. 这说明,当函数 $f(x,y)$ 的两个偏导数都存在时,该函数不一定连续.

二、高阶偏导数

定义 2 设函数 $z=f(x,y)$ 在区域 D 内有偏导数

$$\frac{\partial z}{\partial x}=f_x(x,y),\quad \frac{\partial z}{\partial y}=f_y(x,y),$$

则在 D 内 $f_x(x,y)$, $f_y(x,y)$ 仍为 x,y 的函数. 若这两个函数的偏导数存在,则称它们的偏导数为函数 $z=f(x,y)$ 的二阶偏导数,记作

$$f_{xx}(x,y)=\frac{\partial^2 z}{\partial x^2}=\frac{\partial}{\partial x}\left(\frac{\partial z}{\partial x}\right),\quad f_{yy}(x,y)=\frac{\partial^2 z}{\partial y^2}=\frac{\partial}{\partial y}\left(\frac{\partial z}{\partial y}\right),$$

$$f_{xy}(x,y)=\frac{\partial^2 z}{\partial x\partial y}=\frac{\partial}{\partial y}\left(\frac{\partial z}{\partial x}\right),\quad f_{yx}(x,y)=\frac{\partial^2 z}{\partial y\partial x}=\frac{\partial}{\partial x}\left(\frac{\partial z}{\partial y}\right),$$

其中 $f_{xy}(x,y)$, $f_{yx}(x,y)$ 称为二阶混合偏导数.

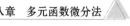

类似地，可定义二元函数的三阶、四阶 …… n 阶偏导数，三元及三元以上函数的二阶、三阶 …… n 阶偏导数.

二阶及二阶以上的偏导数统称为高阶偏导数.

例 6 求函数 $f(x,y)=x^2y^2$ 的二阶偏导数.

解 因为 $f_x(x,y)=2xy^2, f_y(x,y)=2x^2y$，所以

$$f_{xx}(x,y)=\frac{\partial}{\partial x}(2xy^2)=2y^2,\quad f_{yy}(x,y)=\frac{\partial}{\partial y}(2x^2y)=2x^2,$$

$$f_{xy}(x,y)=\frac{\partial}{\partial y}(2xy^2)=4xy,\quad f_{yx}(x,y)=\frac{\partial}{\partial x}(2x^2y)=4xy.$$

在例 6 中，两个二阶混合偏导数相等，即

$$f_{xy}(x,y)=f_{yx}(x,y).$$

这个结果不是偶然的. 事实上，有下面的定理.

定理 若函数 $z=f(x,y)$ 的两个二阶混合偏导数 $\frac{\partial^2 z}{\partial y\partial x}$ 和 $\frac{\partial^2 z}{\partial x\partial y}$ 在区域 D 内连续，则这两个二阶混合偏导数在 D 内相等.

证明从略.

例 7 验证函数 $u=\frac{1}{r}, r=\sqrt{x^2+y^2+z^2}$ 满足方程

$$\frac{\partial^2 u}{\partial x^2}+\frac{\partial^2 u}{\partial y^2}+\frac{\partial^2 u}{\partial z^2}=0.$$

证 因为

$$\frac{\partial u}{\partial x}=-\frac{1}{r^2}\cdot\frac{\partial r}{\partial x}=-\frac{1}{r^2}\cdot\frac{x}{r}=-\frac{x}{r^3},$$

$$\frac{\partial^2 u}{\partial x^2}=-\frac{1}{r^3}+\frac{3x}{r^4}\cdot\frac{\partial r}{\partial x}=-\frac{1}{r^3}+\frac{3x^2}{r^5},$$

所以由函数对自变量的对称性得

$$\frac{\partial^2 u}{\partial y^2}=-\frac{1}{r^3}+\frac{3y^2}{r^5},\quad \frac{\partial^2 u}{\partial z^2}=-\frac{1}{r^3}+\frac{3z^2}{r^5}.$$

因此

$$\frac{\partial^2 u}{\partial x^2}+\frac{\partial^2 u}{\partial y^2}+\frac{\partial^2 u}{\partial z^2}=-\frac{3}{r^3}+\frac{3(x^2+y^2+z^2)}{r^5}=-\frac{3}{r^3}+\frac{3}{r^3}=0.$$

注 例 7 中的方程称为拉普拉斯(Laplace) 方程，它是数学物理方程中一种很重要的方程.

习　题　8.2

1. 求下列函数的偏导数：

(1) $z = 5x^2y^2$；　　(2) $z = e^{xy}$；

(3) $z = 2(\ln y - \ln x)$；　　(4) $z = \dfrac{3y}{\sqrt{x^2+y^2}}$；

(5) $z = 4e^{\sin x}\cos y$；　　(6) $u = x^{\frac{y}{z}}$.

2. 已知函数 $T = 2\pi\sqrt{\dfrac{l}{g}}$，求证：$l\dfrac{\partial T}{\partial l} + g\dfrac{\partial T}{\partial g} = 0$.

3. 空间曲线 $\begin{cases} z = \dfrac{1}{4}(x^2+y^2), \\ y = 4 \end{cases}$ 在点 $M(2,4,5)$ 处的切线关于 x 轴正向的倾角是多少？

4. 求下列函数的高阶偏导数：

(1) $z = 2y^{\ln x}$，求 $\dfrac{\partial^2 z}{\partial x^2}, \dfrac{\partial^2 z}{\partial x \partial y}, \dfrac{\partial^2 z}{\partial y^2}$；

(2) $u = 3e^{xyz}$，求 $\dfrac{\partial^3 u}{\partial x \partial y \partial z}$.

5. 已知函数 $f(x,y,z) = xy^2 + yz^2 + zx^2$，求 $f_{zzx}(2,0,1)$.

6. 已知函数 $z = \ln\sqrt{(x-1)^2+(y-2)^2}$，求证：$\dfrac{\partial^2 z}{\partial x^2} + \dfrac{\partial^2 z}{\partial y^2} = 0$.

§8.3 全微分及其应用

一、全微分的定义

根据一元函数增量和微分的关系，得

$$\Delta_x z = f(x+\Delta x, y) - f(x,y) \approx f_x(x,y)\Delta x,$$
$$\Delta_y z = f(x, y+\Delta y) - f(x,y) \approx f_y(x,y)\Delta y.$$

上面两式中的 $\Delta_x z$ 和 $\Delta_y z$ 分别称为函数 $z = f(x,y)$ 对 x 和对 y 的偏增量，而 $f_x(x,y)\Delta x$ 和 $f_y(x,y)\Delta y$ 分别称为函数 $z = f(x,y)$ 对 x 和对 y 的偏微分. 我们还需要研究函数 $z = f(x,y)$ 如下形式的增量：

$$f(x+\Delta x, y+\Delta y) - f(x,y),$$

称之为函数 $z = f(x,y)$ 的全增量，记作 Δz，即

$$\Delta z = f(x+\Delta x, y+\Delta y) - f(x,y).$$

一般地，计算二元函数的全增量比较复杂. 与一元函数的情形类似，我们希望用自变量的增量 $\Delta x,\Delta y$ 的线性函数来近似代替二元函数 $z=f(x,y)$ 的全增量，从而引入如下定义：

定义　设函数 $z=f(x,y)$ 在点(x,y) 的某一邻域内有定义. 若函数 $z=f(x,y)$ 在点(x,y) 处的全增量

$$\Delta z=f(x+\Delta x,y+\Delta y)-f(x,y)$$

可表示为

$$\Delta z=A\Delta x+B\Delta y+o(\rho),\tag{8.5}$$

其中 A,B 不依赖于 $\Delta x,\Delta y$ 而仅与 x,y 有关，$o(\rho)$ 是比 $\rho=\sqrt{(\Delta x)^2+(\Delta y)^2}$ 高阶的无穷小，则称 $A\Delta x+B\Delta y$ 为函数 $z=f(x,y)$ 在点(x,y) 处的全微分，记作 $\mathrm{d}z$ 或 $\mathrm{d}f(x,y)$，即

$$\mathrm{d}z=\mathrm{d}f(x,y)=A\Delta x+B\Delta y,$$

并称函数 $z=f(x,y)$ 在点(x,y) 处可微.

若函数 $z=f(x,y)$ 在区域 D 内每一点处的全微分均存在(可微)，则称该函数在 D 内可微.

下面讨论函数 $z=f(x,y)$ 在点(x,y) 处可微的条件.

定理 1　如果函数 $z=f(x,y)$ 在点(x,y) 处可微，即有(8.5)式成立，则函数 $z=f(x,y)$ 在点(x,y) 处的偏导数 $f_x(x,y)$ 与 $f_y(x,y)$ 均存在，且有

$$f_x(x,y)=A,\quad f_y(x,y)=B.$$

证明从略.

例 1　设函数

$$z=f(x,y)=\begin{cases}\dfrac{xy}{\sqrt{x^2+y^2}}, & (x,y)\neq(0,0),\\ 0, & (x,y)=(0,0).\end{cases}$$

易知在点$(0,0)$ 处有 $f_x(0,0)=0$ 和 $f_y(0,0)=0$，因此

$$\Delta z\Big|_{(0,0)}-[f_x(0,0)\Delta x+f_y(0,0)\Delta y]=\frac{\Delta x\Delta y}{\sqrt{(\Delta x)^2+(\Delta y)^2}}.\tag{8.6}$$

因为

$$\lim_{\substack{\Delta x\to 0\\ \Delta y=\Delta x}}\frac{\dfrac{\Delta x\Delta y}{\sqrt{(\Delta x)^2+(\Delta y)^2}}}{\rho}=\lim_{\substack{\Delta x\to 0\\ \Delta y=\Delta x}}\frac{\Delta x\Delta y}{(\Delta x)^2+(\Delta y)^2}=\lim_{\Delta x\to 0}\frac{(\Delta x)^2}{(\Delta x)^2+(\Delta x)^2}=\frac{1}{2},$$

所以当 $\rho\to 0$ 时，(8.6) 式不是一个比 ρ 高阶的无穷小. 故函数 $z=f(x,y)$ 在点$(0,0)$ 处的全微分不存在，即函数 $z=f(x,y)$ 在点$(0,0)$ 处不可微.

我们知道，一元函数的导数存在是可微的充要条件. 而由定理 1

及例 1 可知,偏导数存在是二元函数可微的必要条件,而不是充分条件.但是,如果再假设二元函数的各偏导数连续,则全微分存在,即有下面的定理.

定理 2 若函数 $z=f(x,y)$ 的偏导数 $\frac{\partial z}{\partial x},\frac{\partial z}{\partial y}$ 在点(x,y) 处连续,则函数 $z=f(x,y)$ 在点(x,y) 处的全微分存在(可微).

证明从略.

类似地,也可定义三元及三元以上函数的全微分,且有类似于定理 1 和定理 2 的结论成立.

注 (1) 习惯上,我们将自变量的增量 $\Delta x,\Delta y$ 分别记作 $\mathrm{d}x,\mathrm{d}y$,并分别称之为自变量 x,y 的微分.这样,函数 $z=f(x,y)$ 的全微分可写成

$$\mathrm{d}z=\frac{\partial z}{\partial x}\mathrm{d}x+\frac{\partial z}{\partial y}\mathrm{d}y.$$

(2) 函数 $z=f(x,y)$ 的全微分等于它的两个偏微分之和,这说明二元函数的微分符合叠加原理.叠加原理也适用于三元及三元以上函数.例如,对于三元函数 $u=f(x,y,z)$,有

$$\mathrm{d}u=\frac{\partial u}{\partial x}\mathrm{d}x+\frac{\partial u}{\partial y}\mathrm{d}y+\frac{\partial u}{\partial z}\mathrm{d}z.$$

例 2 求函数 $z=\mathrm{e}^{2xy}$ 在点$(4,3)$ 处的全微分.

解 因为

$$\frac{\partial z}{\partial x}=2y\mathrm{e}^{2xy},\quad \frac{\partial z}{\partial y}=2x\mathrm{e}^{2xy},\quad \left.\frac{\partial z}{\partial x}\right|_{(4,3)}=6\mathrm{e}^{24},\quad \left.\frac{\partial z}{\partial y}\right|_{(4,3)}=8\mathrm{e}^{24},$$

所以

$$\left.\mathrm{d}z\right|_{(4,3)}=6\mathrm{e}^{24}\mathrm{d}x+8\mathrm{e}^{24}\mathrm{d}y.$$

例 3 求函数 $u=x+\sin\frac{y}{2}+\mathrm{e}^{yz}$ 的全微分.

解 因为

$$\frac{\partial u}{\partial x}=1,\quad \frac{\partial u}{\partial y}=\frac{1}{2}\cos\frac{y}{2}+z\mathrm{e}^{yz},\quad \frac{\partial u}{\partial z}=y\mathrm{e}^{yz},$$

所以

$$\mathrm{d}u=\mathrm{d}x+\left(\frac{1}{2}\cos\frac{y}{2}+z\mathrm{e}^{yz}\right)\mathrm{d}y+y\mathrm{e}^{yz}\mathrm{d}z.$$

二、全微分的应用

1. 近似计算

设函数 $z=f(x,y)$ 的偏导数 $f_x(x,y)$ 和 $f_y(x,y)$ 在点(x,y) 处连

续，则当 $|\Delta x|$，$|\Delta y|$ 很小时，有近似等式

$$\Delta z \approx \mathrm{d}z = f_x(x,y)\Delta x + f_y(x,y)\Delta y.$$

上式也可写成

$$f(x+\Delta x, y+\Delta y) \approx f(x,y) + f_x(x,y)\Delta x + f_y(x,y)\Delta y. \tag{8.7}$$

例 4　求 $\sqrt[3]{(2.02)^2+(1.97)^2}$ 的近似值.

解　设函数 $z = f(x,y) = \sqrt[3]{x^2+y^2}$，则计算 $f(2.02, 1.97)$ 的近似值即可.

取 $x=2, \Delta x = 0.02, y=2, \Delta y = -0.03$. 由

$$\begin{aligned}\mathrm{d}z &= f_x(x,y)\Delta x + f_y(x,y)\Delta y \\ &= \frac{1}{3}(x^2+y^2)^{-\frac{2}{3}}\cdot 2x\cdot\Delta x + \frac{1}{3}(x^2+y^2)^{-\frac{2}{3}}\cdot 2y\cdot\Delta y \\ &= \frac{2}{3}\frac{1}{\sqrt[3]{(x^2+y^2)^2}}(x\Delta x + y\Delta y),\end{aligned}$$

代入所取的值，得

$$\begin{aligned}\mathrm{d}z &= \frac{2}{3}\times\frac{1}{\sqrt[3]{(2^2+2^2)^2}}[2\times 0.02 + 2\times(-0.03)] \\ &= \frac{2}{3}\times\frac{1}{4}\times(0.04-0.06) \approx -0.00333,\end{aligned}$$

所以由(8.7)式有

$$\begin{aligned}\sqrt[3]{(2.02)^2+(1.97)^2} &\approx f(2,2) + \mathrm{d}z \approx \sqrt[3]{2^2+2^2} + (-0.00333) \\ &= 1.99667.\end{aligned}$$

2. 误差估计

设函数 $z=f(x,y)$. 若自变量 x,y 的绝对误差分别为 δ_x, δ_y，即

$$|\Delta x| \leqslant \delta_x, \quad |\Delta y| \leqslant \delta_y,$$

则

$$\begin{aligned}|\Delta z| \approx |\mathrm{d}z| &= \left|\frac{\partial z}{\partial x}\Delta x + \frac{\partial z}{\partial y}\Delta y\right| \leqslant \left|\frac{\partial z}{\partial x}\right||\Delta x| + \left|\frac{\partial z}{\partial y}\right||\Delta y| \\ &\leqslant \left|\frac{\partial z}{\partial x}\right|\delta_x + \left|\frac{\partial z}{\partial y}\right|\delta_y,\end{aligned}$$

从而 z 的绝对误差为

$$\delta_z = \left|\frac{\partial z}{\partial x}\right|\delta_x + \left|\frac{\partial z}{\partial y}\right|\delta_y, \tag{8.8}$$

相对误差为

$$\frac{\delta_z}{|z|} = \left|\frac{\partial z}{\partial x}\right|\frac{\delta_x}{|z|} + \left|\frac{\partial z}{\partial y}\right|\frac{\delta_y}{|z|}. \tag{8.9}$$

例 5 将质量为 x(单位:g) 的盐溶于质量为 y(单位:g) 的水中,若称量盐时绝对误差是 δ_x,称量水时绝对误差是 δ_y,求盐水浓度 z(单位:%) 的绝对误差 δ_z.

解 由题意知 $z=\dfrac{x}{x+y}$,则由(8.8)式得盐水浓度 z 的绝对误差为

$$\delta_z=\left|\frac{\partial z}{\partial x}\right|\delta_x+\left|\frac{\partial z}{\partial y}\right|\delta_y=\left|\frac{y}{(x+y)^2}\right|\delta_x+\left|\frac{-x}{(x+y)^2}\right|\delta_y=\frac{y\delta_x+x\delta_y}{(x+y)^2}.$$

习 题 8.3

1. 求下列函数的全微分：

(1) $z=2\sqrt{\dfrac{x}{y}}$；　　(2) $z=3\arcsin\dfrac{x}{y}$.

2. 求当 $x=2,y=1,\Delta x=0.01,\Delta y=0.03$ 时,函数 $z=\dfrac{xy}{x^2-y^2}$ 的全微分.

3. 求 $\ln(\sqrt[3]{1.03}+\sqrt[4]{0.98}-1)$ 的近似值.

4. 设有一用水泥做成的无盖长方形水池,其长为 6 m,宽为 4 m,高为 3 m,它的四周和底的厚度均为 20 cm. 用全微分求做成此水池所用水泥量的近似值.

5. 利用单摆摆动测定重力加速度 g 的公式为 $g=\dfrac{4\pi^2 l}{T^2}$,其中 l 是摆长,T 是摆动周期. 现分别测得 $l=(100\pm0.1)$ cm,$T=(2\pm0.004)$ s,问:由于测量 l 和 T 的误差而引起 g 的绝对误差和相对误差各为多少(最终结果保留 π)?

§8.4 多元复合函数的求导法则与隐函数的求导公式

一、多元复合函数的求导法则

下面将一元复合函数的求导法则推广到多元复合函数的情形.

定义 设 $z=f(u,v)$ 是变量 u,v 的函数,且 u,v 均是变量 x,y 的函数：

$$u=\varphi(x,y),\quad v=\psi(x,y),$$

称函数 $z=f[\varphi(x,y),\psi(x,y)]$ 为 x,y 的**复合函数**,其中 u,v 称为**中间变量**.

如何求复合函数 $z=f[\varphi(x,y),\psi(x,y)]$ 的偏导数 $\dfrac{\partial z}{\partial x},\dfrac{\partial z}{\partial y}$ 呢? 对此,有下面的定理.

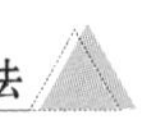

定理 1　若函数 $u=\varphi(x,y)$，$v=\psi(x,y)$ 在点 $P_1(x,y)$ 处具有对 x 和对 y 的偏导数，且函数 $z=f(u,v)$ 在对应于点 P_1 的点 $P_2(u,v)$ 处具有连续偏导数，则复合函数 $z=f[\varphi(x,y),\psi(x,y)]$ 在点 $P_1(x,y)$ 处对 x 和对 y 的偏导数存在，且

$$\frac{\partial z}{\partial x}=\frac{\partial z}{\partial u}\frac{\partial u}{\partial x}+\frac{\partial z}{\partial v}\frac{\partial v}{\partial x},\quad \frac{\partial z}{\partial y}=\frac{\partial z}{\partial u}\frac{\partial u}{\partial y}+\frac{\partial z}{\partial v}\frac{\partial v}{\partial y}. \tag{8.10}$$

证　假设在点 P_1 处给 x 以增量 $\Delta x(\Delta x\neq 0)$，让 y 保持不变，则 u,v 相应地有偏增量 $\Delta_x u$，$\Delta_x v$，从而函数 $z=f(u,v)$ 亦相应地有偏增量 $\Delta_x z$. 因为函数 $z=f(u,v)$ 在点 P_2 处具有连续偏导数，所以由 §8.3 的定理 2 可知，函数 $z=f(u,v)$ 在点 P_2 处的全微分存在. 故

$$\Delta_x z=\frac{\partial z}{\partial u}\Delta_x u+\frac{\partial z}{\partial v}\Delta_x v+o(\rho), \tag{8.11}$$

其中 $\rho=\sqrt{(\Delta_x u)^2+(\Delta_x v)^2}$，且 $\lim\limits_{\rho\to 0}\frac{o(\rho)}{\rho}=0$.

将(8.11)式两边同时除以 Δx，得

$$\frac{\Delta_x z}{\Delta x}=\frac{\partial z}{\partial u}\frac{\Delta_x u}{\Delta x}+\frac{\partial z}{\partial v}\frac{\Delta_x v}{\Delta x}+\frac{o(\rho)}{\Delta x}. \tag{8.12}$$

因为 $u=u(x,y)$，$v=v(x,y)$ 在点 P_1 处具有偏导数，所以当 $\Delta x\to 0$ 时，有 $\Delta_x u\to 0$，$\Delta_x v\to 0$，即 $\rho\to 0$，且有

$$\lim_{\Delta x\to 0}\frac{\Delta_x u}{\Delta x}=\frac{\partial u}{\partial x},\quad \lim_{\Delta x\to 0}\frac{\Delta_x v}{\Delta x}=\frac{\partial v}{\partial x},$$

于是

$$\begin{aligned}\lim_{\Delta x\to 0}\frac{o(\rho)}{\Delta x}&=\lim_{\Delta x\to 0}\frac{o(\rho)}{\rho}\frac{\rho}{\Delta x}=\lim_{\rho\to 0}\frac{o(\rho)}{\rho}\cdot\lim_{\Delta x\to 0}\frac{\sqrt{(\Delta_x u)^2+(\Delta_x v)^2}}{\Delta x}\\&=\lim_{\rho\to 0}\frac{o(\rho)}{\rho}\cdot\lim_{\Delta x\to 0}\sqrt{\left(\frac{\Delta_x u}{\Delta x}\right)^2+\left(\frac{\Delta_x v}{\Delta x}\right)^2}\\&=0\cdot\sqrt{\left(\frac{\partial u}{\partial x}\right)^2+\left(\frac{\partial v}{\partial x}\right)^2}=0.\end{aligned}$$

故当 $\Delta x\to 0$ 时，(8.12) 式右端的极限存在，即

$$\frac{\partial z}{\partial x}=\lim_{\Delta x\to 0}\frac{\Delta_x z}{\Delta x}=\frac{\partial z}{\partial u}\frac{\partial u}{\partial x}+\frac{\partial z}{\partial v}\frac{\partial v}{\partial x}.$$

同理可得

$$\frac{\partial z}{\partial y}=\frac{\partial z}{\partial u}\frac{\partial u}{\partial y}+\frac{\partial z}{\partial v}\frac{\partial v}{\partial y}.$$

定理 1 的结论可推广到以下两种情形：

(1) 对于函数 $z=f(u,v)$，$u=u(x)$，$v=v(x)$，有

$$\frac{\mathrm{d}z}{\mathrm{d}x}=\frac{\partial z}{\partial u}\frac{\mathrm{d}u}{\mathrm{d}x}+\frac{\partial z}{\partial v}\frac{\mathrm{d}v}{\mathrm{d}x}.$$

上式中的 $\frac{\mathrm{d}z}{\mathrm{d}x}$ 称为 z 对 x 的全导数.

(2) 对于函数 $z=f(u,x,y)$，$u=u(x,y)$，有

$$\frac{\partial z}{\partial x}=\frac{\partial f}{\partial u}\frac{\partial u}{\partial x}+\frac{\partial f}{\partial x},\quad \frac{\partial z}{\partial y}=\frac{\partial f}{\partial u}\frac{\partial u}{\partial y}+\frac{\partial f}{\partial y}.$$

注 这里$\frac{\partial z}{\partial x}$与$\frac{\partial f}{\partial x}$的含义不同,$\frac{\partial z}{\partial x}$是将函数$z=f(u,x,y)=f[u(x,y),x,y]$中的$y$看成常数而对$x$求偏导数,而$\frac{\partial f}{\partial x}$是将函数$z=f(u,x,y)$中的$u$及$y$看成常数而仅对$x$求偏导数.$\frac{\partial z}{\partial y}$与$\frac{\partial f}{\partial y}$也有类似的区别.

例 1 已知函数$z=f(u,v)=uv,u=x\cos y,v=x\sin y$,求$\frac{\partial z}{\partial x},\frac{\partial z}{\partial y}$.

解 由(8.10)式得

$$\begin{aligned}\frac{\partial z}{\partial x}&=v\cos y+u\sin y=x\sin y\cos y+x\cos y\sin y\\&=2x\sin y\cos y=x\sin 2y,\\\frac{\partial z}{\partial y}&=v(-x\sin y)+ux\cos y=x\sin y(-x\sin y)+x\cos y\cdot x\cos y\\&=x^2(\cos^2 y-\sin^2 y)=x^2\cos 2y.\end{aligned}$$

例 2 已知函数$z=f(u,v)=uv,u=\mathrm{e}^{2x},v=\sin x$,求$\frac{\mathrm{d}z}{\mathrm{d}x}$.

解 $$\begin{aligned}\frac{\mathrm{d}z}{\mathrm{d}x}&=v\frac{\mathrm{d}u}{\mathrm{d}x}+u\frac{\mathrm{d}v}{\mathrm{d}x}=v\cdot 2\mathrm{e}^{2x}+u\cos x=2\mathrm{e}^{2x}\sin x+\mathrm{e}^{2x}\cos x\\&=\mathrm{e}^{2x}(2\sin x+\cos x).\end{aligned}$$

例 3 已知函数$u=f(x,y,z)=\mathrm{e}^{x^2+y^2+z^2},z=x^2\sin y$,求$\frac{\partial u}{\partial x},\frac{\partial u}{\partial y}$.

解 $$\begin{aligned}\frac{\partial u}{\partial x}&=\frac{\partial f}{\partial x}+\frac{\partial f}{\partial z}\frac{\partial z}{\partial x}=2x\mathrm{e}^{x^2+y^2+z^2}+2z\mathrm{e}^{x^2+y^2+z^2}\cdot 2x\sin y\\&=2x(1+2x^2\sin^2 y)\mathrm{e}^{x^2+y^2+x^4\sin^2 y},\\\frac{\partial u}{\partial y}&=\frac{\partial f}{\partial y}+\frac{\partial f}{\partial z}\frac{\partial z}{\partial y}=2y\mathrm{e}^{x^2+y^2+z^2}+2z\mathrm{e}^{x^2+y^2+z^2}\cdot x^2\cos y\\&=2(y+x^4\sin y\cos y)\mathrm{e}^{x^2+y^2+x^4\sin^2 y}.\end{aligned}$$

例 4 设函数$w=f(x+y+z,xyz)$,其中函数f具有二阶连续偏导数,求$\frac{\partial w}{\partial x},\frac{\partial^2 w}{\partial x\partial z}$.

解 令$u=x+y+z,v=xyz$,则$w=f(u,v)$.记$f_1=\frac{\partial f(u,v)}{\partial u},f_{12}=\frac{\partial^2 f(u,v)}{\partial u\partial v}$,类似地理解记号$f_2,f_{11},f_{22},f_{21}$,得

$$\frac{\partial w}{\partial x}=\frac{\partial f}{\partial u}\frac{\partial u}{\partial x}+\frac{\partial f}{\partial v}\frac{\partial v}{\partial x}=f_1+yzf_2,$$

$$\frac{\partial^2 w}{\partial x\partial z}=\frac{\partial}{\partial z}(f_1+yzf_2)=\frac{\partial f_1}{\partial z}+yf_2+yz\frac{\partial f_2}{\partial z}.$$

而

$$\frac{\partial f_1}{\partial z}=\frac{\partial f_1}{\partial u}\frac{\partial u}{\partial z}+\frac{\partial f_1}{\partial v}\frac{\partial v}{\partial z}=f_{11}+xyf_{12},$$

$$\frac{\partial f_2}{\partial z}=\frac{\partial f_2}{\partial u}\frac{\partial u}{\partial z}+\frac{\partial f_2}{\partial v}\frac{\partial v}{\partial z}=f_{21}+xyf_{22},$$

故

$$\begin{aligned}\frac{\partial^2 w}{\partial x\partial z}&=f_{11}+xyf_{12}+yf_2+yz(f_{21}+xyf_{22})\\&=f_{11}+y(x+z)f_{12}+xy^2zf_{22}+yf_2.\end{aligned}$$

例 5　已知函数 $z=xy+xF(u)$，而 $u=\frac{y}{x}$，$F(u)$ 为可导函数，证明：

$$x\frac{\partial z}{\partial x}+y\frac{\partial z}{\partial y}=xy+z.$$

证　因为

$$\frac{\partial z}{\partial x}=y+F(u)+xF'(u)\left(-\frac{y}{x^2}\right)=y+F(u)-\frac{y}{x}F'(u),$$

$$\frac{\partial z}{\partial y}=x+xF'(u)\cdot\frac{1}{x}=x+F'(u),$$

所以

$$\begin{aligned}x\frac{\partial z}{\partial x}+y\frac{\partial z}{\partial y}&=xy+xF(u)-yF'(u)+xy+yF'(u)\\&=xy+[xy+xF(u)]=xy+z.\end{aligned}$$

二、隐函数的求导公式

在一元函数微分学中，我们已经提出了隐函数的概念，并且给出了不经过显化而直接求方程

$$F(x,y)=0$$

所确定的隐函数导数的方法. 现在我们根据多元复合函数的求导法则来推得隐函数的求导公式，从而得到隐函数存在定理.

定理 2（隐函数存在定理）　设函数 $F(x,y)$ 在点 $P_0(x_0,y_0)$ 的某一邻域内具有连续偏导数 $F_x(x,y)$，$F_y(x,y)$，且 $F(x_0,y_0)=0$，$F_y(x_0,y_0)\neq 0$，则方程 $F(x,y)=0$ 在点 P_0 的某一邻域内能唯一确定一个具有连续导数的隐函数 $y=f(x)$，使得 $y_0=f(x_0)$，且有

$$\frac{\mathrm{d}y}{\mathrm{d}x}=-\frac{F_x(x,y)}{F_y(x,y)}.\tag{8.13}$$

证明从略. 这里仅对公式(8.13)做如下推导：

将方程 $y=f(x)$ 代入方程 $F(x,y)=0$，得恒等式

$$F[x,f(x)]\equiv 0.$$

上式两边求导数，注意其左边可以看作 x 的一个复合函数，即得

$$\frac{\partial F}{\partial x}+\frac{\partial F}{\partial y}\frac{\mathrm{d}y}{\mathrm{d}x}=0.$$

因为 $F_y(x,y)$ 在点 P_0 的某个邻域内连续,且 $F_y(x_0,y_0)\neq 0$,所以存在点 P_0 的一个邻域,在这个邻域内 $F_y(x,y)\neq 0$,于是得

$$\frac{\mathrm{d}y}{\mathrm{d}x}=-\frac{F_x(x,y)}{F_y(x,y)}.$$

例 6 已知方程 $y=\arcsin(x+y)$ 确定 y 是 x 的函数,求 $\frac{\mathrm{d}y}{\mathrm{d}x}$.

解 令函数 $F(x,y)=y-\arcsin(x+y)$,则

$$F_x(x,y)=-\frac{1}{\sqrt{1-(x+y)^2}},$$

$$F_y(x,y)=1-\frac{1}{\sqrt{1-(x+y)^2}}.$$

因此,由定理 2 有

$$\frac{\mathrm{d}y}{\mathrm{d}x}=-\frac{F_x(x,y)}{F_y(x,y)}=-\frac{-\frac{1}{\sqrt{1-(x+y)^2}}}{1-\frac{1}{\sqrt{1-(x+y)^2}}}=\frac{1}{\sqrt{1-(x+y)^2}-1}.$$

与定理 2 一样,同样可以由三元函数 $F(x,y,z)$ 的性质来断定由方程

$$F(x,y,z)=0$$

所确定的二元函数 $z=f(x,y)$ 的存在性以及这个函数的性质.

定理 3(隐函数存在定理) 设函数 $F(x,y,z)$ 在点 $P_0(x_0,y_0,z_0)$ 的某一邻域内具有连续偏导数,且 $F(x_0,y_0,z_0)=0$, $F_z(x_0,y_0,z_0)\neq 0$,则方程 $F(x,y,z)=0$ 在点 P_0 的某一邻域内能唯一确定一个具有连续偏导数的隐函数 $z=f(x,y)$,使得 $z_0=f(x_0,y_0)$,且有

$$\frac{\partial z}{\partial x}=-\frac{F_x(x,y,z)}{F_z(x,y,z)},\quad \frac{\partial z}{\partial y}=-\frac{F_y(x,y,z)}{F_z(x,y,z)}. \tag{8.14}$$

证明从略. 这里仅对公式(8.14)做如下推导:

由条件知,函数 $z=f(x,y)$ 满足

$$F[x,y,f(x,y)]\equiv 0.$$

对此恒等式两边求偏导数,其中把 x,y 当成自变量,$z=f(x,y)$ 当成中间变量,$u=F(x,y,z)$ 当成因变量,则有

$$\frac{\partial u}{\partial x}=\frac{\partial F}{\partial z}\frac{\partial z}{\partial x}+\frac{\partial F}{\partial x}=0,\quad \frac{\partial u}{\partial y}=\frac{\partial F}{\partial z}\frac{\partial z}{\partial y}+\frac{\partial F}{\partial y}=0.$$

因为 $F_z(x_0,y_0,z_0)\neq 0$,且 $F_z(x,y,z)$ 在点 P_0 的某一邻域内连续,所以存在点 P_0 的某一邻域,使得在该邻域内有

$$\frac{\partial F}{\partial z}=F_z(x,y,z)\neq 0.$$

因此

$$\frac{\partial z}{\partial x}=-\frac{F_x(x,y,z)}{F_z(x,y,z)},\quad \frac{\partial z}{\partial y}=-\frac{F_y(x,y,z)}{F_z(x,y,z)}.$$

例 7　已知方程 $x^2+\frac{y^2}{4}+\frac{z^2}{9}=1$,求 $\frac{\partial z}{\partial x},\frac{\partial z}{\partial y}$.

解　令函数 $F(x,y,z)=x^2+\frac{y^2}{4}+\frac{z^2}{9}-1$,则

$$F_x(x,y,z)=2x,\quad F_y(x,y,z)=\frac{y}{2},\quad F_z(x,y,z)=\frac{2z}{9}.$$

因此,由定理 3 有

$$\frac{\partial z}{\partial x}=-\frac{F_x(x,y,z)}{F_z(x,y,z)}=-\frac{2x}{\frac{2z}{9}}=-\frac{9x}{z},$$

$$\frac{\partial z}{\partial y}=-\frac{F_y(x,y,z)}{F_z(x,y,z)}=-\frac{\frac{y}{2}}{\frac{2z}{9}}=-\frac{9y}{4z}.$$

习　题　8.4

1. 求下列复合函数的导数:

(1) $z=2u^2v-2uv^2$,而 $u=x\cos y,v=x\sin y$,求 $\frac{\partial z}{\partial x},\frac{\partial z}{\partial y}$;

(2) $z=3u^y$,而 $u=1+xy$,求 $\frac{\partial z}{\partial x},\frac{\partial z}{\partial y}$;

(3) $z=4v\ln(u+x)$,而 $u=\mathrm{e}^{xy},v=x+y$,求 $\frac{\partial z}{\partial x},\frac{\partial z}{\partial y}$;

(4) $z=5\mathrm{e}^{u-2v}$,而 $u=\sin x,v=x^3$,求 $\frac{\mathrm{d}z}{\mathrm{d}x}$.

2. 求下列函数的偏导数(其中函数 f 具有连续偏导数):

(1) $u=f(x^2-y^2,\mathrm{e}^{xy})$;　　(2) $u=f\left(\frac{x}{y},\frac{y}{z}\right)$;

(3) $u=f(x,xy,xyz)$.

3. 设函数 $z=\frac{y}{f(x^2-y^2)}$,其中 f 为可导函数,证明:

$$\frac{1}{x}\frac{\partial z}{\partial x}+\frac{1}{y}\frac{\partial z}{\partial y}=\frac{z}{y^2}.$$

4. 求由下列方程所确定隐函数的导数或偏导数:

(1) $\sin y+\mathrm{e}^x-xy^2=0$,求 $\frac{\mathrm{d}y}{\mathrm{d}x}$;

(2) $2x+3y+2z-2\sqrt{xyz}=0$，求 $\frac{\partial z}{\partial x},\frac{\partial z}{\partial y}$；

(3) $e^{xyzu}-xyzu=0$，求 $\frac{\partial u}{\partial x},\frac{\partial u}{\partial y},\frac{\partial u}{\partial z}$.

§8.5 偏导数的几何应用

一、空间曲线的切线和法平面

设空间曲线 Γ 的参数方程为 $x=\varphi(t),y=\psi(t),z=\omega(t)$，且 $\varphi(t),\psi(t),\omega(t)$ 这三个函数均可导.

在空间曲线 Γ 上取对应于 $t=t_0$ 的点 $M_0(x_0,y_0,z_0)$ 和对应于 $t=t_0+\Delta t$ 的邻近点 $M_1(x_0+\Delta x,y_0+\Delta y,z_0+\Delta z)$. 由空间解析几何知识可知，割线 M_0M_1 的方程为

$$\frac{x-x_0}{\Delta x}=\frac{y-y_0}{\Delta y}=\frac{z-z_0}{\Delta z}. \tag{8.15}$$

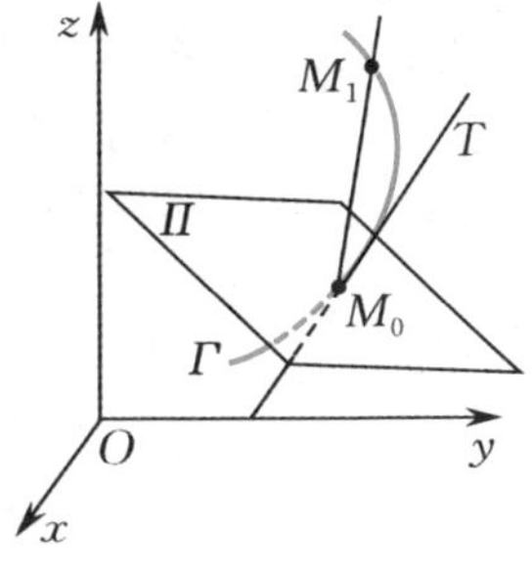

图 8.4

如图 8.4 所示，当点 M_1 沿曲线 Γ 趋于点 M_0 时，割线 M_0M_1 的极限位置 M_0T 称为曲线 Γ 在点 M_0 处的切线.

若用 Δt 除(8.15)式的各分母，则有

$$\frac{x-x_0}{\frac{\Delta x}{\Delta t}}=\frac{y-y_0}{\frac{\Delta y}{\Delta t}}=\frac{z-z_0}{\frac{\Delta z}{\Delta t}}.$$

令 $M_1\to M_0$（这时有 $\Delta t\to 0$），则曲线 Γ 在点 M_0 处的切线方程为

$$\frac{x-x_0}{\varphi'(t_0)}=\frac{y-y_0}{\psi'(t_0)}=\frac{z-z_0}{\omega'(t_0)}. \tag{8.16}$$

从(8.16)式可以看到，由参数方程 $x=\varphi(t),y=\psi(t),z=\omega(t)$ 给定的曲线 Γ 在对应于 $t=t_0$ 的点 $M_0(x_0,y_0,z_0)$ 处的切线的方向向量为

$$(\varphi'(t_0),\psi'(t_0),\omega'(t_0)).$$

注　(8.16)式中的分母不能同时为零，若个别为零，则按空间解析几何中直线的点向式方程来理解.

如图 8.4 所示，过曲线 Γ 上某一点 M_0 且与该点处切线垂直的平面 Π 称为曲线 Γ 在点 M_0 处的法平面.

利用空间解析几何知识可知，曲线 Γ 在点 M_0 处的法平面方程为

$$\varphi'(t_0)(x-x_0)+\psi'(t_0)(y-y_0)+\omega'(t_0)(z-z_0)=0. \tag{8.17}$$

例 1　求空间曲线 $\Gamma: x=t, y=t^2, z=t^3$ 在点 $M_0(1,1,1)$ 处的切线方程和法平面方程.

解　因为 $x'=1, y'=2t, z'=3t^2$，点 M_0 对应于参数 $t=1$，所以

$$x'\Big|_{M_0}=1,\quad y'\Big|_{M_0}=2,\quad z'\Big|_{M_0}=3.$$

这时，所求的切线方程为

$$\frac{x-1}{1}=\frac{y-1}{2}=\frac{z-1}{3},$$

法平面方程为

$$(x-1)+2(y-1)+3(z-1)=0,$$

即

$$x+2y+3z-6=0.$$

二、曲面的切平面和法线

已知曲面 Σ 由方程 $F(x,y,z)=0$ 给出(见图 8.5)，$M_0(x_0,y_0,z_0)$ 是曲面 Σ 上的一点. 设函数 $F(x,y,z)$ 的三个偏导数在点 M_0 处均连续，且不同时为零. 在曲面 Σ 上过点 M_0 任意引一条曲线 Γ，设曲线 Γ 的参数方程为 $x=\varphi(t), y=\psi(t), z=\omega(t)$，$t=t_0$ 对应于点 M_0，且函数 $\varphi(t),\psi(t),\omega(t)$ 的导数不全是零，则曲线 Γ 在点 M_0 处的切线方程为

$$\frac{x-x_0}{\varphi'(t_0)}=\frac{y-y_0}{\psi'(t_0)}=\frac{z-z_0}{\omega'(t_0)}.$$

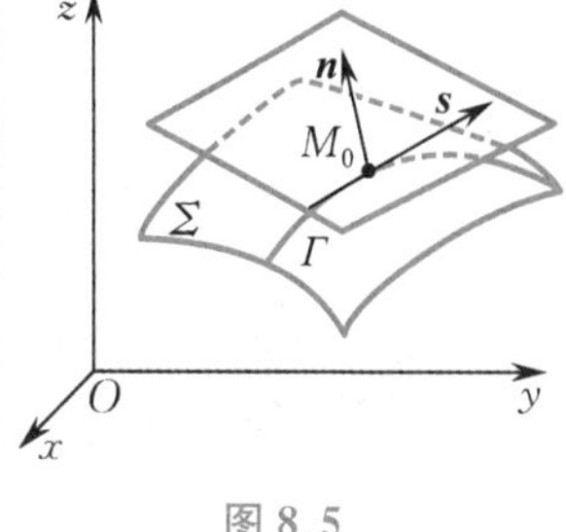

图 8.5

下面证明，曲面 Σ 上过点 M_0 的任何曲线的切线均在同一平面上.

事实上，因为曲线 Γ 在曲面 Σ 上，所以有

$$F[\varphi(t),\psi(t),\omega(t)]\equiv 0.$$

又因为函数 $F(x,y,z)$ 在点 M_0 处具有连续的偏导数，且 $\varphi'(t_0)$，$\psi'(t_0)$，$\omega'(t_0)$ 存在，所以上式左端的复合函数 $F[\varphi(t),\psi(t),\omega(t)]$ 在 $t=t_0$ 时具有全导数 $\frac{\mathrm{d}F}{\mathrm{d}t}$. 于是 $\frac{\mathrm{d}F}{\mathrm{d}t}\Big|_{t=t_0}=0$，即

$$F_x(x_0,y_0,z_0)\varphi'(t_0)+F_y(x_0,y_0,z_0)\psi'(t_0)+F_z(x_0,y_0,z_0)\omega'(t_0)=0.$$

上式表明，向量 $\boldsymbol{n}=(F_x(x_0,y_0,z_0),F_y(x_0,y_0,z_0),F_z(x_0,y_0,z_0))$ 与曲线 Γ 在点 M_0 处的切线的方向向量 $\boldsymbol{s}=(\varphi'(t_0),\psi'(t_0),\omega'(t_0))$ 垂直. 因为曲线 Γ 是曲面 Σ 上过点 M_0 的任意曲线，其在点 M_0 处的切线的方向向量均和同一向量 $\boldsymbol{n}$ 垂直，所以曲面 Σ 上过点 M_0 的任意曲线在该点处的切线均在同一平面上.

曲面 Σ 上过点 M_0 的任意曲线在该点处的切线所在的平面称为曲面 Σ 在点 M_0 处的切平面.

易知，曲面 Σ 在点 M_0 处的切平面方程为

$$F_x(x_0,y_0,z_0)(x-x_0)+F_y(x_0,y_0,z_0)(y-y_0)$$
$$+F_z(x_0,y_0,z_0)(z-z_0)=0. \tag{8.18}$$

过点 M_0 且垂直于切平面(8.18)的直线称为曲面 Σ 在点 M_0 处的**法线**.

显然，曲面 Σ 在点 M_0 处的法线方程为

$$\frac{x-x_0}{F_x(x_0,y_0,z_0)}=\frac{y-y_0}{F_y(x_0,y_0,z_0)}=\frac{z-z_0}{F_z(x_0,y_0,z_0)}. \tag{8.19}$$

现来研究曲面 $\Sigma_1: z=f(x,y)$ 的切平面方程和法线方程.

令函数 $F(x,y,z)=f(x,y)-z$，则

$$F_x(x,y,z)=f_x(x,y),$$
$$F_y(x,y,z)=f_y(x,y),$$
$$F_z(x,y,z)=-1.$$

因此，当函数 $f(x,y)$ 的偏导数 $f_x(x,y)$，$f_y(x,y)$ 在点 (x_0,y_0) 处连续时，曲面 Σ_1 在点 $M_0(x_0,y_0,z_0)$ 处的切平面方程为

$$z-z_0=f_x(x_0,y_0)(x-x_0)+f_y(x_0,y_0)(y-y_0),$$

法线方程为

$$\frac{x-x_0}{f_x(x_0,y_0)}=\frac{y-y_0}{f_y(x_0,y_0)}=\frac{z-z_0}{-1}.$$

例 2 求椭圆球面 $x^2+\frac{y^2}{4}+\frac{z^2}{9}=1$ 在点 $M_0(1,2,3)$ 处的切平面方程和法线方程.

解 令函数 $F(x,y,z)=x^2+\frac{y^2}{4}+\frac{z^2}{9}-1$，则

$$F_x(x,y,z)=2x,\quad F_y(x,y,z)=\frac{y}{2},\quad F_z(x,y,z)=\frac{2z}{9},$$

故

$$F_x(1,2,3)=2,\quad F_y(1,2,3)=1,\quad F_z(1,2,3)=\frac{2}{3}.$$

因此，该椭圆球面在点 M_0 处的切平面方程为

$$2(x-1)+(y-2)+\frac{2}{3}(z-3)=0,$$

即

$$2x+y+\frac{2}{3}z-6=0,$$

法线方程为

$$\frac{x-1}{2}=\frac{y-2}{1}=\frac{z-3}{\frac{2}{3}}.$$

例 3 求曲面 $z=x^2+y^2-1$ 在点 $M_0(1,2,3)$ 处的切平面方程和法线方程.

解 令函数 $f(x,y)=x^2+y^2-1$，则

$$f_x(x,y)=2x,\quad f_y(x,y)=2y,\quad f_x(1,2)=2,\quad f_y(1,2)=4.$$

故该曲面在点 M_0 处的切平面方程为

$$2(x-1)+4(y-2)-(z-3)=0,$$

即

$$2x+4y-z-7=0,$$

法线方程为

$$\frac{x-1}{2}=\frac{y-2}{4}=\frac{z-3}{-1}.$$

习　题　8.5

1. 求空间曲线 $\Gamma: x=\frac{t}{1+t}, y=\frac{1+t}{t}, z=t^2$ 在对应于 $t=1$ 的点 $M_0(x_0,y_0,z_0)$ 处的切线方程和法平面方程.

2. 求空间曲线 $\Gamma: y^2=2Lx, z^2=L-x$(L 是常数) 在点 $M_0(x_0,y_0,z_0)$ 处的切线方程和法平面方程.

3. 求曲面 $3x^2+y^2-z^2=27$ 在点 $M_0(3,1,1)$ 处的切平面方程和法线方程.

4. 求证：曲面 $\sqrt{x}+\sqrt{y}+\sqrt{z}=\sqrt{a}\,(a>0)$ 上任意点处的切平面在各坐标轴上的截距之和等于 a.

§8.6 方向导数和梯度

一、方向导数

下面研究函数 $u=f(x,y,z)$ 在某一点 $M_1(x,y,z)$ 处沿任何方向的变化率问题.

定义 1　已知函数 $u=f(x,y,z)$ 在点 $M_1(x,y,z)$ 的某一邻域内有定义. 从点 M_1 处引一条有向直线 $\boldsymbol{l}$, 设 α,β,γ 是有向直线 $\boldsymbol{l}$ 的方向角, $M_2(x+\Delta x, y+\Delta y, z+\Delta z)$ 为有向直线 $\boldsymbol{l}$ 上的另一点. 若当点 M_2 沿着有向直线 $\boldsymbol{l}$ 趋于点 M_1 时, 函数 $u=f(x,y,z)$ 的增量

$$\Delta u=f(x+\Delta x, y+\Delta y, z+\Delta z)-f(x,y,z)$$

与 M_1,M_2 两点间的距离

$$\rho=|M_1M_2|=\sqrt{(\Delta x)^2+(\Delta y)^2+(\Delta z)^2}$$

之比 $\dfrac{\Delta u}{\rho}$ 的极限存在,则称此极限值为函数 $u=f(x,y,z)$ 在点 M_1 处沿方向 $\boldsymbol{l}$(有向直线 $\boldsymbol{l}$ 的方向) 的方向导数,记作 $\dfrac{\partial f}{\partial \boldsymbol{l}}$,即

$$\frac{\partial f}{\partial \boldsymbol{l}}=\lim_{\rho\to 0}\frac{\Delta u}{\rho}=\lim_{\rho\to 0}\frac{f(x+\Delta x,y+\Delta y,z+\Delta z)-f(x,y,z)}{\rho}.$$

关于方向导数的存在性及计算方法,有下面的定理.

定理 1 若函数 $u=f(x,y,z)$ 在点 $M(x,y,z)$ 处可微,则函数 $u=f(x,y,z)$ 在该点处沿任一方向 $\boldsymbol{l}$ 的方向导数均存在,且

$$\frac{\partial f}{\partial \boldsymbol{l}}=\frac{\partial f}{\partial x}\cos\alpha+\frac{\partial f}{\partial y}\cos\beta+\frac{\partial f}{\partial z}\cos\gamma, \tag{8.20}$$

其中 α,β,γ 是 $\boldsymbol{l}$ 的方向角.

证 由函数 $u=f(x,y,z)$ 在点 M 处可微知,函数 $u=f(x,y,z)$ 在该点处的增量可表示为

$$\begin{aligned}\Delta u&=f(x+\Delta x,y+\Delta y,z+\Delta z)-f(x,y,z)\\&=\frac{\partial f}{\partial x}\Delta x+\frac{\partial f}{\partial y}\Delta y+\frac{\partial f}{\partial z}\Delta z+o(\rho),\end{aligned}$$

于是

$$\frac{\Delta u}{\rho}=\frac{\partial f}{\partial x}\frac{\Delta x}{\rho}+\frac{\partial f}{\partial y}\frac{\Delta y}{\rho}+\frac{\partial f}{\partial z}\frac{\Delta z}{\rho}+\frac{o(\rho)}{\rho}.$$

而

$$\frac{\Delta x}{\rho}=\cos\alpha,\quad \frac{\Delta y}{\rho}=\cos\beta,\quad \frac{\Delta z}{\rho}=\cos\gamma,$$

所以

$$\begin{aligned}\frac{\partial f}{\partial \boldsymbol{l}}&=\lim_{\rho\to 0}\frac{\Delta u}{\rho}=\lim_{\rho\to 0}\left[\frac{\partial f}{\partial x}\frac{\Delta x}{\rho}+\frac{\partial f}{\partial y}\frac{\Delta y}{\rho}+\frac{\partial f}{\partial z}\frac{\Delta z}{\rho}+\frac{o(\rho)}{\rho}\right]\\&=\frac{\partial f}{\partial x}\cos\alpha+\frac{\partial f}{\partial y}\cos\beta+\frac{\partial f}{\partial z}\cos\gamma.\end{aligned}$$

二元函数 $z=f(x,y)$ 在点 $M(x,y)$ 处沿任一方向 $\boldsymbol{l}$ 的方向导数可看作上述情形的特例.

定理 2 函数 $z=f(x,y)$ 在点 $M(x,y)$ 处沿任一方向 $\boldsymbol{l}$(设 $\boldsymbol{l}$ 的方向角是 α,β) 的方向导数为

$$\frac{\partial f}{\partial \boldsymbol{l}}=\lim_{\rho\to 0}\frac{f(x+\Delta x,y+\Delta y)-f(x,y)}{\rho}=\frac{\partial f}{\partial x}\cos\alpha+\frac{\partial f}{\partial y}\cos\beta, \tag{8.21}$$

其中

$$\rho=\sqrt{(\Delta x)^2+(\Delta y)^2},\quad \frac{\Delta x}{\rho}=\cos\alpha,\quad \frac{\Delta y}{\rho}=\cos\beta.$$

定理 2 的证明与定理 1 类似,这里从略.

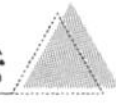

例 1　已知由原点 O 到点 $M(x,y)$ 的向径 $\boldsymbol{r}$ 与 x 轴正向的夹角为 θ，有向直线 $\boldsymbol{l}$ 与 x 轴正向的夹角为 α，$r=|\boldsymbol{r}|=\sqrt{x^2+y^2}$，求 $\frac{\partial r}{\partial \boldsymbol{l}}$.

解　由于

$$\frac{\partial r}{\partial x}=\frac{x}{\sqrt{x^2+y^2}}=\frac{x}{r}=\cos\theta,\quad \frac{\partial r}{\partial y}=\frac{y}{\sqrt{x^2+y^2}}=\frac{y}{r}=\sin\theta,$$

因此

$$\frac{\partial r}{\partial \boldsymbol{l}}=\cos\theta\cos\alpha+\sin\theta\sin\alpha=\cos(\theta-\alpha).$$

注　由例 1 可知，当 $\alpha=\theta$ 时，$\frac{\partial r}{\partial \boldsymbol{l}}=1$，即向径的模沿向径方向的方向导数为 1；当 $\alpha=\theta\pm\frac{\pi}{2}$ 时，$\frac{\partial r}{\partial \boldsymbol{l}}=0$，即向径的模沿与向径垂直方向的方向导数为零.

二、梯度

定义 2　设函数 $u=f(x,y,z)$ 在空间区域 Ω 内具有连续偏导数，则对区域 Ω 内的每一点 $M(x,y,z)$，可确定一个向量

$$\frac{\partial f}{\partial x}\boldsymbol{i}+\frac{\partial f}{\partial y}\boldsymbol{j}+\frac{\partial f}{\partial z}\boldsymbol{k},$$

称之为函数 $u=f(x,y,z)$ 在点 M 处的梯度，记作 $\textbf{grad}\,f(x,y,z)$，即

$$\textbf{grad}\,f(x,y,z)=\frac{\partial f}{\partial x}\boldsymbol{i}+\frac{\partial f}{\partial y}\boldsymbol{j}+\frac{\partial f}{\partial z}\boldsymbol{k}.$$

梯度 $\textbf{grad}\,f(x,y,z)$ 的模是

$$|\textbf{grad}\,f(x,y,z)|=\sqrt{\left(\frac{\partial f}{\partial x}\right)^2+\left(\frac{\partial f}{\partial y}\right)^2+\left(\frac{\partial f}{\partial z}\right)^2}.$$

设 $\boldsymbol{e}=\cos\alpha\,\boldsymbol{i}+\cos\beta\,\boldsymbol{j}+\cos\gamma\,\boldsymbol{k}$ 是方向 $\boldsymbol{l}$ 上的单位向量，则

$$\begin{aligned}\frac{\partial f}{\partial \boldsymbol{l}}&=\frac{\partial f}{\partial x}\cos\alpha+\frac{\partial f}{\partial y}\cos\beta+\frac{\partial f}{\partial z}\cos\gamma\\&=\left(\frac{\partial f}{\partial x},\frac{\partial f}{\partial y},\frac{\partial f}{\partial z}\right)\cdot(\cos\alpha,\cos\beta,\cos\gamma)\\&=\textbf{grad}\,f(x,y,z)\cdot\boldsymbol{e}\\&=|\textbf{grad}\,f(x,y,z)|\cos(\textbf{grad}\,f(x,y,z),\boldsymbol{e}),\end{aligned}$$

其中 $(\textbf{grad}\,f(x,y,z),\boldsymbol{e})$ 为向量 $\textbf{grad}\,f(x,y,z)$ 与 $\boldsymbol{e}$ 的夹角. 由此可见，当方向 $\boldsymbol{l}$ 与梯度方向一致时，有 $\cos(\textbf{grad}\,f(x,y,z),\boldsymbol{e})=1$，此时 $\frac{\partial f}{\partial \boldsymbol{l}}$ 有最大值. 于是，可得结果：函数 $u=f(x,y,z)$ 在某点处的梯度是这样一个向量，其方向与取得最大方向导数的方向一致，而它的模为方向导数的最大值.

对于二元函数 $z=f(x,y)$,其在点 $M(x,y)$ 处的梯度 $\mathbf{grad}f(x,y)$ 可看作上述三元函数梯度的特例,从而有 $\mathbf{grad}\,f(x,y)=\frac{\partial f}{\partial x}\boldsymbol{i}+\frac{\partial f}{\partial y}\boldsymbol{j}$.

通常称曲面 $f(x,y,z)=C$(C 为常数) 为函数 $u=f(x,y,z)$ 的等值面. 由上面的讨论可知,函数 $u=f(x,y,z)$ 在点 $M(x,y,z)$ 处的梯度方向与过点 M 的等值面 $f(x,y,z)=C$ 在该点处的法线方向相同,且从数值较低的等值面指向数值较高的等值面,而梯度的模等于函数 $u=f(x,y,z)$ 沿此法线方向的方向导数.

一般来说,二元函数 $z=f(x,y)$ 在几何上表示一个曲面 Σ. 曲面 Σ 被平面 $z=C$(C 为常数) 所截的截痕 L_1(空间曲线) 的方程为 $\begin{cases}z=f(x,y),\\ z=C,\end{cases}$ 且曲线 L_1 在 xOy 面上的投影为一条平面曲线 L_2,它在平面直角坐标系中的方程为 $f(x,y)=C$,即对于曲线 L_2 上的一切点,函数 $z=f(x,y)$ 的函数值都是 C. 我们称曲线 L_2 为函数 $z=f(x,y)$ 的等高线. 同样,函数 $z=f(x,y)$ 在点 $M(x,y)$ 处的梯度方向与过点 M 的等高线 $f(x,y)=C$ 在该点处的法线方向相同,且从数值较低的等高线指向数值较高的等高线,而梯度的模等于函数 $z=f(x,y)$ 沿此法线方向的方向导数.

例 2 已知函数 $f(x,y,z)=x^2+\frac{y^2}{4}+\frac{z^2}{9}$,求 $\mathbf{grad}\,f(1,2,3)$.

解 因为

$$f_x(x,y,z)=2x,\quad f_y(x,y,z)=\frac{y}{2},\quad f_z(x,y,z)=\frac{2z}{9},$$

所以在点 $M(1,2,3)$ 处有

$$f_x(1,2,3)=2,\quad f_y(1,2,3)=1,\quad f_z(1,2,3)=\frac{2}{3},$$

从而

$$\mathbf{grad}\,f(1,2,3)=2\boldsymbol{i}+\boldsymbol{j}+\frac{2}{3}\boldsymbol{k}.$$

例 3 已知函数 $f(x,y)=x^2+y^2$,求 $\mathbf{grad}\,f(x,y)$.

解 因为

$$\frac{\partial f}{\partial x}=2x,\quad \frac{\partial f}{\partial y}=2y,$$

所以

$$\mathbf{grad}\,f(x,y)=2x\boldsymbol{i}+2y\boldsymbol{j}.$$

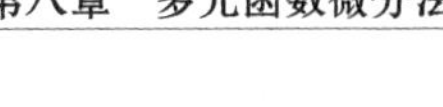

习　题　8.6

1. 求函数 $z=2x^2+3y^2$ 在点 $M(2,3)$ 处沿从点 $M(2,3)$ 到点 $N(4,5)$ 方向的方向导数.
2. 求函数 $u=xyz$ 在点 $M(2,3,4)$ 处沿从点 $M(2,3,4)$ 到点 $N(3,4,5)$ 方向的方向导数.
3. 已知函数 $f(x,y,z)=2x^2+3y^2+4z^2+2x+3y+4z$，求 $\mathbf{grad}f(2,3,4)$.

§8.7　多元函数的极值和最值

在实际问题中，常常会遇到要求多元函数的最大值或最小值（统称为最值）. 与一元函数类似，多元函数的最值也与其极值有密切的关系，因此先来讨论多元函数的极值问题，讨论时以二元函数为例.

一、多元函数的极值

定义　设函数 $z=f(x,y)$ 在区域 D 内有定义，点 $M_0(x_0,y_0)\in D$. 若存在点 M_0 的某一邻域，使得对于此邻域内异于点 M_0 的任一点 (x,y)，恒有

$$f(x_0,y_0)>f(x,y),$$

则称 $f(x_0,y_0)$ 是函数 $z=f(x,y)$ 的一个极大值，并称点 M_0 为极大值点；若恒有

$$f(x_0,y_0)<f(x,y),$$

则称 $f(x_0,y_0)$ 是函数 $z=f(x,y)$ 的一个极小值，并称点 M_0 为极小值点.

极大值和极小值统称为极值，极大值点和极小值点统称为极值点.

例如，函数 $z=4x^2+5y^2$ 在原点 O 处取得极小值，此时原点 O 为极小值点；函数 $z=-\sqrt{x^2+y^2}$ 在原点 O 处取得极大值，此时原点 O 为极大值点；函数 $z=xy$ 在原点 O 处无极值，此时原点 O 不是极值点.

多元函数的极值问题一般可以利用偏导数来解决. 下面两个定理是关于二元函数极值问题的结论.

定理 1（必要条件）　若函数 $z=f(x,y)$ 在点 $M_0(x_0,y_0)$ 处具有偏导数，且在点 M_0 处取得极值，则有

$$f_x(x_0,y_0)=0,\quad f_y(x_0,y_0)=0.$$

证　以极大值为例来证明. 设 $f(x_0,y_0)$ 为极大值，则存在点 M_0 的一个邻域，使得对此邻域内异于点 M_0 的任一点 (x,y)，恒有

$$f(x,y)<f(x_0,y_0).$$

取 $y=y_0, x\neq x_0$ 的点，则有 $f(x,y_0)<f(x_0,y_0)$. 若把 $f(x,y_0)$ 看成 x 的一元函数，则其在点 $x=x_0$ 处取得极大值，故在此点处的导数为零，即 $f_x(x_0,y_0)=0$.

类似地，可证得 $f_y(x_0,y_0)=0$.

二元函数取得极值的几何意义是：若连续函数 $z=f(x,y)$ 在极值点 $M_0(x_0,y_0)$ 处具有偏导数，则曲面 $z=f(x,y)$ 在点 (x_0,y_0,z_0) $(z_0=f(x_0,y_0))$ 处有平行于 xOy 面的切平面，其方程为

$$\begin{aligned}z-z_0&=f_x(x_0,y_0)(x-x_0)+f_y(x_0,y_0)(y-y_0)\\&=0+0=0,\end{aligned}$$

即 $z=z_0$ 是该曲面在点 M_0 处的切平面.

与一元函数类似，称使 $f_x(x_0,y_0)=0, f_y(x_0,y_0)=0$ 同时成立的点 (x_0,y_0) 为函数 $z=f(x,y)$ 的驻点. 从定理 1 可知，具有偏导数的函数 $z=f(x,y)$ 的极值点一定是驻点. 反之，函数 $z=f(x,y)$ 的驻点不一定是极值点.

例 1　求函数 $f(x,y)=\sqrt{1-\dfrac{x^2}{4}-\dfrac{y^2}{9}}$ 的极值.

解　令

$$f_x(x,y)=\frac{-\dfrac{x}{2}}{2\sqrt{1-\dfrac{x^2}{4}-\dfrac{y^2}{9}}}=\frac{-x}{4\sqrt{1-\dfrac{x^2}{4}-\dfrac{y^2}{9}}}=0,$$

$$f_y(x,y)=\frac{-\dfrac{2y}{9}}{2\sqrt{1-\dfrac{x^2}{4}-\dfrac{y^2}{9}}}=\frac{-y}{9\sqrt{1-\dfrac{x^2}{4}-\dfrac{y^2}{9}}}=0,$$

联立上面两式，求得 $x=0, y=0$，即驻点为 $(0,0)$，且有 $f(0,0)=1$.

因为对于点 $(0,0)$ 的某一邻域内异于点 $(0,0)$ 的任一点 (x,y)，恒有

$$f(x,y)<1=f(0,0),$$

所以 $f(0,0)=1$ 是极大值，点 $(0,0)$ 为极大值点.

例 2　求函数 $f(x,y)=x^2-y^2$ 的极值.

解　令

$$f_x(x,y)=2x=0,\quad f_y(x,y)=-2y=0,$$

联立上面两式，求得 $x=0, y=0$，即驻点为 $(0,0)$，且有 $f(0,0)=0$.

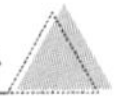

而对于点(0,0)的某一邻域内异于点(0,0)的任一点$(0,y)$，恒有$f(0,y)<0$；对于点(0,0)的某一邻域内异于点(0,0)的任一点$(x,0)$，恒有$f(x,0)>0$. 故$f(0,0)$不是极值，从而函数$f(x,y)$无极值.

注　由例2可见，驻点不一定是极值点. 例2中的点(0,0)也称为鞍点.

例3　求函数$f(x,y)=5+\sqrt{x^2+y^2}$的极值.

解　已知

$$f_x(x,y)=\frac{x}{\sqrt{x^2+y^2}},\quad f_y(x,y)=\frac{y}{\sqrt{x^2+y^2}},$$

令它们都为零，联立方程组. 由于此方程组在实数范围内无解，因此该函数无驻点. 而$f_x(0,0)$，$f_y(0,0)$不存在，故点(0,0)是偏导数不存在的点.

因为对于点(0,0)的某一邻域内异于点(0,0)的任一点(x,y)，恒有

$$f(x,y)=5+\sqrt{x^2+y^2}>5,$$

即$f(x,y)>f(0,0)$，所以$f(0,0)=5$是极小值，点(0,0)是极小值点.

注　从例3可以看出，极值点也可能是偏导数不存在的点.

怎样判断一个驻点是否为极值点呢？下面的定理回答了这个问题.

定理2（充分条件）　若函数$z=f(x,y)$在点$M_0(x_0,y_0)$的某一邻域内具有二阶连续偏导数，且M_0为驻点. 记

$$\Delta=[f_{xy}(x_0,y_0)]^2-f_{xx}(x_0,y_0)f_{yy}(x_0,y_0),$$

则

(1) 当$\Delta<0$且$f_{xx}(x_0,y_0)<0$时，$f(x_0,y_0)$是极大值；

(2) 当$\Delta<0$且$f_{xx}(x_0,y_0)>0$时，$f(x_0,y_0)$是极小值；

(3) 当$\Delta>0$时，$f(x_0,y_0)$不是极值；

(4) 当$\Delta=0$时，$f(x_0,y_0)$可能是极值，也可能不是极值.

证明从略.

对于具有二阶连续偏导数的函数$f(x,y)$，利用定理1和定理2，可得如下求极值的方法：

(1) 解方程组$f_x(x,y)=0, f_y(x,y)=0$，即求出驻点；

(2) 对每个驻点$M_0(x_0,y_0)$，求出Δ的值；

(3) 根据Δ的符号，由定理2判定$f(x_0,y_0)$是不是极值，以及是极大值还是极小值.

例 4 求函数 $f(x,y)=x^3-y^3+3x^2+3y^2-9x$ 的极值.

解 令

$$f_x(x,y)=3x^2+6x-9=0,\quad f_y(x,y)=-3y^2+6y=0,$$

联立求解,得如下驻点:(1,2),(−3,0),(1,0),(−3,2).

计算 $f(x,y)$ 的二阶偏导数,得

$$f_{xx}(x,y)=6x+6,\quad f_{xy}(x,y)=0,\quad f_{yy}(x,y)=-6y+6.$$

对于点 (x,y),有

$$\begin{aligned}\Delta&=[f_{xy}(x,y)]^2-f_{xx}(x,y)f_{yy}(x,y)=0-(6x+6)(-6y+6)\\&=-36(x+1)(-y+1).\end{aligned}$$

在点(1,2)处,有 $\Delta=72>0$,故 $f(1,2)$ 不是极值;

在点(−3,0)处,有 $\Delta=72>0$,故 $f(-3,0)$ 不是极值;

在点(1,0)处,有 $\Delta=-72<0$,$f_{xx}(1,0)=12>0$,故 $f(1,0)=-5$ 是极小值;

在点(−3,2)处,有 $\Delta=-72<0$,$f_{xx}(-3,2)=-12<0$,故 $f(-3,2)=31$ 是极大值.

二、多元函数的最值

与一元函数一样,可利用极值来解决二元函数的最值问题.我们知道,若函数 $f(x,y)$ 在有界闭区域 D 上连续,则函数 $f(x,y)$ 在 D 上可取得最值.

求函数 $f(x,y)$ 在 D 上的最值的方法是:先求出函数 $f(x,y)$ 在 D 内的驻点及偏导数不存在的点,再求出这些点处的函数值,并与函数 $f(x,y)$ 在 D 的边界上的最值做比较,即可求得函数 $f(x,y)$ 在 D 上的最值.

上述方法有时相当烦琐.不过,在实际问题中,由所给问题往往可知函数 $f(x,y)$ 在区域 D 内有最值.因此,在这种情况下,若函数 $f(x,y)$ 在 D 内只有一个驻点(或偏导数不存在的点),则在此点处的函数值必是该函数在 D 上的最值.

例 5 在半径为 R 的半球内接一长方体,问:当边长为多少时,该长方体的体积最大?

解 取球心为原点建立空间直角坐标系,则半径为 R 的球面方程是 $x^2+y^2+z^2=R^2$,且可设上半球内接长方体的长、宽、高分别为 $2x,2y,z$,从而该长方体的体积为 $V=4xyz$,其中 x,y,z 满足上述球面方程.令函数

$$\begin{aligned}U=V^2&=16x^2y^2z^2=16x^2y^2(R^2-x^2-y^2)\\&=16(R^2x^2y^2-x^4y^2-x^2y^4)\quad(x,y>0,x^2+y^2<R^2),\end{aligned}$$

再求出 U 的两个偏导数,并令它们等于零,即

$$\begin{cases}\dfrac{\partial U}{\partial x}=16(2R^2xy^2-4x^3y^2-2xy^4)=0,\\[2mm]\dfrac{\partial U}{\partial y}=16(2R^2x^2y-2x^4y-4x^2y^3)=0,\end{cases}$$

解得驻点$\left(\frac{\sqrt{3}R}{3},\frac{\sqrt{3}R}{3}\right)$.

因为驻点只有一个，而体积V一定有最大值，从而函数U有最大值，所以此驻点为函数U的最大值点，也是体积V的最大值点. 因此，当该长方体的长、宽、高分别为$\frac{2\sqrt{3}R}{3}$，$\frac{2\sqrt{3}R}{3}$，$\frac{\sqrt{3}R}{3}$时，体积V最大，其最大值为

$$V_{\max}=4\cdot\frac{\sqrt{3}R}{3}\cdot\frac{\sqrt{3}R}{3}\cdot\frac{\sqrt{3}R}{3}=\frac{4\sqrt{3}R^3}{9}.$$

三、条件极值

对于前面所讨论的极值，除限制函数的自变量在定义域内取值外，并无其他的约束条件. 我们称这种极值为无条件极值，并称相应的问题为无条件极值问题. 但在实际问题中，经常会遇到要求对函数的自变量还有其他约束条件的极值，这种极值则称为条件极值，而相应的问题称为条件极值问题.

例如，例5是条件极值问题. 若由条件$x^2+y^2+z^2=R^2$，将z表示成x,y的函数：$z^2=R^2-x^2-y^2$，再代入$U=V^2=16x^2y^2z^2$中，则原问题可化为求函数

$$\begin{aligned}U=V^2&=16x^2y^2(R^2-x^2-y^2)\\&=16(R^2x^2y^2-x^4y^2-x^2y^4)\end{aligned}$$

的极值. 这是无条件极值问题.

但在很多情形下，将条件极值问题化为无条件极值问题并不简单. 因此，我们有必要寻求一种直接求条件极值的方法，而不必把条件极值问题化为无条件极值问题.

下面以求函数$f(x,y,z)$在约束条件$g(x,y,z)=0$下的极值为例，给出求条件极值的常用方法——拉格朗日乘数法：

(1) 作拉格朗日函数

$$F(x,y,z,\lambda)=f(x,y,z)+\lambda g(x,y,z),$$

其中λ称为拉格朗日乘数；

(2) 求出函数$F(x,y,z,\lambda)$的偏导数，并令它们等于零，即

$$\frac{\partial F}{\partial x}=f_x(x,y,z)+\lambda g_x(x,y,z)=0,$$

$$\frac{\partial F}{\partial y}=f_y(x,y,z)+\lambda g_y(x,y,z)=0,$$

$$\frac{\partial F}{\partial z}=f_z(x,y,z)+\lambda g_z(x,y,z)=0,$$

$$\frac{\partial F}{\partial \lambda}=g(x,y,z)=0,$$

并联立求解，得 x_0,y_0,z_0（λ 可不必求），则这样得到的点 (x_0,y_0,z_0) 就是函数 $f(x,y,z)$ 的可能极值点；

(3) 根据所给的实际问题，判定点 (x_0,y_0,z_0) 是否为极值点.

注　用此方法可求 n 元函数在 $m(m<n)$ 个约束条件下的极值.

例 6　在半径为 R 的半球内接一长方体，问：当边长为多少时，该长方体的体积最大？

解　在例 5 所建立的空间直角坐标系和假设下，问题可通过求函数 $U=V^2=16x^2y^2z^2$ 在约束条件 $x^2+y^2+z^2-R^2=0(x,y,z>0)$ 下的极值来解决.

作函数

$$F(x,y,z,\lambda)=16x^2y^2z^2+\lambda(x^2+y^2+z^2-R^2),$$

求出函数 $F(x,y,z,\lambda)$ 的偏导数，并令其等于零，即

$$\begin{aligned}
\frac{\partial F}{\partial x}&=32xy^2z^2+2\lambda x=2(16xy^2z^2+\lambda x)=0,\\
\frac{\partial F}{\partial y}&=32x^2yz^2+2\lambda y=2(16x^2yz^2+\lambda y)=0,\\
\frac{\partial F}{\partial z}&=32x^2y^2z+2\lambda z=2(16x^2y^2z+\lambda z)=0,\\
\frac{\partial F}{\partial \lambda}&=x^2+y^2+z^2-R^2=0.
\end{aligned}\tag{8.22}$$

联立求解，得

$$x=y=z.$$

将 $x=y=z$ 代入(8.22)式，得

$$x=y=z=\frac{\sqrt{3}R}{3}.$$

这是唯一的可能极值点.

因为体积 V 的最大值必存在，所以唯一的可能极值点就是最大值点. 故当该长方体的长、宽、高分别为 $\frac{2\sqrt{3}R}{3},\frac{2\sqrt{3}R}{3},\frac{\sqrt{3}R}{3}$ 时，体积 V 最大，其最大值为

$$V_{\max}=\frac{4\sqrt{3}R^3}{9}.$$

例 7　已知抛物面 $x^2+y^2-z=0$ 被平面 $x+y+z-1=0$ 所截的截痕是一个椭圆，求原点到此椭圆的最短距离和最长距离.

解　设点 $M(x,y,z)$ 是该椭圆上的一点，则原点到点 M 的距离为

$$d=\sqrt{x^2+y^2+z^2}\quad（这是目标函数）.$$

令 $s=d^2=x^2+y^2+z^2$，作函数

$$F(x,y,z,\lambda_1,\lambda_2)=(x^2+y^2+z^2)+\lambda_1(x^2+y^2-z)+\lambda_2(x+y+z-1).$$

求出函数 $F(x,y,z,\lambda_1,\lambda_2)$ 的偏导数，并令其等于零，即

$$\frac{\partial F}{\partial x}=2x+2\lambda_1x+\lambda_2=0,\tag{8.23}$$

$$\frac{\partial F}{\partial y}=2y+2\lambda_1 y+\lambda_2=0, \tag{8.24}$$

$$\frac{\partial F}{\partial z}=2z-\lambda_1+\lambda_2=0, \tag{8.25}$$

$$\frac{\partial F}{\partial \lambda_1}=x^2+y^2-z=0, \tag{8.26}$$

$$\frac{\partial F}{\partial \lambda_2}=x+y+z-1=0. \tag{8.27}$$

由(8.23)式和(8.25)式消去λ_2,得

$$2x+2\lambda_1 x=2z-\lambda_1,$$

即

$$(2x+1)\lambda_1=2(z-x). \tag{8.28}$$

由(8.24)式和(8.25)式消去λ_2,得

$$(2y+1)\lambda_1=2(z-y). \tag{8.29}$$

由(8.28)式和(8.29)式消去λ_1,得

$$x=y.$$

将$x=y$代入(8.26)式和(8.27)式,得

$$\begin{cases}2x^2-z=0,\\2x+z-1=0.\end{cases} \tag{8.30}$$

将方程组(8.30)中的两个方程相加,消去z,得

$$2x^2+2x-1=0, \quad 即 \quad x=\frac{-1\pm\sqrt{3}}{2}=y.$$

再将$x=\frac{-1\pm\sqrt{3}}{2}$代入方程组(8.30)的第二个方程,得

$$z=2\mp\sqrt{3}.$$

此时,有

$$s=d^2=x^2+y^2+z^2=9\mp5\sqrt{3},$$

即

$$d_1=\sqrt{9+5\sqrt{3}}, \quad d_2=\sqrt{9-5\sqrt{3}}.$$

由实际问题可知,原点到该椭圆的最短距离和最长距离必存在,故原点到该椭圆的最短距离是$d_2=\sqrt{9-5\sqrt{3}}$,最长距离是$d_1=\sqrt{9+5\sqrt{3}}$.

习 题 8.7

1. 求下列函数的极值:

(1) $z=x^2+y^2-2x+2y$; (2) $z=xy(3-x-y)$.

2. 把 90 分成三个正数x,y,z之和,试问:如何分才能使它们的乘积最大?

3. 假设需要用钢板建造一体积为 4 m^3 的无盖长方形水池，问：当该长方形水池的长、宽、高分别为多少时，所用的钢板最少？

4. 试用拉格朗日乘数法求解第 2 题.

综合练习八

1. 选择题：

(1) 已知函数 $f(x,y)=\dfrac{xy}{x^2+y^2}$，则函数 $f(x,y)$ 在点$(0,0)$处满足(　　)；

A. 极限存在　　　　B. 连续

C. 极限不存在　　　　D. 可微

(2) 若函数 $f(x,y)$ 的偏导数存在，则 $f_x(x_0,y_0)=f_y(x_0,y_0)=0$ 是函数 $f(x,y)$ 在点(x_0,y_0)处取得极值的(　　)条件；

A. 充分　　　　B. 必要

C. 无关　　　　D. 充要

(3) 给定两个函数 $f(x,y)=\ln x+\ln(x-y)$，$g(x,y)=\ln[x(x-y)]$，则这两个函数(　　)；

A. 相同　　　　B. 当 $x(x-y)\geqslant 0$ 时相同

C. 当 $x(x-y)>0$ 时相同　　　　D. 当 $x>0$ 且 $x>y$ 时相同

(4) 下列选项中错误的是(　　)；

A. $\lim\limits_{(x,y)\to(0,0)}\sin(x^2-y^2)=0$　　　　B. $\lim\limits_{(x,y)\to(0,2)}\dfrac{\sin xy}{x}=2$

C. $\lim\limits_{(x,y)\to(0,0)}\dfrac{x+y}{x-y}=0$　　　　D. $\lim\limits_{(x,y)\to(0,1)}\dfrac{1-xy}{x^2+y^2}=1$

(5) 已知函数 $f(x,y)=\dfrac{x^2-y^2}{xy}$，则函数 $f(x,y)$ 在点$(0,0)$处满足(　　).

A. 连续　　　　B. 极限存在

C. 极限不存在　　　　D. 可微

2. 填空题：

(1) 函数 $z=\ln(y-x)+\dfrac{1}{\sqrt{9-x^2-y^2}}$ 的定义域为________；

(2) 设函数 $f(x+y,xy)=x^2+y^2$，则 $f_x(x,y)=$ ________；

(3) 设函数 $z=\tan(x+y^3)$，则 $\mathrm{d}z=$ ________；

(4) 设函数 $f(x,y)=4(x-y)-x^2-y^2$，则其极大值为________；

(5) 设函数 $f(x+y,y)=x^2-y^2$，则 $f_y(x,y)=$ ________.

3. 设函数 $z=x^4+y^4-4x^2y^2$，求 $\dfrac{\partial^2 z}{\partial x\partial y}$.

4. 设函数 $z=\sqrt{\ln xy}$，求 z_x, z_y.

5. 设函数 $z=x^y y^x$，求 z_x, z_y.

6. 设 $z=f(x,y)$ 是由方程 $x^2+y^2+z^2-2x=0$ 所确定的隐函数，求 z_x.

7. 设某生产商的生产函数为 $f(x,y)=100x^{0.75}y^{0.25}$，其中 x,y 分别表示投入的劳动力数量和资本数量. 已知每单位劳动力与每单位资本的成本分别是 150 元和 250 元，总预算是 5 万元，问：该生产商应如何分配资本，以使产量最高？

8. 求曲线 $x=t, y=t^2, z=t^3$ 上的一点，使曲线在该点处的切线平行于平面 $x+2y+z=4$.

9. 求表面积为 a^2 而体积最大的长方体的体积.

10. 求函数 $u=xy^2+z^3-xyz$ 在点 $(1,1,2)$ 处沿方向角分别为 $60^\circ, 45^\circ, 60^\circ$ 的方向的方向导数.

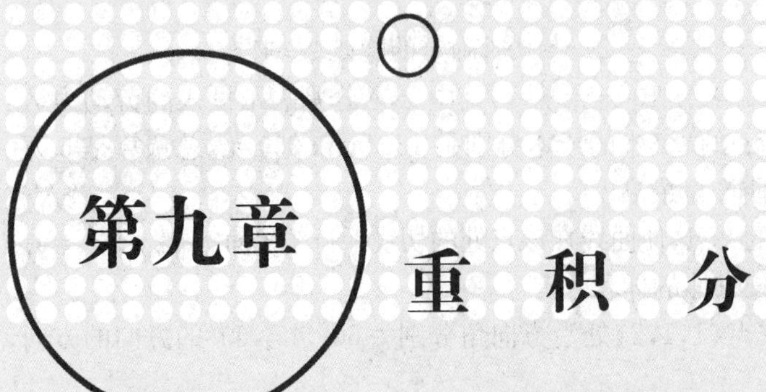

第九章 重积分

重积分的概念是定积分概念的推广.本章和下一章是多元函数积分学的内容.本章介绍重积分(主要是二重积分和三重积分)的概念、性质、计算方法和应用.

§9.1 二重积分的概念与性质

一、二重积分的概念

1. 曲顶柱体的体积

设一立体以曲面 $z=f(x,y)$（$f(x,y)$ 连续，且 $f(x,y)\geqslant 0$）为顶，xOy 面上的有界闭区域 D 为底，侧面是以 D 的边界曲线为准线而母线平行于 z 轴的柱面（见图 9.1），称此立体为曲顶柱体.

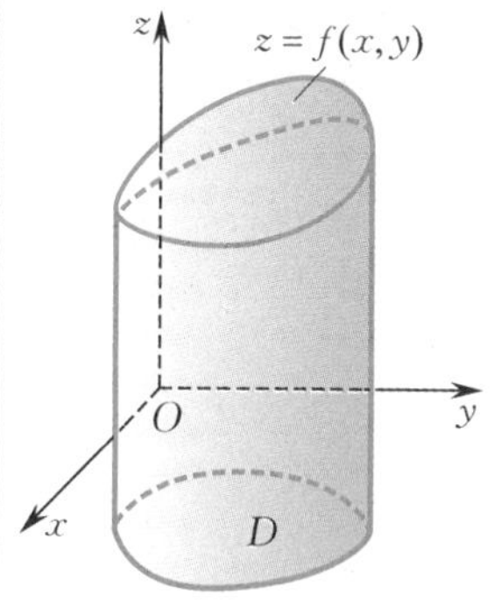

图 9.1

现在的问题是：如何求该曲顶柱体的体积 V?

可以仿照求曲边梯形面积的方法来求该曲顶柱体的体积 V. 如图 9.2 所示，将 D 分成 n 个小闭区域（用有限条曲线）$\Delta\sigma_1,\Delta\sigma_2,\cdots,\Delta\sigma_n$，仍以 $\Delta\sigma_i$ $(i=1,2,\cdots,n)$ 表示第 i 个小闭区域的面积. 以这些小闭区域的边界曲线为准线作母线平行于 z 轴的柱面，则得到 n 个小曲顶柱体. 当这些小闭区域的直径 d_i（区域中任意两点间距离的最大值称为区域的直径）很小时，由于函数 $f(x,y)$ 连续，因此对同一小闭区域来说，$f(x,y)$ 的变化很小，这时小曲顶柱体可近似看作小平顶柱体. 我们在每个 $\Delta\sigma_i$ 中任取一点 (ξ_i,η_i)，那么以 $f(\xi_i,\eta_i)$ 为高、$\Delta\sigma_i$ 为底的小平顶柱体的体积为

$$f(\xi_i,\eta_i)\Delta\sigma_i \quad (i=1,2,\cdots,n).$$

于是，这 n 个小平顶柱体的体积之和可以看作所求曲顶柱体体积的近似值，即

$$\begin{aligned}V&\approx f(\xi_1,\eta_1)\Delta\sigma_1+f(\xi_2,\eta_2)\Delta\sigma_2+\cdots+f(\xi_n,\eta_n)\Delta\sigma_n\\&=\sum_{i=1}^{n}f(\xi_i,\eta_i)\Delta\sigma_i.\end{aligned}$$

图 9.2

当 D 分得越来越细，即 n 个小闭区域直径的最大值 $d=\max\limits_{1\leqslant i\leqslant n}\{d_i\}\to 0$ 时，这 n 个小平顶柱体的体积之和的极限值就是所求的曲顶柱体体积，即

$$V=\lim_{d\to 0}\sum_{i=1}^{n}f(\xi_i,\eta_i)\Delta\sigma_i.$$

这就解决了求曲顶柱体体积的问题.

2. 平面薄片的质量

设一平面薄片占据 xOy 面上的有界闭区域 D，它在点 $M(x,y)$ 处的面密度是 $\mu(x,y)$（$\mu(x,y)$ 连续，且 $\mu(x,y)>0$）. 现计算该薄片的质量 M.

因为 $\mu(x,y)$ 连续，所以将该薄片分成 n 小块，只要每小块所占的

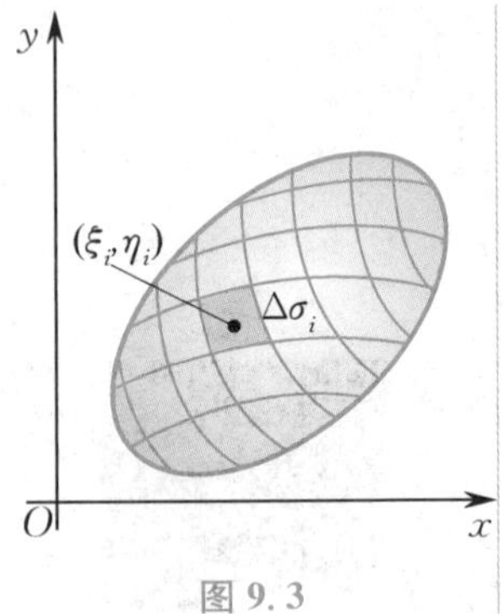

图 9.3

小闭区域 $\Delta\sigma_i(i=1,2,\cdots,n)$ 的直径很小，这些小块就可以近似看作均匀薄片. 在每个小闭区域 $\Delta\sigma_i$ 上任取一点 (ξ_i,η_i)（见图 9.3），则 $\mu(\xi_i,\eta_i)\Delta\sigma_i(i=1,2,\cdots,n)$ 可看作第 i 小块质量的近似值. 通过求和、取极限，就可得到该薄片的质量

$$M=\lim_{d\to 0}\sum_{i=1}^{n}\mu(\xi_i,\eta_i)\Delta\sigma_i.$$

虽然上述两个问题的实际意义不同，但所求量都可归结为同一形式和式的极限. 下面我们要一般地研究这种和式的极限，于是抽象出下述定义.

定义 设 $f(x,y)$ 是有界闭区域 D 上的有界函数. 将 D 任意分成 n 个小闭区域 $\Delta\sigma_1,\Delta\sigma_2,\cdots,\Delta\sigma_n$，其中 $\Delta\sigma_i(i=1,2,\cdots,n)$ 表示第 i 个小闭区域，也表示该小闭区域的面积. 在每个小闭区域 $\Delta\sigma_i$ 上任取一点 (ξ_i,η_i)，做乘积 $f(\xi_i,\eta_i)\Delta\sigma_i(i=1,2,\cdots,n)$，并做和 $\sum\limits_{i=1}^{n}f(\xi_i,\eta_i)\Delta\sigma_i$. 若当这些小闭区域直径的最大值 $d\to 0$ 时，该和式的极限存在，且与 D 的分法及点 (ξ_i,η_i) 的取法无关，则称此极限值为函数 $f(x,y)$ 在 D 上的**二重积分**，记作 $\iint\limits_D f(x,y)\mathrm{d}\sigma$，即

$$\iint\limits_D f(x,y)\mathrm{d}\sigma=\lim_{d\to 0}\sum_{i=1}^{n}f(\xi_i,\eta_i)\Delta\sigma_i, \tag{9.1}$$

其中 $f(x,y)$ 称为**被积函数**，$f(x,y)\mathrm{d}\sigma$ 称为**被积表达式**，$\mathrm{d}\sigma$ 称为**面积元素**，D 称为**积分区域**，x 和 y 称为**积分变量**，$\sum\limits_{i=1}^{n}f(\xi_i,\eta_i)\Delta\sigma_i$ 称为**积分和**. 这时，也称函数 $f(x,y)$ 在 D 上**可积**.

由二重积分的定义可知，前面所述曲顶柱体的体积 V 是函数 $f(x,y)$ 在有界闭区域 D 上的二重积分，即

$$V=\iint\limits_D f(x,y)\mathrm{d}\sigma;$$

平面薄片的质量 M 是面密度 $\mu(x,y)$ 在该薄片所占的有界闭区域 D 上的二重积分，即

$$M=\iint\limits_D \mu(x,y)\mathrm{d}\sigma.$$

这里我们要指出，当函数 $f(x,y)$ 在有界闭区域 D 上连续时，(9.1) 式右端和式的极限必定存在，即函数 $f(x,y)$ 在 D 上的二重积分必存在. 我们总假定被积函数在积分区域上连续，因此所讨论的二重积分是存在的，以后不再加以说明.

二重积分 $\iint\limits_D f(x,y)\mathrm{d}\sigma$ 的几何意义是：设连续函数 $f(x,y)$ 定义在有界闭区域 D 上，若 $f(x,y)\geqslant 0$，则以曲面 $z=f(x,y)$ 为顶，D 为底

的曲顶柱体在 xOy 面上方，这时二重积分 $\iint\limits_D f(x,y)\mathrm{d}\sigma$ 是该曲顶柱体的体积；若 $f(x,y)\leqslant 0$，则以曲面 $z=f(x,y)$ 为顶，D 为底的曲顶柱体在 xOy 面下方，这时二重积分 $\iint\limits_D f(x,y)\mathrm{d}\sigma$ 为负值，其绝对值等于该曲顶柱体的体积；若 $f(x,y)$ 在 D 的部分区域上是正的，而在其余部分区域上是负的，则二重积分 $\iint\limits_D f(x,y)\mathrm{d}\sigma$ 等于各部分区域上以曲面 $z=f(x,y)$ 为顶的曲顶柱体体积的代数和(当曲顶柱体位于 xOy 面上方时，体积取正值；当曲顶柱体位于 xOy 面下方时，体积取负值).

二、二重积分的性质

二重积分与定积分有类似的性质，现分别叙述如下：

性质 1　常数因子可提到二重积分号外面，即

$$\iint\limits_D kf(x,y)\mathrm{d}\sigma=k\iint\limits_D f(x,y)\mathrm{d}\sigma\quad(k\text{ 为常数}).$$

性质 2　两个函数代数和的二重积分等于两个函数二重积分的代数和，即

$$\iint\limits_D[f(x,y)\pm g(x,y)]\mathrm{d}\sigma=\iint\limits_D f(x,y)\mathrm{d}\sigma\pm\iint\limits_D g(x,y)\mathrm{d}\sigma.$$

此性质可推广到三个及三个以上函数的情形.

性质 3　若有界闭区域 D 被分为有限个部分区域，则在 D 上的二重积分等于各部分区域上的二重积分之和，即

$$\iint\limits_D f(x,y)\mathrm{d}\sigma=\iint\limits_{D_1} f(x,y)\mathrm{d}\sigma+\iint\limits_{D_2} f(x,y)\mathrm{d}\sigma+\cdots+\iint\limits_{D_n} f(x,y)\mathrm{d}\sigma,$$

其中 $D=D_1\cup D_2\cup\cdots\cup D_n$，且闭区域 $D_1,D_2,\cdots,D_n$ 除边界外互不相交.

此性质表示二重积分对积分区域具有可加性.

性质 4　若在有界闭区域 D 上有 $f(x,y)\equiv 1$，D 的面积为 σ，则

$$\iint\limits_D f(x,y)\mathrm{d}\sigma=\iint\limits_D \mathrm{d}\sigma=\sigma.$$

此性质的几何意义很明显，因为高为 1 的平顶柱体的体积在数值上等于该柱体的底面积.

性质 5　若在有界闭区域 D 上有 $f(x,y)\leqslant g(x,y)$，则

$$\iint\limits_D f(x,y)\mathrm{d}\sigma\leqslant\iint\limits_D g(x,y)\mathrm{d}\sigma.$$

特别地，由

$$-|f(x,y)|\leqslant f(x,y)\leqslant|f(x,y)|$$

得

$$\left|\iint_D f(x,y)\mathrm{d}\sigma\right| \leqslant \iint_D |f(x,y)|\mathrm{d}\sigma.$$

性质 6 设 M,m 分别是函数 $f(x,y)$ 在有界闭区域 D 上的最大值和最小值，σ 是 D 的面积，则有估值不等式

$$m\sigma \leqslant \iint_D f(x,y)\mathrm{d}\sigma \leqslant M\sigma. \tag{9.2}$$

性质 7（二重积分的中值定理） 设函数 $f(x,y)$ 在有界闭区域 D 上连续，σ 是 D 的面积，则在 D 上至少存在一点 (ξ,η)，使得

$$\iint_D f(x,y)\mathrm{d}\sigma = f(\xi,\eta)\sigma. \tag{9.3}$$

以性质 7 为例来证明.

证　由于函数 $f(x,y)$ 在有界闭区域 D 上连续，因此 $f(x,y)$ 在 D 上有最大值 M 和最小值 m. 于是，由性质 6 有(9.2) 式成立. 将(9.2) 式两边同时除以 σ，有

$$m \leqslant \frac{1}{\sigma}\iint_D f(x,y)\mathrm{d}\sigma \leqslant M,$$

即数值 $\frac{1}{\sigma}\iint_D f(x,y)\mathrm{d}\sigma$ 介于 $f(x,y)$ 的最大值 M 与最小值 m 之间. 由连续函数的介值定理可知，在 D 上至少存在一点 (ξ,η)，使得 $f(x,y)$ 在该点处的值与此数值相等，即

$$\frac{1}{\sigma}\iint_D f(x,y)\mathrm{d}\sigma = f(\xi,\eta).$$

上式两边同时乘以 σ，即得(9.3) 式.

习　题　9.1

1. 已知二重积分 $I_1 = \iint_{D_1}(x^2+y^2)\mathrm{d}\sigma$，其中 D_1 是矩形区域：$-1\leqslant x\leqslant 1, -2\leqslant y\leqslant 2$；二重积分 $I_2 = \iint_{D_2}(x^2+y^2)\mathrm{d}\sigma$，其中 D_2 是矩形区域：$0\leqslant x\leqslant 1, 0\leqslant y\leqslant 2$. 试用二重积分的几何意义说明 I_1 与 I_2 之间的大小关系.

2. 根据二重积分的性质，比较下列二重积分的大小：

(1) $\iint_D (x+y)^2\mathrm{d}\sigma$ 与 $\iint_D (x+y)^3\mathrm{d}\sigma$，其中 D 是由 x 轴、y 轴与直线 $x+y=1$ 所围成的闭区域；

(2) $\iint_D (x+y)^2\mathrm{d}\sigma$ 与 $\iint_D (x+y)^3\mathrm{d}\sigma$，其中 D 是由圆 $(x-2)^2+(y-1)^2=2$ 所围成的闭区域；

(3) $\iint\limits_D \ln(x+y)\mathrm{d}\sigma$ 与 $\iint\limits_D \ln^2(x+y)\mathrm{d}\sigma$，其中 D 是以点 $(1,0)$，$(1,1)$，$(2,0)$ 为顶点的三角形闭区域.

3. 根据二重积分的性质，估计下列二重积分的值：

(1) $I=\iint\limits_D (x+y+1)\mathrm{d}\sigma$，其中 D 是矩形区域：$0\leqslant x\leqslant 1, 0\leqslant y\leqslant 2$；

(2) $I=\iint\limits_D (x^2+y^2+9)\mathrm{d}\sigma$，其中 D 是圆形区域：$x^2+y^2\leqslant 4$；

(3) $I=\iint\limits_D xy(x+y)\mathrm{d}\sigma$，其中 D 是矩形区域：$0\leqslant x\leqslant 1, 0\leqslant y\leqslant 1$.

§9.2 二重积分的计算

定积分也称为单积分. 我们可将二重积分化为两次单积分来计算.

一、利用直角坐标计算二重积分

在平面直角坐标系中，如果用平行于坐标轴的线段来划分有界闭区域 D，那么除包含 D 的边界曲线的一些小闭区域外，其余小闭区域都是矩形区域. 设小矩形区域 $\Delta\sigma_i$ 的边长为 Δx_j 和 Δy_k，则其面积为 $\Delta\sigma_i=\Delta x_j\Delta y_k$. 因此，将面积元素 $\mathrm{d}\sigma$ 记作 $\mathrm{d}x\mathrm{d}y$，这时函数 $f(x,y)$ 在 D 上的二重积分记作

$$\iint\limits_D f(x,y)\mathrm{d}x\mathrm{d}y, \tag{9.4}$$

其中 $\mathrm{d}x\mathrm{d}y$ 称为直角坐标系下的面积元素.

设函数 $f(x,y)$ 在有界闭区域 D 上连续，且 $f(x,y)\geqslant 0$. 若 D 是 X 型区域，即 D 由两条平行于 y 轴的直线 $x=a$，$x=b$ 与两条曲线 $y=\varphi_1(x)$，$y=\varphi_2(x)$ 所围成，且 $\varphi_1(x)\leqslant\varphi_2(x)\ (a\leqslant x\leqslant b)$（见图 9.4），则函数 $f(x,y)$ 在 D 上的二重积分可按照下式进行计算：

$$\begin{aligned}\iint\limits_D f(x,y)\mathrm{d}x\mathrm{d}y &= \int_a^b\left[\int_{\varphi_1(x)}^{\varphi_2(x)} f(x,y)\mathrm{d}y\right]\mathrm{d}x\\ &\triangleq \int_a^b\mathrm{d}x\int_{\varphi_1(x)}^{\varphi_2(x)} f(x,y)\mathrm{d}y.\end{aligned} \tag{9.5}$$

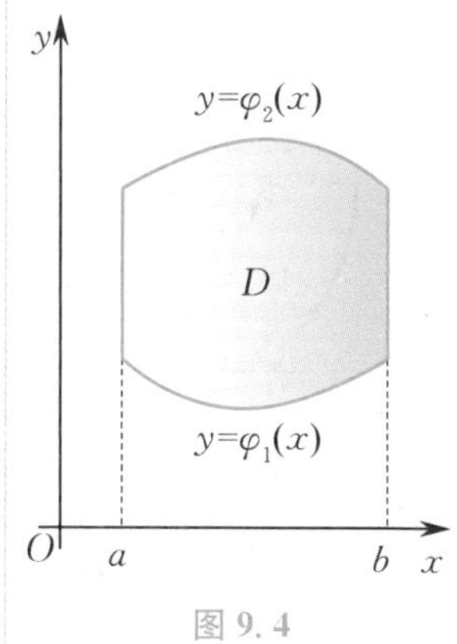

图 9.4

下面对公式(9.5)做简单的推导. 按照二重积分的几何意义，二重积分 $\iint\limits_D f(x,y)\mathrm{d}x\mathrm{d}y$ 的值等于以 D 为底、曲面 $z=f(x,y)$ 为顶的曲顶柱体的体积 V（见图 9.5）. (9.5) 式右端的两次单积分也代表同一曲顶柱体的体积，因为第一次单积分

$$\int_{\varphi_1(x)}^{\varphi_2(x)} f(x,y)\mathrm{d}y \triangleq S(x)$$

代表该曲顶柱体的截面面积，利用平行截面面积为已知的立体体积公式，可求得该曲顶柱体的体积：

$$V = \int_a^b S(x)\mathrm{d}x = \int_a^b \left[\int_{\varphi_1(x)}^{\varphi_2(x)} f(x,y)\mathrm{d}y\right]\mathrm{d}x$$
$$= \int_a^b \mathrm{d}x \int_{\varphi_1(x)}^{\varphi_2(x)} f(x,y)\mathrm{d}y.$$

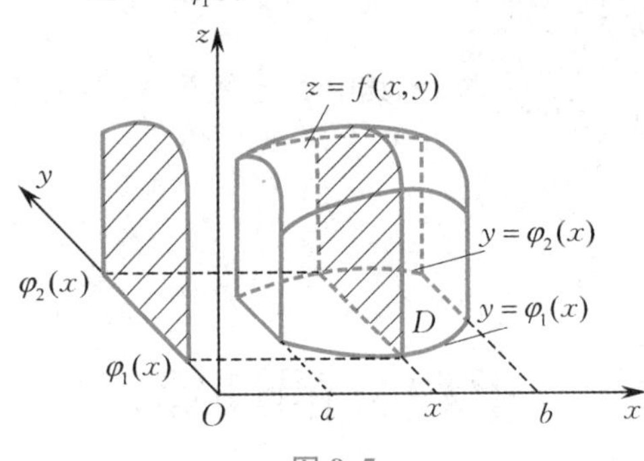

图 9.5

公式(9.5)右端的含义是：先把函数 $f(x,y)$ 中的 x 看作常数，y 看作积分变量，对 y 求单积分，其中积分下限为 $\varphi_1(x)$，积分上限为 $\varphi_2(x)$；再把求得的结果（x 的函数）对 x 从 a 到 b 求单积分，得到的值即为所求二重积分的值.

在上述讨论中，假定 $f(x,y) \geqslant 0$. 事实上，没有这个条件时，上面公式(9.5)仍成立.

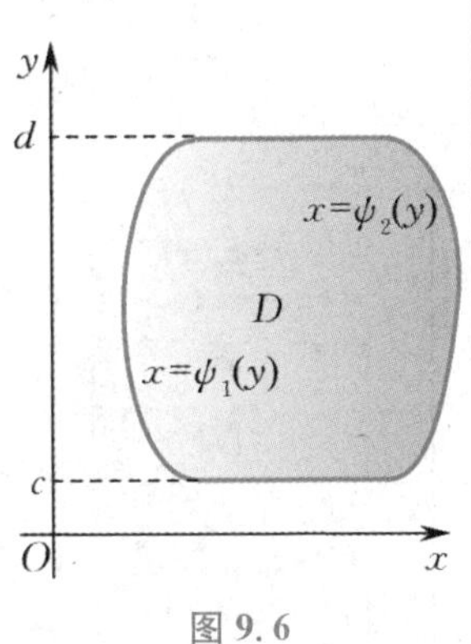

图 9.6

类似地，若 D 是 Y 型区域，即 D 由两条平行于 x 轴的直线 $y=c$，$y=d$ 与两条曲线 $x=\psi_1(y)$，$x=\psi_2(y)$ 围成，且 $\psi_1(y) \leqslant \psi_2(y)(c \leqslant y \leqslant d)$（见图 9.6），则函数 $f(x,y)$ 在 D 上的二重积分可按照下式计算：

$$\iint_D f(x,y)\mathrm{d}x\mathrm{d}y = \int_c^d \left[\int_{\psi_1(y)}^{\psi_2(y)} f(x,y)\mathrm{d}x\right]\mathrm{d}y$$
$$\triangleq \int_c^d \mathrm{d}y \int_{\psi_1(y)}^{\psi_2(y)} f(x,y)\mathrm{d}x. \tag{9.6}$$

公式(9.6)右端的含义是：先把函数 $f(x,y)$ 中的 y 看作常数，x 看作积分变量，对 x 求单积分，其中积分下限为 $\psi_1(y)$，积分上限为 $\psi_2(y)$；再把求得的结果（y 的函数）对 y 从 c 到 d 求单积分，得到的值即为所求二重积分的值.

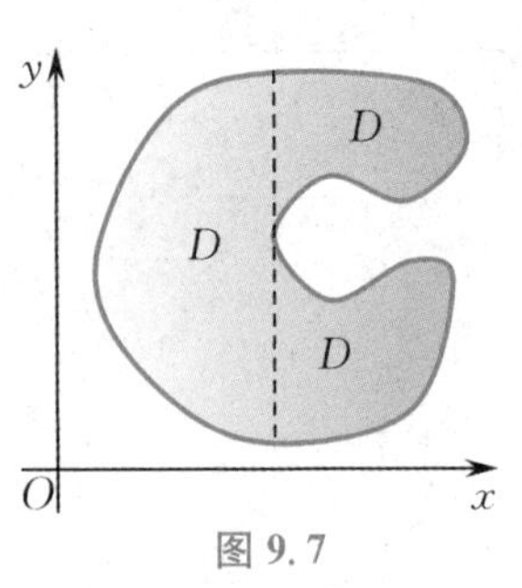

图 9.7

容易看出，上述 X 型或 Y 型区域 D 有以下特征：平行于 x 轴或 y 轴且穿过 D 内部的直线与 D 的边界曲线的交点不多于两点. 所以，在应用公式(9.5)和(9.6)计算二重积分时，积分区域 D 应满足此特征条件. 若 D 不满足此特征条件，则可将 D 分成几部分，使每一部分都满足此特征条件（见图 9.7），再利用二重积分的可加性来计算.

注　二重积分化为两次单积分时，确定积分上限和下限是一个关键.

例 1　计算二重积分$\iint\limits_D xy\mathrm{d}x\mathrm{d}y$,其中$D$是由直线$y=1,x=2,y=x$所围成的三角形闭区域.

解　积分区域D可看作由两条平行于y轴的直线$x=1,x=2$与两条直线$y=x,y=1$所围成,因此D是一个X型区域[见图9.8(a)],即$D:1\leqslant x\leqslant 2,1\leqslant y\leqslant x$.由公式(9.5)得

$$\iint\limits_D xy\mathrm{d}x\mathrm{d}y=\int_1^2\mathrm{d}x\int_1^x xy\mathrm{d}y=\frac{1}{2}\int_1^2(x^3-x)\mathrm{d}x$$

$$=\frac{1}{2}\left(\frac{x^4}{4}-\frac{x^2}{2}\right)\Big|_1^2=\frac{9}{8}.$$

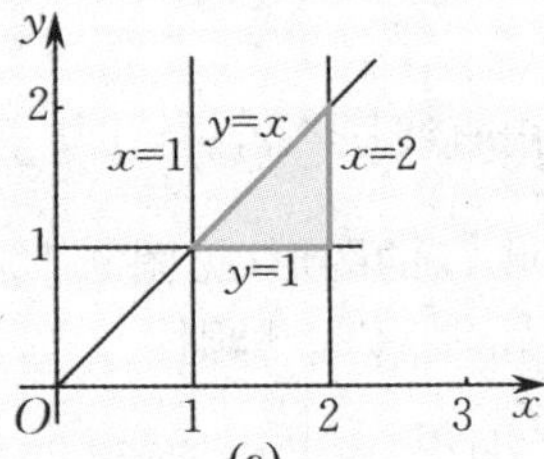

(a)

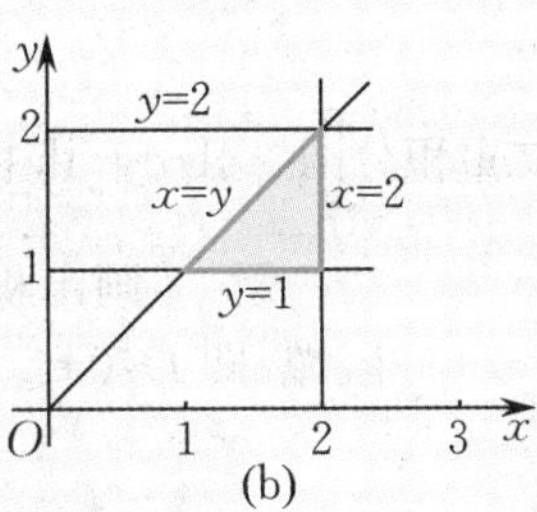

(b)

图 9.8

积分区域D可看作由两条平行于x轴的直线$y=1,y=2$与两条直线$x=y,x=2$所围成,因此D是一个Y型区域[见图9.8(b)],即$D:1\leqslant y\leqslant 2,y\leqslant x\leqslant 2$.由公式(9.6)得

$$\iint\limits_D xy\mathrm{d}x\mathrm{d}y=\int_1^2\mathrm{d}y\int_y^2 xy\mathrm{d}x=\frac{1}{2}\int_1^2(4y-y^3)\mathrm{d}y$$

$$=\frac{1}{2}\left(2y^2-\frac{y^4}{4}\right)\Big|_1^2=\frac{9}{8}.$$

例 2　计算二重积分$\iint\limits_D xy\mathrm{d}x\mathrm{d}y$,其中$D$是由抛物线$y^2=x$与直线$y=x-2$所围成的闭区域.

解　画出积分区域D的图形[见图9.9(a)].若把D看作Y型区域,即$D:-1\leqslant y\leqslant 2,y^2\leqslant x\leqslant y+2$,则

$$\iint\limits_D xy\mathrm{d}x\mathrm{d}y=\int_{-1}^2\mathrm{d}y\int_{y^2}^{y+2}xy\mathrm{d}x=\frac{1}{2}\int_{-1}^2(y^3+4y^2+4y-y^5)\mathrm{d}y$$

$$=\frac{1}{2}\left(\frac{y^4}{4}+\frac{4}{3}y^3+2y^2-\frac{y^6}{6}\right)\Big|_{-1}^2=\frac{45}{8}.$$

若把积分区域D看作X型区域,则具体计算时需用过交点$(1,-1)$且平行于y轴的直线$x=1$把D分成D_1和D_2两部分[见图9.9(b)],其中

$$D_1:0\leqslant x\leqslant 1,-\sqrt{x}\leqslant y\leqslant\sqrt{x};\quad D_2:1\leqslant x\leqslant 4,x-2\leqslant y\leqslant\sqrt{x}.$$

于是,根据二重积分的可加性,有

$$\iint\limits_D xy\mathrm{d}x\mathrm{d}y=\iint\limits_{D_1}xy\mathrm{d}x\mathrm{d}y+\iint\limits_{D_2}xy\mathrm{d}x\mathrm{d}y=\int_0^1\mathrm{d}x\int_{-\sqrt{x}}^{\sqrt{x}}xy\mathrm{d}y+\int_1^4\mathrm{d}x\int_{x-2}^{\sqrt{x}}xy\mathrm{d}y=\frac{45}{8}.$$

此处需要计算两个二重积分.

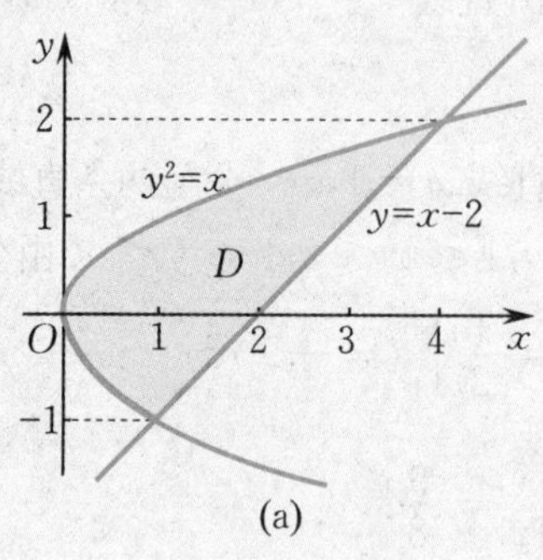

(a)

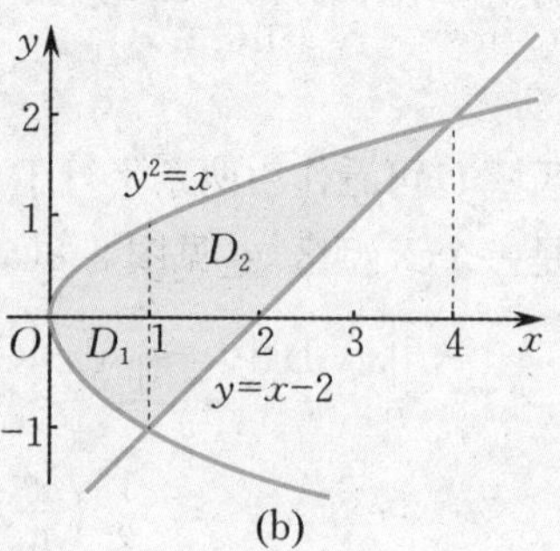

(b)

图 9.9

例 3 计算二重积分$\iint\limits_D e^{-y^2}\,dx\,dy$,其中$D$是由直线$y=x,y=1$与$y$轴所围成的闭区域.

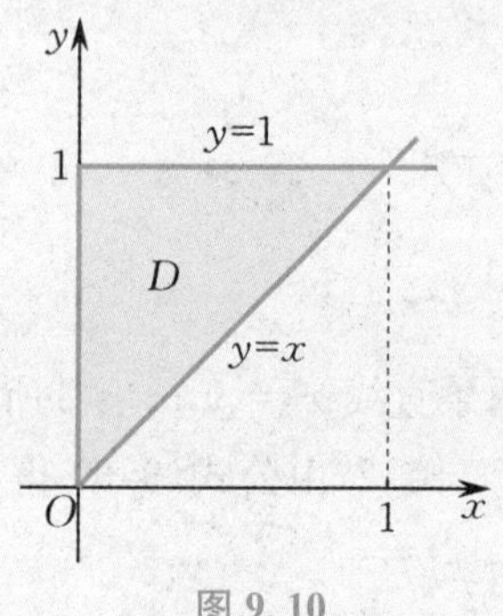

图 9.10

解 画出积分区域D的图形(见图 9.10).若把D看作X型区域,即$D:0\leqslant x\leqslant 1,x\leqslant y\leqslant 1$,则

$$\iint\limits_D e^{-y^2}\,dx\,dy=\int_0^1 dx\int_x^1 e^{-y^2}\,dy.$$

但由于被积函数对y的积分求不出来,因此无法计算.

若把积分区域D看作Y型区域,即$D:0\leqslant y\leqslant 1,0\leqslant x\leqslant y$,则

$$\iint\limits_D e^{-y^2}\,dx\,dy=\int_0^1 dy\int_0^y e^{-y^2}\,dx=\int_0^1 ye^{-y^2}\,dy$$
$$=-\frac{1}{2}e^{-y^2}\Big|_0^1=\frac{1}{2}\left(1-\frac{1}{e}\right).$$

注 上述几个例子说明,在化二重积分为两次单积分时,为了计算简便,需要选择恰当的两次单积分的次序.这时,既要考虑积分区域的形状,又要考虑被积函数的特性.

例 4 求由曲面$z=x^2+y^2,y=x^2$与平面$z=0,y=1$所围成的立体体积.

解 易知,此立体是曲顶柱体,其顶是曲面$z=x^2+y^2$,底是xOy面上由直线$y=1$与抛物线$y=x^2$所围成的有界闭区域D(见图 9.11),即$D:-1\leqslant x\leqslant 1,x^2\leqslant y\leqslant 1$.因此,所求的立体体积为

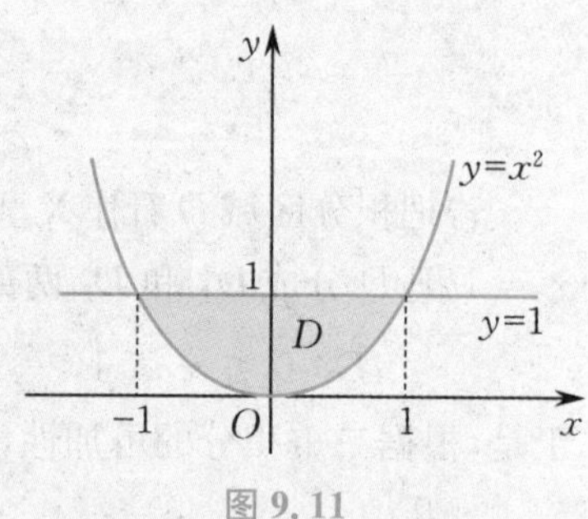

图 9.11

$$V=\iint\limits_D (x^2+y^2)\,dx\,dy=\int_{-1}^1 dx\int_{x^2}^1 (x^2+y^2)\,dy$$
$$=\int_{-1}^1\left(x^2+\frac{1}{3}-x^4-\frac{x^6}{3}\right)dx$$
$$=2\left(\frac{x^3}{3}+\frac{x}{3}-\frac{x^5}{5}-\frac{x^7}{21}\right)\Big|_0^1=\frac{88}{105}.$$

二、利用极坐标计算二重积分

有些二重积分,其积分区域的边界曲线用极坐标方程来表示比较方便,且被积函数用极坐标变量来表达比较简单.这时,就可以考虑利用极坐标来计算二重积分.下面先介绍如何将直角坐标系下的二重积分 $\iint\limits_D f(x,y)\mathrm{d}x\mathrm{d}y$ 转化为极坐标系下的二重积分.

设过原点的射线与积分区域 D 的边界曲线的交点不多于两点.在极坐标系中,用一族同心圆 $\rho=$ 常数和一族过极点 O 的射线 $\theta=$ 常数将 D 分成 n 个小闭区域 $\Delta\sigma_1,\Delta\sigma_2,\cdots,\Delta\sigma_n$(见图 9.12),则第 i 个小闭区域的面积为

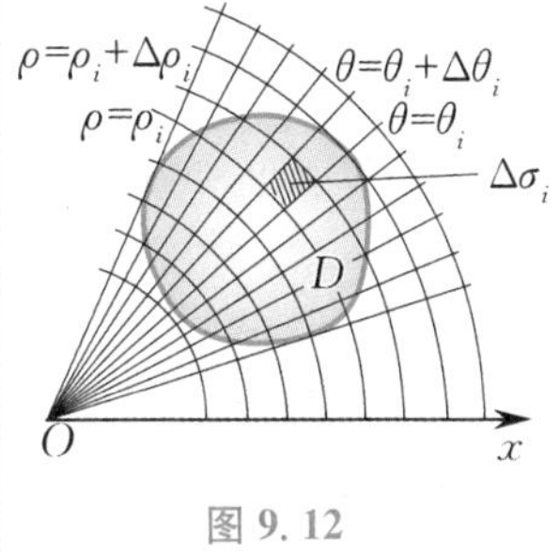

图 9.12

$$\begin{aligned}\Delta\sigma_i&=\frac{1}{2}(\rho_i+\Delta\rho_i)^2\Delta\theta_i-\frac{1}{2}\rho_i^2\Delta\theta_i\\&=\rho_i\Delta\rho_i\Delta\theta_i+\frac{1}{2}\Delta\rho_i^2\Delta\theta_i\\&\approx\rho_i\Delta\rho_i\Delta\theta_i,\end{aligned}$$

即在极坐标系下的面积元素为

$$\mathrm{d}\sigma=\rho\Delta\rho\Delta\theta=\rho\mathrm{d}\rho\mathrm{d}\theta.$$

把被积函数 $f(x,y)$ 中的 x 换成 $\rho\cos\theta$,y 换成 $\rho\sin\theta$,则直角坐标系下的二重积分可化为极坐标系下的二重积分,即

$$\iint\limits_D f(x,y)\mathrm{d}x\mathrm{d}y=\iint\limits_D f(\rho\cos\theta,\rho\sin\theta)\rho\mathrm{d}\rho\mathrm{d}\theta.$$

对于极坐标系下的二重积分,同样也可以化为两次单积分来计算.下面分两种情况讨论.

1. 极点 O 不在积分区域 D 的内部

如果积分区域 D 由两条射线 $\theta=\alpha,\theta=\beta(\alpha\leqslant\beta)$ 与两条曲线 $\rho=\varphi_1(\theta),\rho=\varphi_2(\theta)(\varphi_1(\theta)\leqslant\varphi_2(\theta))$ 所围成(见图 9.13),即

$$D:\alpha\leqslant\theta\leqslant\beta,\varphi_1(\theta)\leqslant\rho\leqslant\varphi_2(\theta),$$

则

$$\iint\limits_D f(x,y)\mathrm{d}x\mathrm{d}y=\int_\alpha^\beta\mathrm{d}\theta\int_{\varphi_1(\theta)}^{\varphi_2(\theta)}f(\rho\cos\theta,\rho\sin\theta)\rho\mathrm{d}\rho.\qquad(9.7)$$

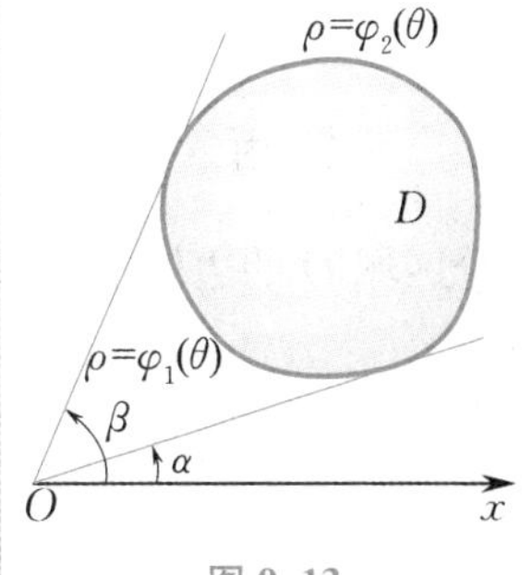

图 9.13

如果积分区域 D 如图 9.14 所示,即极点 O 位于 D 的边界上,那么可以把它看作图 9.13 中 $\varphi_1(\theta)=0,\varphi_2(\theta)=\varphi(\theta)$ 时的特例.这时,D 可以用不等式

$$\alpha\leqslant\theta\leqslant\beta,\quad 0\leqslant\rho\leqslant\varphi(\theta)$$

来表示,则公式(9.7)成为

$$\iint\limits_D f(x,y)\mathrm{d}x\mathrm{d}y=\int_\alpha^\beta\mathrm{d}\theta\int_0^{\varphi(\theta)}f(\rho\cos\theta,\rho\sin\theta)\rho\mathrm{d}\rho.\qquad(9.8)$$

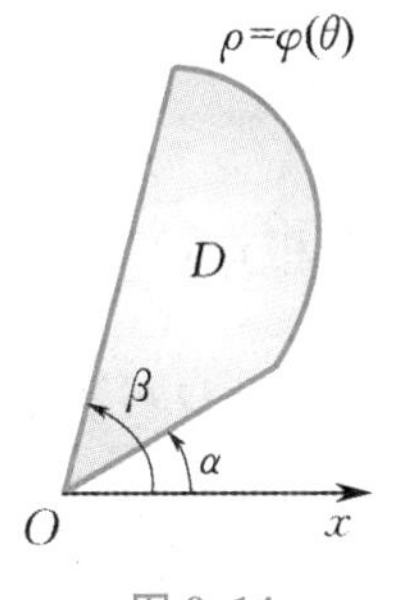

图 9.14

2. 极点 O 在积分区域 D 的内部

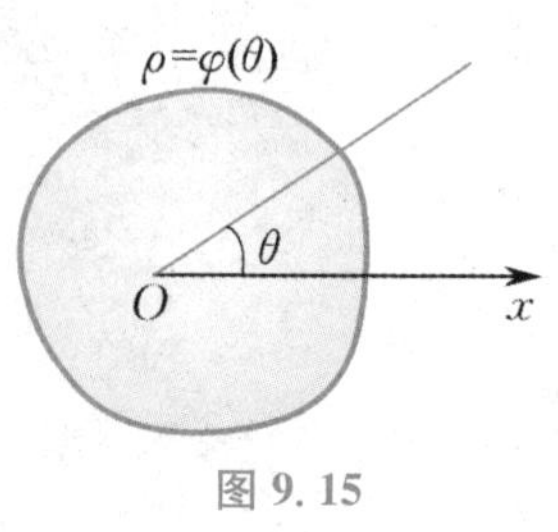

图 9.15

如果积分区域 D 如图 9.15 所示，即极点 O 在 D 的内部，那么可以把它看作图 9.14 中 $\alpha=0,\beta=2\pi$ 时的特例. 这时，D 可以用不等式

$$0\leqslant\theta\leqslant 2\pi,\quad 0\leqslant\rho\leqslant\varphi(\theta)$$

来表示，则公式(9.7) 成为

$$\iint_D f(x,y)\mathrm{d}x\mathrm{d}y=\int_0^{2\pi}\mathrm{d}\theta\int_0^{\varphi(\theta)}f(\rho\cos\theta,\rho\sin\theta)\rho\mathrm{d}\rho. \tag{9.9}$$

注　(1) 在极坐标系下，把二重积分化为两次单积分时，总先对 ρ 再对 θ 积分；

(2) 利用极坐标计算二重积分，一般适用于积分区域 D 是圆形区域或部分圆形区域，D 的边界曲线用极坐标方程表示比较简单，或者被积函数形如 $f(x^2+y^2)$，$f\left(\dfrac{y}{x}\right)$，$f\left(\dfrac{x}{y}\right)$ 的情形.

例 5　计算二重积分 $\iint\limits_D\dfrac{2}{1+x^2+y^2}\mathrm{d}x\mathrm{d}y$，其中 D 是圆形区域 $\{(x,y)\mid x^2+y^2\leqslant 1\}$.

解　在极坐标系下，积分区域 D 可表示为 $0\leqslant\theta\leqslant 2\pi,0\leqslant\rho\leqslant 1$，故由公式(9.9) 有

$$\begin{aligned}\iint_D\frac{2}{1+x^2+y^2}\mathrm{d}x\mathrm{d}y&=\int_0^{2\pi}\mathrm{d}\theta\int_0^1\frac{2\rho}{1+\rho^2}\mathrm{d}\rho=\int_0^{2\pi}\left[\int_0^1\frac{\mathrm{d}(1+\rho^2)}{1+\rho^2}\right]\mathrm{d}\theta\\&=\int_0^{2\pi}\ln(1+\rho^2)\Big|_0^1\mathrm{d}\theta=\int_0^{2\pi}\ln 2\mathrm{d}\theta=2\pi\ln 2.\end{aligned}$$

例 6　求以 xOy 面上由圆 $x^2+y^2=2x$ 与 $x^2+y^2=x$ 所围成的有界闭区域 D 为底、曲面 $z=x^2+y^2$ 为顶的曲顶柱体体积.

解　由二重积分的几何意义知，所求的曲顶柱体体积为 $V=\iint\limits_D(x^2+y^2)\mathrm{d}x\mathrm{d}y$. 易知，积分区域 D 的边界中大圆 $x^2+y^2=2x$ 可化为

$$(\rho\cos\theta)^2+(\rho\sin\theta)^2=2\rho\cos\theta,$$

即

$$\rho=2\cos\theta;$$

小圆 $x^2+y^2=x$ 可化为

$$(\rho\cos\theta)^2+(\rho\sin\theta)^2=\rho\cos\theta,$$

即

$$\rho=\cos\theta.$$

显然，极点 O 不在 D 的内部，D 中点的极角 θ 从 $-\dfrac{\pi}{2}$ 变到 $\dfrac{\pi}{2}$，极径 ρ 从 $\rho_1=\cos\theta$ 变到 $\rho_2=2\cos\theta$，即 D 可表示为 $-\dfrac{\pi}{2}\leqslant\theta\leqslant\dfrac{\pi}{2}$，$\cos\theta\leqslant\rho\leqslant 2\cos\theta$，于是由公式(9.7) 有

$$V=\iint_D(x^2+y^2)\mathrm{d}x\mathrm{d}y=\iint_D\rho^2\cdot\rho\mathrm{d}\rho\mathrm{d}\theta=\int_{-\frac{\pi}{2}}^{\frac{\pi}{2}}\mathrm{d}\theta\int_{\cos\theta}^{2\cos\theta}\rho^3\mathrm{d}\rho$$

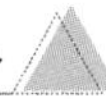

$$=\int_{-\frac{\pi}{2}}^{\frac{\pi}{2}}\frac{\rho^4}{4}\Bigg|_{\cos\theta}^{2\cos\theta}\mathrm{d}\theta=\frac{1}{4}\int_{-\frac{\pi}{2}}^{\frac{\pi}{2}}(16\cos^4\theta-\cos^4\theta)\mathrm{d}\theta$$

$$=\frac{15}{32}\int_{-\frac{\pi}{2}}^{\frac{\pi}{2}}(\cos 4\theta+3+4\cos 2\theta)\mathrm{d}\theta=\frac{45}{32}\pi.$$

习　题　9.2

1. 计算下列二重积分：

(1) $\iint\limits_D(x^2+y^2)\mathrm{d}x\mathrm{d}y$，其中 $D=\{(x,y)\mid |x|\leqslant 1,|y|\leqslant 1\}$；

(2) $\iint\limits_D(x+6y)\mathrm{d}x\mathrm{d}y$，其中 D 是由直线 $y=x,y=5x,x=1$ 所围成的闭区域；

(3) $\iint\limits_D(x^2+y)\mathrm{d}x\mathrm{d}y$，其中 D 是由抛物线 $y=x^2,x=y^2$ 所围成的闭区域；

(4) $\iint\limits_D x\cos(x+y)\mathrm{d}x\mathrm{d}y$，其中 D 是顶点为点 $(0,0),(\pi,0),(\pi,\pi)$ 的三角形闭区域；

(5) $\iint\limits_D \mathrm{e}^{x+y}\mathrm{d}x\mathrm{d}y$，其中 $D=\{(x,y)\mid |x|+|y|\leqslant 1\}$.

2. 如果二重积分 $\iint\limits_D f(x,y)\mathrm{d}x\mathrm{d}y$ 的被积函数 $f(x,y)$ 是两个函数 $f_1(x)$ 与 $f_2(y)$ 的乘积，即 $f(x,y)=f_1(x)f_2(y)$，积分区域 $D=\{(x,y)\mid a\leqslant x\leqslant b,c\leqslant y\leqslant d\}$，证明：这个二重积分等于两个单积分的乘积，即

$$\iint\limits_D f_1(x)f_2(y)\mathrm{d}x\mathrm{d}y=\left[\int_a^b f_1(x)\mathrm{d}x\right]\left[\int_c^d f_2(y)\mathrm{d}y\right].$$

3. 改变下列两次单积分的次序：

(1) $\int_0^1\mathrm{d}y\int_0^y f(x,y)\mathrm{d}x$；　(2) $\int_0^1\mathrm{d}y\int_{-\sqrt{1-y^2}}^{\sqrt{1-y^2}}f(x,y)\mathrm{d}x$；

(3) $\int_1^2\mathrm{d}x\int_{2-x}^{\sqrt{2x-x^2}}f(x,y)\mathrm{d}y$；　(4) $\int_1^{\mathrm{e}}\mathrm{d}x\int_0^{\ln x}f(x,y)\mathrm{d}y$.

4. 求由四个平面 $x=0,y=0,x=1,y=1$ 所围成的柱体介于平面 $z=0$ 与 $2x+3y+z=6$ 之间部分的体积.

5. 计算下列二重积分：

(1) $\iint\limits_D\ln(1+x^2+y^2)\mathrm{d}x\mathrm{d}y$，其中 $D=\{(x,y)\mid x^2+y^2\leqslant 1\}$；

(2) $\iint\limits_D\sqrt{R^2-x^2-y^2}\,\mathrm{d}x\mathrm{d}y$，其中 $D=\{(x,y)\mid x^2+y^2-Rx\leqslant 0\}(R>0)$；

(3) $\iint\limits_D \mathrm{e}^{x^2+y^2}\mathrm{d}x\mathrm{d}y$，其中 $D=\{(x,y)\mid x^2+y^2=4\}$；

(4) $\iint\limits_D \arctan\frac{y}{x}\mathrm{d}x\mathrm{d}y$,其中 D 是由圆 $x^2+y^2=4$,$x^2+y^2=1$ 与直线 $y=0$,$y=x$ 所围成的在第一象限的闭区域.

6. 求由曲面 $z=x^2+y^2$ 与平面 $z=4$ 所围成的立体体积 V.

7. 设一平面薄片所占据的有界闭区域 D 由螺旋线 $\rho=2\theta$ 上一段弧 $\left(0\leqslant\theta\leqslant\frac{\pi}{2}\right)$ 与直线 $\theta=\frac{\pi}{2}$ 围成,它的面密度为 $\mu(x,y)=x^2+y^2$,求该薄片的质量.

8. 选用适当的坐标计算下列二重积分:

(1) $\iint\limits_D \frac{x^2}{y^2}\mathrm{d}x\mathrm{d}y$,其中 D 是由直线 $x=2$,$y=x$ 与曲线 $xy=1$ 所围成的闭区域;

(2) $\iint\limits_D (x^2+y^2)\mathrm{d}x\mathrm{d}y$,其中 D 是由直线 $y=x$,$y=x+a$,$y=a$,$y=3a(a>0)$ 所围成的闭区域;

(3) $\iint\limits_D \sqrt{x^2+y^2}\,\mathrm{d}x\mathrm{d}y$,其中 $D=\{(x,y)\mid a^2\leqslant x^2+y^2\leqslant b^2\}(0<a<b)$.

§9.3 三重积分

一、三重积分的概念

定积分和二重积分作为特殊形式和式的极限,很容易推广到三重积分.

定义 设函数 $f(x,y,z)$ 在空间有界闭区域 Ω 上有界. 把 Ω 分成 n 个小闭区域 $\Delta v_1,\Delta v_2,\cdots,\Delta v_n$,其中 $\Delta v_i(i=1,2,\cdots,n)$ 表示第 i 个小闭区域,也用 Δv_i 表示第 i 个小闭区域的体积. 在每个小闭区域 Δv_i 内任取一点 $P_i(\xi_i,\eta_i,\zeta_i)$,做乘积 $f(\xi_i,\eta_i,\zeta_i)\Delta v_i(i=1,2,\cdots,n)$,并做和 $\sum\limits_{i=1}^{n} f(\xi_i,\eta_i,\zeta_i)\Delta v_i$. 若当这些小闭区域直径的最大值 $d\to0$ 时,该和式的极限存在,且与 Ω 的分法及点 (ξ_i,η_i,ζ_i) 的取法无关,则称此极限值为函数 $f(x,y,z)$ 在 Ω 上的三重积分,记作 $\iiint\limits_\Omega f(x,y,z)\mathrm{d}v$,即

$$\iiint\limits_\Omega f(x,y,z)\mathrm{d}v=\lim_{d\to0}\sum_{i=1}^{n} f(\xi_i,\eta_i,\zeta_i)\Delta v_i, \tag{9.10}$$

其中 $f(x,y,z)$ 称为被积函数,$f(x,y,z)\mathrm{d}v$ 称为被积表达式,$\mathrm{d}v$ 称为体

积元素，Ω 称为积分区域，x,y 和 z 称为积分变量，$\sum_{i=1}^{n} f(\xi_i,\eta_i,\zeta_i)\Delta v_i$ 称为积分和. 这时，也称函数 $f(x,y,z)$ 在 Ω 上可积.

注 (1) 当函数 $f(x,y,z)$ 在有界闭区域 Ω 上连续时，(9.10) 式右端和式的极限必定存在，即函数 $f(x,y,z)$ 在 Ω 上的三重积分必定存在. 以后我们总假定被积函数在积分区域上连续.

(2) 三重积分的性质与二重积分的性质类似.

(3) 如果 $\mu(x,y,z)$ 表示某物体在点 (x,y,z) 处的密度，Ω 是该物体所占据的空间有界闭区域，则 $\sum_{i=1}^{n}\mu(\xi_i,\eta_i,\zeta_i)\Delta v_i$ 是该物体质量 M 的近似值. 当 $\lambda\to 0$ 时，这个和式的极限便是该物体的质量，即

$$M=\iiint_{\Omega}\mu(x,y,z)\,\mathrm{d}v.$$

二、三重积分的计算

类似于二重积分，三重积分可化为三次单积分来计算.

1. 利用直角坐标计算三重积分

在空间直角坐标系中，若用平行于三个坐标平面的平面来划分有界闭区域 Ω，则除包含 Ω 的边界曲面的一些不规则小闭区域外，其余小闭区域均为长方体. 设小长方体 Δv_i 的边长为 $\Delta x_j,\Delta y_k,\Delta z_l$，则其体积为 $\Delta v_i=\Delta x_j\Delta y_k\Delta z_l$. 故可将体积元素 $\mathrm{d}v$ 记作 $\mathrm{d}x\mathrm{d}y\mathrm{d}z$，从而可将函数 $f(x,y,z)$ 在 Ω 上的三重积分记作

$$\iiint_{\Omega} f(x,y,z)\,\mathrm{d}x\mathrm{d}y\mathrm{d}z,$$

其中 $\mathrm{d}v=\mathrm{d}x\mathrm{d}y\mathrm{d}z$ 称为直角坐标系下的体积元素.

假设穿过积分区域 Ω 内部且平行于 z 轴的直线与 Ω 的边界曲面 Σ 相交不多于两点. 将 Ω 投影到 xOy 面上，得到一个平面有界闭区域 D. 以 D 的边界曲线为准线作母线平行于 z 轴的柱面，则该柱面与曲面 Σ 的交线可从 Σ 中分出上、下两部分 Σ_2,Σ_1（见图 9.16），设其方程分别为

$$\Sigma_1: z=z_1(x,y),$$
$$\Sigma_2: z=z_2(x,y),$$

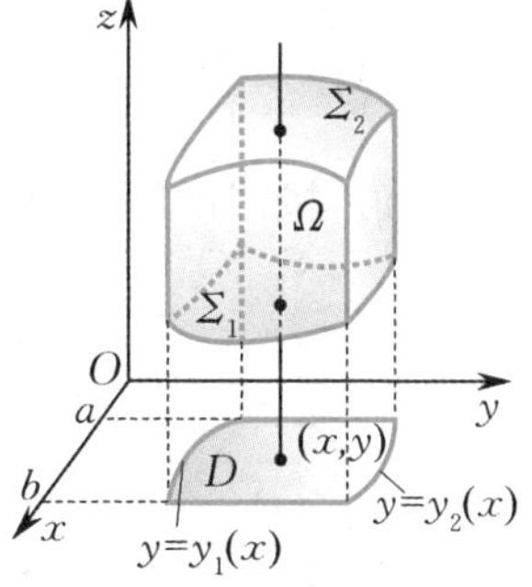

图 9.16

其中 $z_1(x,y),z_2(x,y)$ 均为 D 上的连续函数，且 $z_1(x,y)\leqslant z_2(x,y)$. 于是，$\Omega$ 可表示为

$$z_1(x,y)\leqslant z\leqslant z_2(x,y),\quad (x,y)\in D.$$

显然，Ω 具有以下特征：过 D 内任一点 (x,y) 作平行于 z 轴的直线，则该直线通过曲面 Σ_1 穿入 Ω，然后通过曲面 Σ_2 穿出 Ω，且穿入点和穿出

点的竖坐标分别为 $z_1(x,y)$ 和 $z_2(x,y)$(见图 9.16).

这时,我们可以推导出如下计算三重积分 $\iiint\limits_{\Omega} f(x,y,z)\mathrm{d}x\mathrm{d}y\mathrm{d}z$ 的方法:先将 x,y 看作常数,将 $f(x,y,z)$ 看作 z 的函数,在区间 $[z_1(x,y),z_2(x,y)]$ 上对 z 积分,其结果为 x,y 的函数,记作 $F(x,y)$,即

$$F(x,y)=\int_{z_1(x,y)}^{z_2(x,y)} f(x,y,z)\mathrm{d}z.$$

再计算 $F(x,y)$ 在 D 上的二重积分,得

$$\iint\limits_{D} F(x,y)\mathrm{d}x\mathrm{d}y=\iint\limits_{D}\left[\int_{z_1(x,y)}^{z_2(x,y)} f(x,y,z)\mathrm{d}z\right]\mathrm{d}x\mathrm{d}y.$$

若闭区域 D 可表示为 $a\leqslant x\leqslant b, y_1(x)\leqslant y\leqslant y_2(x)$,则可继续将上式左端的二重积分化为两次单积分. 于是,得到三重积分的计算公式

$$\iiint\limits_{\Omega} f(x,y,z)\mathrm{d}x\mathrm{d}y\mathrm{d}z=\iint\limits_{D}\left[\int_{z_1(x,y)}^{z_2(x,y)} f(x,y,z)\mathrm{d}z\right]\mathrm{d}x\mathrm{d}y$$
$$=\int_a^b \mathrm{d}x\int_{y_1(x)}^{y_2(x)}\mathrm{d}y\int_{z_1(x,y)}^{z_2(x,y)} f(x,y,z)\mathrm{d}z, \qquad (9.11)$$

即(9.11)式将三重积分化为先对 z、再对 y、最后对 x 的三次单积分.

注 (1) 若平行于 x 轴或 y 轴且穿过积分区域 Ω 内部的直线与 Ω 的边界曲面 Σ 相交不多于两点,则可将 Ω 投影到 yOz 面或 zOx 面上,这时三重积分可化成按其他积分次序的三次单积分.

(2) 若穿过积分区域 Ω 内部且平行于坐标轴的直线与 Ω 的边界曲面 Σ 相交多于两点,即不满足交点不多于两点的条件,则可把 Ω 分成若干部分,使得在每部分均满足上述条件. 这时,Ω 上的三重积分化成各部分区域上的三重积分之和,进而可化为若干三次单积分之和.

例 1 计算三重积分 $\iiint\limits_{\Omega} 2x\mathrm{d}x\mathrm{d}y\mathrm{d}z$,其中 Ω 是由平面 $2x+3y+z-1=0$ 与三个坐标平面所围成的闭区域.

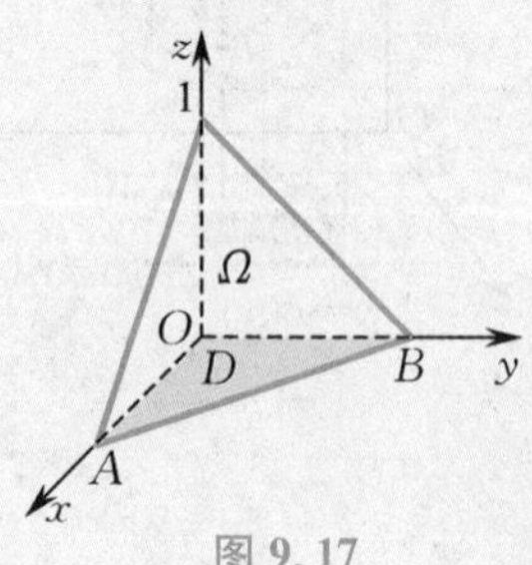

图 9.17

解 积分区域 Ω 如图 9.17 所示,可表示为

$$0\leqslant z\leqslant 1-2x-3y, \quad (x,y)\in D,$$

其在 xOy 面上的投影区域 D 为 $\triangle OAB$,而直线 OB,OA,AB 的方程分别为

$$x=0, \quad y=0, \quad 2x+3y=1,$$

则 D 可表示为

$$0\leqslant x\leqslant \frac{1}{2}, \quad 0\leqslant y\leqslant \frac{1-2x}{3}.$$

于是,由(9.11)式得

$$\iiint\limits_{\Omega} 2x\mathrm{d}x\mathrm{d}y\mathrm{d}z = \int_0^{\frac{1}{2}}\mathrm{d}x\int_0^{\frac{1-2x}{3}}\mathrm{d}y\int_0^{1-2x-3y}2x\mathrm{d}z = \int_0^{\frac{1}{2}}2x\mathrm{d}x\int_0^{\frac{1-2x}{3}}(1-2x-3y)\mathrm{d}y$$

$$= \int_0^{\frac{1}{2}}2x\left[\frac{1-2x}{3}-2x\frac{1-2x}{3}-\frac{3}{2}\left(\frac{1-2x}{3}\right)^2\right]\mathrm{d}x$$

$$= \frac{2}{6}\int_0^{\frac{1}{2}}x(1-2x)^2\mathrm{d}x = \frac{1}{3}\left(x^4-\frac{4}{3}x^3+\frac{x^2}{2}\right)\Big|_0^{\frac{1}{2}} = \frac{1}{144}.$$

2. 利用柱面坐标计算三重积分

设 $M(x,y,z)$ 为空间中一点，其在 xOy 面上的投影点 P 的极坐标为 (ρ,θ)，称三元有序数组 (ρ,θ,z) 为点 M 的柱面坐标(见图 9.18)，这里规定 ρ,θ,z 的变化范围分别为

$$0\leqslant\rho<+\infty,\quad 0\leqslant\theta\leqslant 2\pi,\quad -\infty<z<+\infty.$$

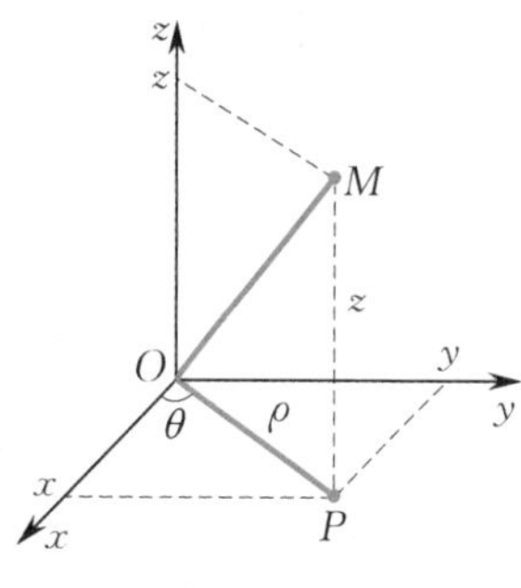

图 9.18

柱面坐标对应的坐标系称为柱面坐标系. 在柱面坐标系中，有三组坐标平面，分别为

$\rho=c$　(以 z 轴为轴的圆柱面，c 为正常数)；

$\theta=c$　(过 z 轴的半平面，c 为常数且 $0\leqslant c\leqslant 2\pi$)；

$z=c$　(与 xOy 面平行的平面，c 为非零常数).

点 M 的直角坐标与柱面坐标的关系为

$$\begin{cases} x=\rho\cos\theta, \\ y=\rho\sin\theta, \\ z=z. \end{cases} \tag{9.12}$$

现在讨论如何把三重积分 $\iiint\limits_{\Omega}f(x,y,z)\mathrm{d}v$ 中的积分变量由直角坐标变换到柱面坐标. 先用上述三组坐标平面将积分区域 Ω 分成许多小闭区域，那么除包含 Ω 的边界曲面的一些不规则小闭区域外，其余小闭区域均为柱体. 今考虑由 ρ,θ,z 取微小增量 $\mathrm{d}\rho,\mathrm{d}\theta,\mathrm{d}z$ 所围成的小柱体体积(见图 9.19). 此小柱体的体积为高和底面积的乘积，而高为 $\mathrm{d}z$、底面积约为 $\rho\mathrm{d}\rho\mathrm{d}\theta$(不计高阶无穷小)，从而得到体积元素

$$\mathrm{d}v=\rho\mathrm{d}\rho\mathrm{d}\theta\mathrm{d}z.$$

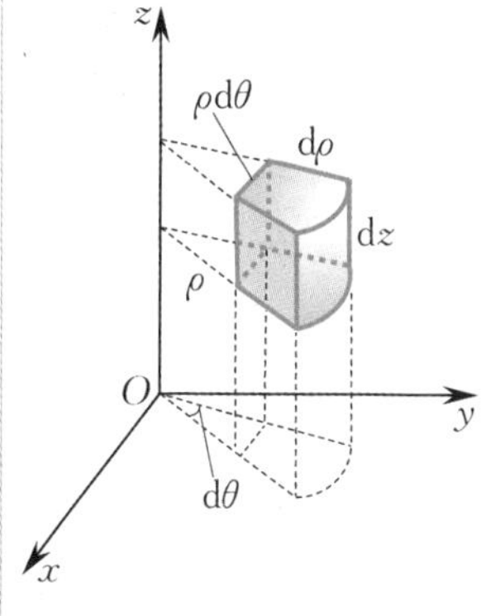

图 9.19

这就是柱面坐标系下的体积元素. 因此，由(9.12)式得

$$\iiint\limits_{\Omega}f(x,y,z)\mathrm{d}v=\iiint\limits_{\Omega}f(\rho\cos\theta,\rho\sin\theta,z)\rho\mathrm{d}\rho\mathrm{d}\theta\mathrm{d}z. \tag{9.13}$$

(9.13) 式就是把三重积分的积分变量从直角坐标化为柱面坐标的公式. 对于(9.13) 式右端的三重积分，一般可再化为先对 z、再对 ρ、最后对 θ 的三次单积分来进行计算.

例 2 利用柱面坐标计算三重积分 $\iiint\limits_{\Omega} z\,\mathrm{d}x\mathrm{d}y\mathrm{d}z$，其中 $\Omega: x^2+y^2+z^2\leqslant R^2(z\geqslant 0)$.

解 积分区域 Ω 可表示为

$$0\leqslant z\leqslant \sqrt{1-\rho^2},\quad (\rho,\theta)\in D,$$

其在 xOy 面上的投影区域 D 是圆心为原点、半径为 R 的圆形闭区域，即 D 可表示为

$$0\leqslant\theta\leqslant 2\pi,\quad 0\leqslant\rho\leqslant R,$$

则

$$\begin{aligned}\iiint\limits_{\Omega} z\,\mathrm{d}x\mathrm{d}y\mathrm{d}z &= \iiint\limits_{\Omega} z\rho\,\mathrm{d}\rho\mathrm{d}\theta\mathrm{d}z = \int_0^{2\pi}\mathrm{d}\theta\int_0^R\rho\,\mathrm{d}\rho\int_0^{\sqrt{1-\rho^2}} z\,\mathrm{d}z = 2\pi\int_0^R\frac{1}{2}\rho(1-\rho^2)\,\mathrm{d}\rho\\ &= \pi\left(\frac{\rho^2}{2}-\frac{\rho^4}{4}\right)\Bigg|_0^R = \frac{\pi(2R^2-R^4)}{4}.\end{aligned}$$

3. 利用球面坐标计算三重积分

设 $M(x,y,z)$ 为空间中一点，其在 xOy 面上的投影为点 P，则点 M 可用三个数 ρ,φ,θ 来确定，其中 ρ 是点 M 与原点 O 之间的距离，$\varphi=(\overrightarrow{OM},\overrightarrow{Oz})$，从 z 轴正向看，θ 是自 x 轴按逆时针方向转到有向线段 $\overrightarrow{OP}$ 的角（见图 9.20）. 称三元有序数组 (ρ,φ,θ) 为点 M 的球面坐标，这里规定 ρ,φ,θ 的变化范围分别为

$$0\leqslant\rho<+\infty,\quad 0\leqslant\varphi\leqslant\pi,\quad 0\leqslant\theta\leqslant 2\pi.$$

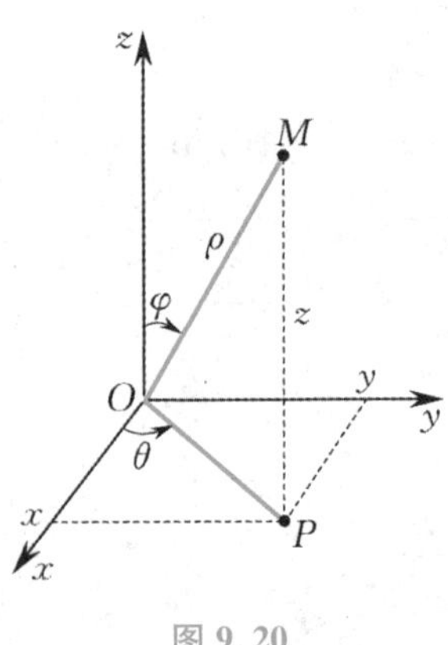

图 9.20

球面坐标对应的坐标系称为球面坐标系. 在球面坐标系中，有三组坐标平面，分别为

$\rho=c$ （以原点为球心的球面，c 为正常数）；

$\varphi=c$ （以 z 轴为轴、原点为顶点的圆锥面，c 为常数且 $0<c<\pi$）；

$\theta=c$ （过 z 轴的半平面，c 为常数且 $0\leqslant c\leqslant 2\pi$）.

点 M 的直角坐标与球面坐标的关系为

$$\begin{cases}x=\rho\sin\varphi\cos\theta,\\ y=\rho\sin\varphi\sin\theta,\\ z=\rho\cos\varphi.\end{cases}$$

现在考虑将三重积分 $\iiint\limits_{\Omega} f(x,y,z)\,\mathrm{d}v$ 中的积分变量由直角坐标变换到球面坐标的问题. 用上述三组坐标平面将积分区域 Ω 分成许多小闭区域，考虑由 ρ,φ,θ 取微小增量 $\mathrm{d}\rho,\mathrm{d}\varphi,\mathrm{d}\theta$ 所成的小六面体体积（见图 9.21）. 由于该小六面体可近似看作长方体（不计高阶无穷小），且经线方向的长为 $\rho\mathrm{d}\varphi$，纬线方向的宽为 $\rho\sin\varphi\mathrm{d}\theta$，向径方向的高为 $\mathrm{d}\rho$，因此体积元素为

$$\mathrm{d}v=\rho^2\sin\varphi\,\mathrm{d}\rho\mathrm{d}\varphi\mathrm{d}\theta.$$

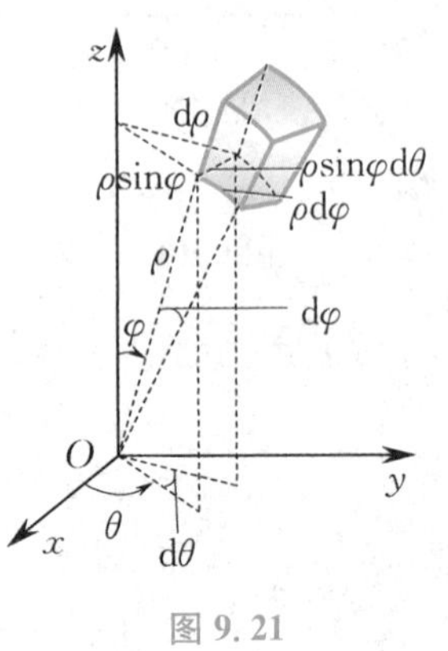

图 9.21

这就是球面坐标系下的体积元素. 于是

$$\iiint\limits_{\Omega} f(x,y,z)\mathrm{d}v = \iiint\limits_{\Omega} f(x,y,z)\mathrm{d}x\mathrm{d}y\mathrm{d}z$$
$$= \iiint\limits_{\Omega} F(\rho,\varphi,\theta)\rho^2\sin\varphi\,\mathrm{d}\rho\,\mathrm{d}\varphi\,\mathrm{d}\theta, \qquad (9.14)$$

这里

$$F(\rho,\varphi,\theta) = f(\rho\sin\varphi\cos\theta,\rho\sin\varphi\sin\theta,\rho\cos\varphi).$$

(9.14) 式就是把三重积分的积分变量由直角坐标化成球面坐标的公式. 对于(9.14) 式右端的三重积分, 一般可再化为先对 ρ、再对 φ、最后对 θ 的三次单积分来进行计算.

注　记(9.14) 式中的积分为 I.

(1) 若积分区域 Ω 的边界曲面是一个包围原点在内的闭曲面, 其球面坐标方程为 $\rho=\rho(\varphi,\theta)$, 则

$$I = \iiint\limits_{\Omega} F(\rho,\varphi,\theta)\rho^2\sin\varphi\,\mathrm{d}\rho\,\mathrm{d}\varphi\,\mathrm{d}\theta$$
$$= \int_0^{2\pi}\mathrm{d}\theta\int_0^{\pi}\mathrm{d}\varphi\int_0^{\rho(\varphi,\theta)} F(\rho,\varphi,\theta)\rho^2\sin\varphi\,\mathrm{d}\rho;$$

(2) 若 Ω 是由球面 $\rho=R$ 所围成的闭区域, 则

$$I = \int_0^{2\pi}\mathrm{d}\theta\int_0^{\pi}\mathrm{d}\varphi\int_0^{R} F(\rho,\varphi,\theta)\rho^2\sin\varphi\,\mathrm{d}\rho;$$

(3) 当 $F(\rho,\varphi,\theta)=1$ 时, 上式变成球的体积计算公式, 即

$$V = \int_0^{2\pi}\mathrm{d}\theta\int_0^{\pi}\sin\varphi\,\mathrm{d}\varphi\int_0^{R}\rho^2\,\mathrm{d}\rho = 2\pi\cdot 2\cdot\frac{R^3}{3} = \frac{4}{3}\pi R^3.$$

例 3　求半径为 a 的球面与其半顶角为 α 的内接锥面所围成的立体体积.

解　设该球面过原点 O, 球心在 z 轴上, 其内接锥面的顶点在原点 O, 轴与 z 轴重合(见图 9.22), 则该球面的方程为 $\rho=2a\cos\varphi$, 其内接锥面的方程为 $\varphi=\alpha$. 于是, 该球面与其内接锥面所围成的立体占据的空间有界闭区域 Ω 可表示为

$$0\leqslant\varphi\leqslant\alpha,\quad 0\leqslant\theta\leqslant 2\pi,\quad 0\leqslant\rho\leqslant 2a\cos\varphi,$$

因此所求的体积为

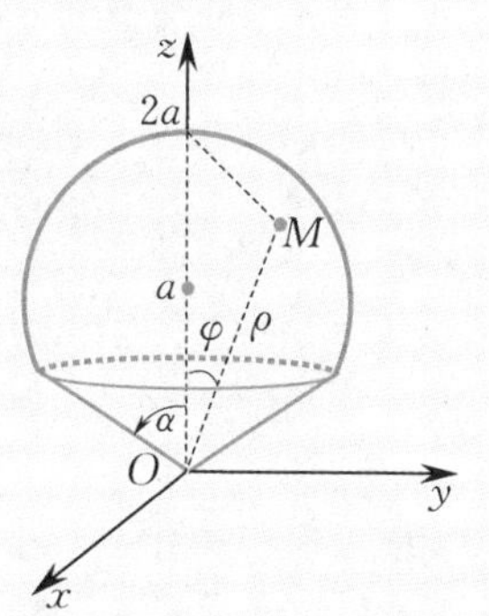

图 9.22

$$V = \iiint\limits_{\Omega}\rho^2\sin\varphi\,\mathrm{d}\rho\,\mathrm{d}\varphi\,\mathrm{d}\theta = \int_0^{2\pi}\mathrm{d}\theta\int_0^{\alpha}\mathrm{d}\varphi\int_0^{2a\cos\varphi}\rho^2\sin\varphi\,\mathrm{d}\rho$$
$$= 2\pi\int_0^{\alpha}\sin\varphi\,\mathrm{d}\varphi\int_0^{2a\cos\varphi}\rho^2\,\mathrm{d}\rho = \frac{16}{3}\pi a^3\int_0^{\alpha}\cos^3\varphi\sin\varphi\,\mathrm{d}\varphi$$
$$= -\frac{16}{3}\pi a^3\cdot\frac{1}{4}\cos^4\varphi\Big|_0^{\alpha} = \frac{4}{3}\pi a^3(1-\cos^4\alpha).$$

习 题 9.3

1. 将三重积分$\iiint\limits_{\Omega} f(x,y,z)\mathrm{d}x\mathrm{d}y\mathrm{d}z$化为对直角坐标变量的三次单积分,其中$\Omega$是由曲面$z=x^2+y^2$与平面$z=1$所围成的闭区域.

2. 计算三重积分$\iiint\limits_{\Omega}\dfrac{\mathrm{d}x\mathrm{d}y\mathrm{d}z}{(1+x+y+z)^3}$,其中$\Omega$是由平面$x=0,y=0,z=0,x+y+z-1=0$所围成的四面体.

3. 计算三重积分$\iiint\limits_{\Omega}xyz\mathrm{d}x\mathrm{d}y\mathrm{d}z$,其中$\Omega$是由平面$x=0,y=0,z=0$与曲面$x^2+y^2+z^2-1=0$所围成的在第一卦限的闭区域.

4. 用柱面坐标计算三重积分$\iiint\limits_{\Omega}z\mathrm{d}v$,其中$\Omega$是由曲面$x^2+y^2+z^2=2$与$z=x^2+y^2$所围成的闭区域.

5. 用球面坐标计算三重积分$\iiint\limits_{\Omega}(x^2+y^2+z^2)\mathrm{d}v$,其中$\Omega$是由曲面$x^2+y^2+z^2-1=0$所围成的闭区域.

6. 选用适当的坐标计算下列三重积分:

(1) $\iiint\limits_{\Omega}xy\mathrm{d}v$,其中$\Omega$是由柱面$x^2+y^2=1$与平面$z=1,z=0,x=0,y=0$所围成的在第一卦限的闭区域;

(2) $\iiint\limits_{\Omega}z\dfrac{\ln(x^2+y^2+z^2+1)}{x^2+y^2+z^2+1}\mathrm{d}v$,其中$\Omega$是由球面$x^2+y^2+z^2=1$所围成的球体.

§9.4 重积分的应用

由第六章可见,计算某些量时可用定积分的元素法来处理. 这种元素法可推广到二重积分上.

假设所求量T对有界闭区域D具有可加性. 在D内任取一个直径很小的闭区域$\mathrm{d}\sigma$,同时用$\mathrm{d}\sigma$表示$\mathrm{d}\sigma$的面积. 如果$\mathrm{d}\sigma$对应T的部分量ΔT可近似表示为$f(x,y)\mathrm{d}\sigma$,其中点(x,y)在$\mathrm{d}\sigma$内,那么T的积分表达式为

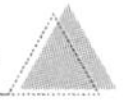

$$T=\iint_D f(x,y)\mathrm{d}\sigma,$$

其中 $f(x,y)\mathrm{d}\sigma$ 称为 T 的元素，记作 $\mathrm{d}T$，即 $\mathrm{d}T=f(x,y)\mathrm{d}\sigma$.

一、曲面的面积

设曲面 Σ 由方程 $z=f(x,y)$ 给定，D 是曲面 Σ 在 xOy 面上的投影区域，函数 $f(x,y)$ 在 D 上有连续偏导数 $f_x(x,y)$ 和 $f_y(x,y)$. 下面计算曲面 Σ 的面积 A.

在 D 上任取一个直径很小的闭区域 $\mathrm{d}\sigma$（该小闭区域的面积也记作 $\mathrm{d}\sigma$），再在 $\mathrm{d}\sigma$ 上任取一点 $P(x,y)$，则曲面 Σ 上对应地有一点 $M(x,y,f(x,y))$，即点 M 在 xOy 面上的投影为点 P. 设曲面 Σ 在点 M 处的切平面为 T（见图 9.23），以 $\mathrm{d}\sigma$ 的边界为准线作母线平行于 z 轴的柱面，则该柱面在曲面 Σ 上截得一小块曲面，在切平面 T 上截得一小块平面. 因为 $\mathrm{d}\sigma$ 的直径很小，所以可用切平面 T 上那一小块平面的面积 $\mathrm{d}A$ 近似代替曲面 Σ 上那一小块曲面的面积. 设点 M 在曲面 Σ 上方向朝上的法线与 z 轴所成的角为 γ，则有

$$\mathrm{d}A=\frac{\mathrm{d}\sigma}{\cos\gamma}.$$

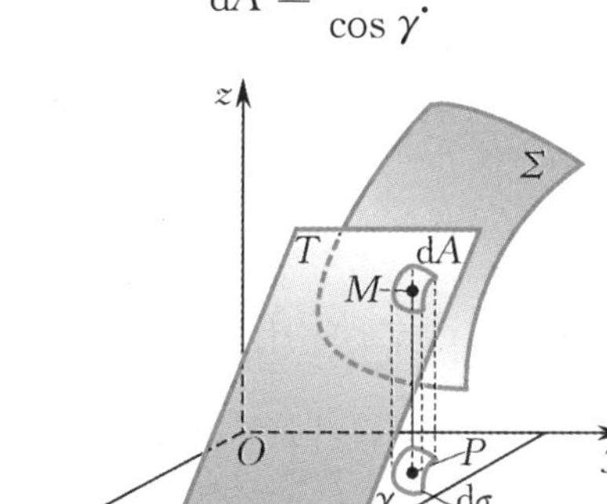

图 9.23

因为曲面 Σ 在点 M 处方向朝上的法向量为

$$\boldsymbol{n}=(-f_x(x,y),-f_y(x,y),1),$$

所以

$$\cos\gamma=\frac{1}{\sqrt{1+f_x^2(x,y)+f_y^2(x,y)}},$$

从而

$$\mathrm{d}A=\sqrt{1+f_x^2(x,y)+f_y^2(x,y)}\,\mathrm{d}\sigma.$$

因此，曲面 Σ 的面积为

$$A=\iint_D\sqrt{1+f_x^2(x,y)+f_y^2(x,y)}\,\mathrm{d}\sigma$$

$$=\iint\limits_{D}\sqrt{1+\left(\frac{\partial z}{\partial x}\right)^2+\left(\frac{\partial z}{\partial y}\right)^2}\,\mathrm{d}x\mathrm{d}y. \tag{9.15}$$

这就是计算曲面面积的公式.

注　若曲面 Σ 的方程为 $x=x(y,z)$ 或 $y=y(z,x)$，则把曲面 Σ 投影到 yOz 面（投影区域记作 D_{yz}）或 zOx 面（投影区域记作 D_{zx}）上，同理可得如下计算曲面面积的公式：

$$A=\iint\limits_{D_{yz}}\sqrt{1+\left(\frac{\partial x}{\partial y}\right)^2+\left(\frac{\partial x}{\partial z}\right)^2}\,\mathrm{d}y\mathrm{d}z \tag{9.16}$$

或

$$A=\iint\limits_{D_{zx}}\sqrt{1+\left(\frac{\partial y}{\partial z}\right)^2+\left(\frac{\partial y}{\partial x}\right)^2}\,\mathrm{d}z\mathrm{d}x. \tag{9.17}$$

例 1　求半径为 R 的球面面积.

解　先求上半球面的面积. 以球心为原点建立空间直角坐标系，则上半球面的方程为 $z=\sqrt{R^2-x^2-y^2}$，其在 xOy 面上的投影区域为 $D: x^2+y^2\leqslant R^2$. 由

$$\frac{\partial z}{\partial x}=\frac{-x}{\sqrt{R^2-x^2-y^2}},\quad \frac{\partial z}{\partial y}=\frac{-y}{\sqrt{R^2-x^2-y^2}}$$

得

$$\sqrt{1+\left(\frac{\partial z}{\partial x}\right)^2+\left(\frac{\partial z}{\partial y}\right)^2}=\frac{R}{\sqrt{R^2-x^2-y^2}}.$$

因为函数 $z=\dfrac{R}{\sqrt{R^2-x^2-y^2}}$ 在 D 的边界 $x^2+y^2=R^2$ 上不连续，所以不能直接用公式(9.15)来求上半球面的面积. 但是，可用公式(9.15)求出上半球面对应区域 $D_1: x^2+y^2\leqslant b^2\ (0<b<R)$ 部分的面积 A_1：利用极坐标，有

$$\begin{aligned}A_1&=\iint\limits_{D_1}\frac{R}{\sqrt{R^2-x^2-y^2}}\mathrm{d}x\mathrm{d}y=\iint\limits_{D_1}\frac{R}{\sqrt{R^2-\rho^2}}\rho\,\mathrm{d}\rho\mathrm{d}\theta\\&=R\int_0^{2\pi}\mathrm{d}\theta\int_0^b\frac{\rho}{\sqrt{R^2-\rho^2}}\mathrm{d}\rho=2\pi R(R-\sqrt{R^2-b^2}).\end{aligned}$$

于是

$$\lim_{b\to R}A_1=\lim_{b\to R}2\pi R(R-\sqrt{R^2-b^2})=2\pi R^2,$$

此即为上半球面的面积. 故所求的球面面积为

$$A=4\pi R^2.$$

注　(1) 在例 1 中，函数 $z=\dfrac{R}{\sqrt{R^2-x^2-y^2}}$ 在区域 D 上的二重积分称为广义二重积分.

(2) 若积分区域 D 为整个 xOy 面，则可把 xOy 面当作正方形区域 $\{(x,y) \mid -a \leqslant x \leqslant a, -a \leqslant y \leqslant a\}$ 在 $a \to +\infty$ 时的情形，即

$$\iint_D f(x,y)\mathrm{d}x\mathrm{d}y = \lim_{a\to+\infty}\int_{-a}^{a}\mathrm{d}x\int_{-a}^{a} f(x,y)\mathrm{d}y$$
$$= \int_{-\infty}^{+\infty}\mathrm{d}x\int_{-\infty}^{+\infty} f(x,y)\mathrm{d}y.$$

(3) 若积分区域 D 为整个 xOy 面，也可把 xOy 面当作圆形区域 $\{(x,y) \mid x^2+y^2 \leqslant a^2\}$ 在 $a \to +\infty$ 时的情形，即

$$\iint_D f(x,y)\mathrm{d}\sigma = \lim_{a\to+\infty}\int_0^{2\pi}\mathrm{d}\theta\int_0^{a} f(\rho\cos\theta,\rho\sin\theta)\rho\,\mathrm{d}\rho$$
$$= \int_0^{2\pi}\mathrm{d}\theta\int_0^{+\infty} f(\rho\cos\theta,\rho\sin\theta)\rho\,\mathrm{d}\rho.$$

例 2 计算广义二重积分 $\iint_D \mathrm{e}^{-(x^2+y^2)}\mathrm{d}\sigma$，其中 D 是整个 xOy 面.

解 把整个 xOy 面当作圆形区域 $\{(x,y) \mid x^2+y^2 \leqslant a^2\}$ 在 $a \to +\infty$ 时的情形，则

$$\iint_D \mathrm{e}^{-(x^2+y^2)}\mathrm{d}\sigma = \int_0^{2\pi}\mathrm{d}\theta\int_0^{+\infty}\mathrm{e}^{-\rho^2}\rho\,\mathrm{d}\rho = 2\pi\int_0^{+\infty}\left(-\frac{1}{2}\mathrm{e}^{-\rho^2}\right)\mathrm{d}(-\rho^2) = -\pi\mathrm{e}^{-\rho^2}\Big|_0^{+\infty}$$
$$= \pi\mathrm{e}^{-\rho^2}\Big|_{+\infty}^{0} = \pi(1-0) = \pi.$$

例 3 计算广义积分 $\int_{-\infty}^{+\infty}\mathrm{e}^{-x^2}\mathrm{d}x$[称为泊松(Poisson)积分].

解 由例 2 可知 $\iint_D \mathrm{e}^{-(x^2+y^2)}\mathrm{d}\sigma = \pi$($D$ 为整个 xOy 面). 因为

$$\iint_D \mathrm{e}^{-(x^2+y^2)}\mathrm{d}\sigma = \int_{-\infty}^{+\infty}\mathrm{d}x\int_{-\infty}^{+\infty}\mathrm{e}^{-(x^2+y^2)}\mathrm{d}y = \int_{-\infty}^{+\infty}\mathrm{e}^{-x^2}\mathrm{d}x\int_{-\infty}^{+\infty}\mathrm{e}^{-y^2}\mathrm{d}y = \left(\int_{-\infty}^{+\infty}\mathrm{e}^{-x^2}\mathrm{d}x\right)^2,$$

所以

$$\int_{-\infty}^{+\infty}\mathrm{e}^{-x^2}\mathrm{d}x = \sqrt{\pi}.$$

二、平面薄片的质心

设 xOy 面上一质点系含有 n 个质点，它们分别位于点 $M_i(x_i,y_i)$ $(i=1,2,\cdots,n)$ 处，且质量分别是 $m_i(i=1,2,\cdots,n)$，则由力学知识可知，该质点系的质心坐标为

$$\bar{x} = \frac{M_y}{M} = \frac{\sum\limits_{i=1}^{n} m_i x_i}{\sum\limits_{i=1}^{n} m_i}, \quad \bar{y} = \frac{M_x}{M} = \frac{\sum\limits_{i=1}^{n} m_i y_i}{\sum\limits_{i=1}^{n} m_i},$$

其中 $M=\sum_{i=1}^{n} m_i$ 是该质点系的总质量,$M_y=\sum_{i=1}^{n} m_i x_i$ 和 $M_x=\sum_{i=1}^{n} m_i y_i$ 分别是该质点系对 y 轴和 x 轴的静矩.

设一平面薄片占据 xOy 面上的有界闭区域 D,且其在点 (x,y) 处的面密度是 $\mu(x,y)$,假定 $\mu(x,y)$ 在 D 上连续. 现在要求此薄片的质心坐标.

用元素法. 在 D 上取一个直径很小的闭区域 $\mathrm{d}\sigma$(该小闭区域的面积也记作 $\mathrm{d}\sigma$),设点 (x,y) 是该小闭区域内一点. 因为 $\mathrm{d}\sigma$ 的直径很小,且 $\mu(x,y)$ 在 D 上连续,所以该薄片相应于 $\mathrm{d}\sigma$ 部分的质量近似等于 $\mu(x,y)\mathrm{d}\sigma$. 这部分的质量可近似看作集中在点 (x,y) 处,由此得对 y 轴和 x 轴的静矩微元分别为

$$\mathrm{d}M_y=x\mu(x,y)\mathrm{d}\sigma,\quad \mathrm{d}M_x=y\mu(x,y)\mathrm{d}\sigma,$$

故该薄片对 y 轴和 x 轴的静矩分别为

$$M_y=\iint_D x\mu(x,y)\mathrm{d}\sigma,\quad M_x=\iint_D y\mu(x,y)\mathrm{d}\sigma,$$

则该薄片的质心坐标为

$$\overline{x}=\frac{M_y}{M}=\frac{\iint_D x\mu(x,y)\mathrm{d}\sigma}{\iint_D \mu(x,y)\mathrm{d}\sigma},\quad \overline{y}=\frac{M_x}{M}=\frac{\iint_D y\mu(x,y)\mathrm{d}\sigma}{\iint_D \mu(x,y)\mathrm{d}\sigma},\tag{9.18}$$

其中 $M=\iint_D \mu(x,y)\mathrm{d}\sigma$ 是该薄片的质量.

注 (1) 若平面薄片是均匀的,即面密度 $\mu(x,y)=$ 常数,则可将 (9.18) 式中的 $\mu(x,y)$ 提到二重积分号外,并从分子、分母中约去,即均匀平面薄片的质心坐标为

$$\overline{x}=\frac{1}{A}\iint_D x\mathrm{d}\sigma,\quad \overline{y}=\frac{1}{A}\iint_D y\mathrm{d}\sigma,\tag{9.19}$$

其中 $A=\iint_D \mathrm{d}\sigma$ 是有界闭区域 D 的面积. 均匀平面薄片的质心也称为该薄片所占平面图形的**形心**.

(2) 平面图形 D 的形心可按 (9.19) 式进行计算.

例 4 求位于两个圆 $\rho=2\sin\theta$,$\rho=4\sin\theta$ 之间的均匀平面薄片的质心.

解 易知,该薄片所占据的有界闭区域 D 对称于 y 轴,故质心 $(\overline{x},\overline{y})$ 位于 y 轴上,即 $\overline{x}=0$. 再利用 (9.18) 式来计算 $\overline{y}$. 因为 D 位于半径为 1 和半径为 2 的两个圆之间,所以其面积 A 是两个圆面积之差,即 $A=3\pi$. 在极坐标系中,D 可表示为 $0\leqslant\theta\leqslant\pi$,$2\sin\theta\leqslant\rho\leqslant 4\sin\theta$,因此

$$\iint_D y\mathrm{d}\sigma=\iint_D \rho\sin\theta\cdot\rho\mathrm{d}\rho\mathrm{d}\theta=\iint_D \rho^2\sin\theta\mathrm{d}\rho\mathrm{d}\theta=\int_0^{\pi}\sin\theta\mathrm{d}\theta\int_{2\sin\theta}^{4\sin\theta}\rho^2\mathrm{d}\rho$$

$$= \frac{56}{3}\int_0^{\pi} \sin^4\theta d\theta = 7\pi.$$

故 $\overline{y} = \frac{7\pi}{3\pi} = \frac{7}{3}$. 因此,所求的质心为$\left(0, \frac{7}{3}\right)$.

类似地，用元素法可推导出占据空间有界闭区域 Ω、在点 (x,y,z) 处的密度为 $\mu(x,y,z)$（假定 $\mu(x,y,z)$ 在 Ω 上连续）的物体的质心坐标公式

$$\overline{x} = \frac{1}{M}\iiint_{\Omega} x\mu(x,y,z)\mathrm{d}v,$$

$$\overline{y} = \frac{1}{M}\iiint_{\Omega} y\mu(x,y,z)\mathrm{d}v,$$

$$\overline{z} = \frac{1}{M}\iiint_{\Omega} z\mu(x,y,z)\mathrm{d}v,$$

其中 $M = \iiint_{\Omega}\mu(x,y,z)\mathrm{d}v$ 是该物体的质量.

例 5　求均匀半球体的质心.

解　设该半球体的球心在原点,半径是 R,对称轴是 z 轴,密度为常数 μ,则该半球体所占据的空间有界闭区域 Ω 可表示为 $x^2 + y^2 + z^2 \leqslant R^2 (z \geqslant 0)$.

显然,该半球体的质心在 z 轴上,于是 $\overline{x} = 0, \overline{y} = 0$. 又易知,该半球体的体积为 $V = \frac{2}{3}\pi R^3$,则

$$\overline{z} = \frac{1}{M}\iiint_{\Omega} z\mu \mathrm{d}v = \frac{1}{V}\iiint_{\Omega} z\mathrm{d}v = \frac{1}{\frac{2}{3}\pi R^3}\iiint_{\Omega}\rho\cos\varphi \cdot \rho^2\sin\varphi \mathrm{d}\rho\mathrm{d}\varphi\mathrm{d}\theta$$

$$= \frac{3}{2\pi R^3}\int_0^{2\pi}\mathrm{d}\theta\int_0^{\frac{\pi}{2}}\cos\varphi\sin\varphi\mathrm{d}\varphi\int_0^R \rho^3\mathrm{d}\rho$$

$$= \frac{3}{2\pi R^3}\cdot 2\pi \cdot \left.\frac{\sin^2\varphi}{2}\right|_0^{\frac{\pi}{2}} \cdot \frac{R^4}{4} = \frac{3}{8}R,$$

其中 M 是该半球体的质量. 所以,所求的质心坐标为$\left(0, 0, \frac{3}{8}R\right)$.

三、平面薄片的转动惯量

由力学知识可知,一质点对某一轴的转动惯量为

$$I = mr^2,$$

其中 m 是质点的质量,r 是质点到该轴的距离. 转动惯量也称为惯性矩.

设 xOy 面上一质点系含有 n 个质点，它们分别位于点 $M_i(x_i,y_i)(i=1,2,\cdots,n)$ 处，且质量分别是 $m_i(i=1,2,\cdots,n)$，则该质点系对 x 轴、y 轴和原点 O 的转动惯量依次为

$$I_x=\sum_{i=1}^{n}m_iy_i^2,$$

$$I_y=\sum_{i=1}^{n}m_ix_i^2,$$

$$I_O=\sum_{i=1}^{n}m_i(x_i^2+y_i^2)=I_x+I_y.$$

设一平面薄片占据 xOy 面上的有界闭区域 D，且其在点 (x,y) 处的面密度为 $\mu(x,y)$（假定 $\mu(x,y)$ 在 D 上连续）. 现在要求该平面薄片分别对 x 轴、y 轴和原点 O 的转动惯量.

用元素法. 在 D 上取一个直径很小的闭区域 $\mathrm{d}\sigma$（该小闭区域的面积也记作 $\mathrm{d}\sigma$），设点 (x,y) 是该小闭区域内一点. 因为 $\mathrm{d}\sigma$ 的直径很小，且 $\mu(x,y)$ 在 D 上连续，所以该薄片对应于 $\mathrm{d}\sigma$ 部分的质量近似等于 $\mu(x,y)\mathrm{d}\sigma$. 这部分的质量可近似看成集中在点 (x,y) 处，于是对 x 轴、y 轴和原点 O 的转动惯量元素分别为

$$\mathrm{d}I_x=y^2\mu(x,y)\mathrm{d}\sigma,$$
$$\mathrm{d}I_y=x^2\mu(x,y)\mathrm{d}\sigma,$$
$$\mathrm{d}I_O=(x^2+y^2)\mu(x,y)\mathrm{d}\sigma=\mathrm{d}I_x+\mathrm{d}I_y.$$

将上述转动惯量元素作为被积表达式在 D 上积分，即可得对 x 轴、y 轴和原点 O 的转动惯量分别为

$$\begin{aligned}I_x&=\iint_D y^2\mu(x,y)\mathrm{d}\sigma,\\ I_y&=\iint_D x^2\mu(x,y)\mathrm{d}\sigma,\\ I_O&=\iint_D (x^2+y^2)\mu(x,y)\mathrm{d}\sigma=I_x+I_y.\end{aligned}\tag{9.20}$$

例 6 求半径为 R 的均匀圆盘 $D:x^2+y^2\leqslant R^2$（面密度为常数 μ）对 x 轴、y 轴和原点 O 的转动惯量 I_x,I_y,I_O.

解 在极坐标系中，区域 D 可表示为 $0\leqslant\theta\leqslant 2\pi,0\leqslant\rho\leqslant R$，于是

$$\begin{aligned}I_x&=\mu\iint_D y^2\mathrm{d}\sigma=\mu\iint_D y^2\mathrm{d}x\mathrm{d}y=\mu\iint_D(\rho\sin\theta)^2\cdot\rho\mathrm{d}\rho\mathrm{d}\theta=\mu\iint_D\rho^3\sin^2\theta\mathrm{d}\rho\mathrm{d}\theta\\&=\mu\int_0^{2\pi}\sin^2\theta\mathrm{d}\theta\int_0^R\rho^3\mathrm{d}\rho=\mu\int_0^{2\pi}\frac{1}{2}(1-\cos 2\theta)\mathrm{d}\theta\cdot\frac{\rho^4}{4}\bigg|_0^R\\&=\mu\left(\frac{\theta}{2}-\frac{\sin 2\theta}{4}\right)\bigg|_0^{2\pi}\cdot\frac{1}{4}(R^4-0^4)=\frac{\mu}{4}\pi R^4.\end{aligned}$$

因为该圆盘的质量为$M=\mu\pi R^2$，所以

$$I_x=\frac{1}{4}(\mu\pi R^2)\cdot R^2=\frac{1}{4}MR^2.$$

同理可得

$$I_y=\frac{1}{4}MR^2,\quad I_O=I_x+I_y=\frac{1}{2}MR^2.$$

类似地，利用元素法可知，占据空间有界闭区域Ω、在点(x,y,z)处的密度为$\mu(x,y,z)$（假定$\mu(x,y,z)$在Ω上连续）的物体对x轴、y轴、z轴和原点O的转动惯量分别为

$$I_x=\iiint\limits_{\Omega}(y^2+z^2)\mu(x,y,z)\mathrm{d}v,$$

$$I_y=\iiint\limits_{\Omega}(z^2+x^2)\mu(x,y,z)\mathrm{d}v,$$

$$I_z=\iiint\limits_{\Omega}(x^2+y^2)\mu(x,y,z)\mathrm{d}v,$$

$$I_O=\iiint\limits_{\Omega}(x^2+y^2+z^2)\mu(x,y,z)\mathrm{d}v=\frac{1}{2}(I_x+I_y+I_z).$$

例 7　求一均匀球体对过球心的轴l的转动惯量.

解　设该球体的球心在原点，半径为R，z轴和l轴重合，密度为常数μ，则该球体所占据的空间有界闭区域Ω可表示为$x^2+y^2+z^2\leqslant R^2$，且所求的转动惯量就是该球体对z轴的转动惯量I_z，且有

$$\begin{aligned}I_z&=\iiint\limits_{\Omega}(x^2+y^2)\mu\mathrm{d}v=\mu\iiint\limits_{\Omega}(\rho^2\sin^2\varphi\cos^2\theta+\rho^2\sin^2\varphi\sin^2\theta)\rho^2\sin\varphi\mathrm{d}\rho\mathrm{d}\varphi\mathrm{d}\theta\\&=\mu\iiint\limits_{\Omega}\rho^4\sin^3\varphi\mathrm{d}\rho\mathrm{d}\varphi\mathrm{d}\theta=\mu\int_0^{2\pi}\mathrm{d}\theta\int_0^{\pi}\sin^3\varphi\mathrm{d}\varphi\int_0^R\rho^4\mathrm{d}\rho\\&=\mu\cdot 2\pi\cdot\frac{R^5}{5}\int_0^{\pi}\sin^3\varphi\mathrm{d}\varphi=\frac{2}{5}\pi R^5\mu\cdot\frac{4}{3}=\frac{2}{5}MR^2,\end{aligned}$$

其中$M=\frac{4}{3}\pi R^3\mu$是该球体的质量.

习　题　9.4

1. 求由半径相等的两个直交圆柱面$x^2+z^2=R^2$，$x^2+y^2=R^2$所围成的立体表面积.

2. 设一平面薄片占据的有界闭区域D是由抛物线$y=x^2$与直线$y=x$所围成的闭区域，它在点(x,y)处的面密度为$\mu(x,y)=x^2y$，求该薄片的质心.

3. 求半径为 R 的均匀圆形薄板(面密度是常数 μ)对其一条直径的转动惯量.

4. 利用三重积分求由曲面 $z=\sqrt{A^2-x^2-y^2}$, $z=\sqrt{B^2-x^2-y^2}$ $(A>B>0)$ 与平面 $z=0$ 所围成的均匀立体 Ω 的质心,已知立体 Ω 的密度为 $\mu=1$.

5. 求高为 h、半径为 R 的均匀圆柱体(密度为常数 μ)对过中心且平行于母线的轴的转动惯量.

综合练习九

1. 选择题:

(1) 设 D 是由直线 $x=0, y=0, x+y=\frac{1}{2}, x+y=1$ 所围成的有界闭区域,记 $I_1=\iint\limits_D \ln^3(x+y)\mathrm{d}x\mathrm{d}y$, $I_2=\iint\limits_D (x+y)^3\mathrm{d}x\mathrm{d}y$, $I_3=\iint\limits_D \sin^3(x+y)\mathrm{d}x\mathrm{d}y$,则 I_1, I_2, I_3 之间的大小关系为(　　);

A. $I_1<I_2<I_3$　　B. $I_3<I_2<I_1$

C. $I_1<I_3<I_2$　　D. $I_3<I_1<I_2$

(2) 设函数 $f(u)$ 连续,区域 $D=\{(x,y)\mid x^2+y^2\leqslant 2y\}$,考虑二重积分 $\iint\limits_D f(xy)\mathrm{d}x\mathrm{d}y$ 的以下两次单积分:

① $\int_{-1}^{1}\mathrm{d}x\int_{1-\sqrt{1-x^2}}^{1+\sqrt{1-x^2}} f(xy)\mathrm{d}y$;　② $\int_0^2\mathrm{d}y\int_{-\sqrt{2y-y^2}}^{\sqrt{2y-y^2}} f(xy)\mathrm{d}x$;

③ $\int_0^{\pi}\mathrm{d}\theta\int_0^{2\cos\theta} f(\rho^2\sin\theta\cos\theta)\rho\mathrm{d}\rho$;　④ $\int_0^{\pi}\mathrm{d}\theta\int_0^{2\sin\theta} f(\rho^2\sin\theta\cos\theta)\rho\mathrm{d}\rho$,

其中正确的个数为(　　);

A. 1　　B. 2

C. 3　　D. 4

(3) 两次单积分 $\int_0^{\frac{\pi}{2}}\mathrm{d}\theta\int_0^{\cos\theta} f(\rho\cos\theta,\rho\sin\theta)\rho\mathrm{d}\rho$ 可改写成(　　);

A. $\int_0^1\mathrm{d}y\int_0^{\sqrt{1-y^2}} f(x,y)\mathrm{d}x$　　B. $\int_0^1\mathrm{d}y\int_0^{\sqrt{y-y^2}} f(x,y)\mathrm{d}x$

C. $\int_0^1\mathrm{d}x\int_0^{\sqrt{1-x^2}} f(x,y)\mathrm{d}y$　　D. $\int_0^1\mathrm{d}x\int_0^{\sqrt{x-x^2}} f(x,y)\mathrm{d}y$

(4) 设函数 $f(x,y)$ 连续,则两次单积分 $\int_{\frac{\pi}{2}}^{\pi}\mathrm{d}x\int_{\sin x}^{1} f(x,y)\mathrm{d}y$ 等于(　　).

A. $\int_0^1\mathrm{d}y\int_{\pi+\arcsin y}^{\pi} f(x,y)\mathrm{d}x$　　B. $\int_0^1\mathrm{d}y\int_{\pi-\arcsin y}^{\pi} f(x,y)\mathrm{d}x$

C. $\int_0^1\mathrm{d}y\int_{\frac{\pi}{2}}^{\pi+\arcsin y} f(x,y)\mathrm{d}x$　　D. $\int_0^1\mathrm{d}y\int_{\frac{\pi}{2}}^{\pi-\arcsin y} f(x,y)\mathrm{d}x$

2. 计算下列二重积分：

(1) $\iint\limits_D x\sqrt{y}\,\mathrm{d}\sigma$，其中 D 是由曲线 $y=\sqrt{x}$，$y=x^2$ 所围成的闭区域；

(2) $\iint\limits_D \mathrm{e}^{-x^2-y^2}\,\mathrm{d}\sigma$，其中 $D=\{(x,y)\mid x^2+y^2\leqslant a^2(a>0)\}$；

(3) $\iint\limits_D (x^2+y^2)\,\mathrm{d}\sigma$，其中 $D=\{(x,y)\mid x^2+y^2\leqslant 2x\}$.

3. 计算下列三重积分：

(1) $\iiint\limits_\Omega x\,\mathrm{d}v$，其中 Ω 是由三个坐标平面与平面 $x+2y+z=1$ 所围成的闭区域；

(2) $\iiint\limits_\Omega z\,\mathrm{d}v$，其中 Ω 是由曲面 $z=x^2+y^2$ 与平面 $z=4$ 所围成的闭区域；

(3) $\iiint\limits_\Omega (x^2+y^2)\,\mathrm{d}v$，其中 Ω 是由曲面 $4z^2=25(x^2+y^2)$ 与平面 $z=5$ 所围成的闭区域.

4. 求球面 $x^2+y^2+z^2=R^2(R>0)$ 包含在圆柱面 $x^2+y^2=Rx$ 内部的那部分面积.

课程思政

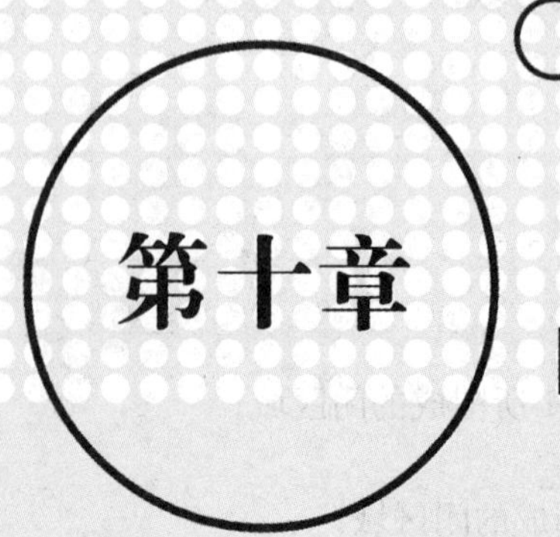

第十章 曲线积分和曲面积分

现实中很多科技方面的问题需要利用曲线积分和曲面积分来解决，如非均匀曲线形构件的质量问题、质点受力的作用沿曲线运动时作用力的做功问题、速度场的流量问题. 本章主要介绍曲线积分和曲面积分的概念、性质与计算方法.

§10.1 对弧长的曲线积分

一、对弧长的曲线积分的概念与性质

我们从讨论曲线形构件的质量这一实例出发，引入对弧长的曲线积分的概念.

曲线形构件的质量　在设计曲线形构件时，为了合理使用材料，应该根据构件各部分受力情况，把构件上各点处的粗细程度设计得不完全一样. 因此，可以认为该构件的线密度(单位长度的质量)是一个变量. 假设该构件占据 xOy 面内的一段曲线弧 L，它的端点分别为点 A,B，其上任一点 (x,y) 处的线密度为 $\mu(x,y)$，且 $\mu(x,y)$ 连续. 现在要求该构件的质量 M.

如果该构件的线密度为常数，那么该构件的质量就等于它的线密度与长度的乘积. 现在该构件上各点处的线密度为变量，故不能直接用这一方法来计算质量 M. 为了解决上述问题，可以用曲线弧 L 上的点 $M_i(i=0,1,2,\cdots,n;M_0=A,M_n=B)$ 把 L 分为 n 段小弧(见图 10.1)，相应地该构件被分为 n 小段. 在 $\mu(x,y)$ 连续的条件下，第 i 段小构件的质量近似等于

$$\mu(\xi_i,\eta_i)\Delta s_i \quad (i=1,2,\cdots,n),$$

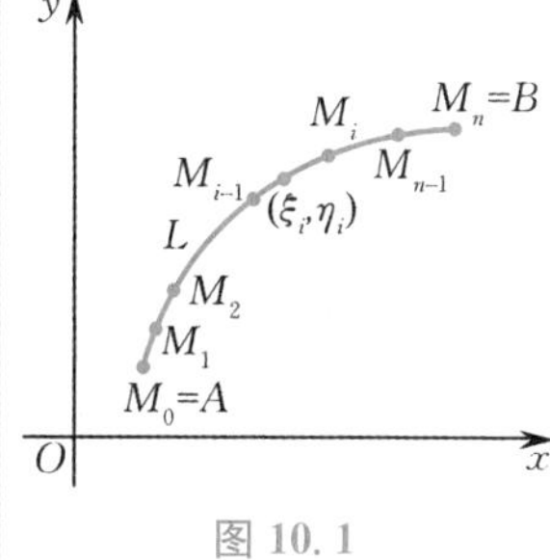

图 10.1

其中 Δs_i 为第 i 段小弧 $\widehat{M_{i-1}M_i}$ 的长度，(ξ_i,η_i) 为第 i 段小弧 $\widehat{M_{i-1}M_i}$ 上任一点. 于是

$$M \approx \sum_{i=1}^{n}\mu(\xi_i,\eta_i)\Delta s_i.$$

用 λ 表示这 n 小段构件长度的最大值，则

$$M=\lim_{\lambda\to 0}\sum_{i=1}^{n}\mu(\xi_i,\eta_i)\Delta s_i.$$

如果连续曲线(弧)L 上各点处均有切线，且当点在 L 上连续移动时，切线也是连续转动的，则称 **L 是光滑曲线(弧)**. **分段光滑曲线(弧)**是指曲线(弧)可以分为有限段，且每一段都是光滑的.

定义　设 L 为 xOy 面上以 A,B 为端点的分段光滑曲线弧，函数 $f(x,y)$ 在 L 上有界. 用 L 上的点 $M_i(i=0,1,2,\cdots,n;M_0=A,M_n=B)$ 将 L 分为 n 段小弧，记第 i 段小弧 $\widehat{M_{i-1}M_i}\ (i=1,2,\cdots,n)$ 的长度为 Δs_i，设 (ξ_i,η_i) 为该段小弧上任取的一点. 若当 n 段小弧长度的最大值 $\lambda\to 0$ 时，极限 $\lim\limits_{\lambda\to 0}\sum\limits_{i=1}^{n}f(\xi_i,\eta_i)\Delta s_i$ 存在，且与 L 的分法及点

(ξ_i,η_i) 的取法无关，则称此极限值为函数 $f(x,y)$ 在 L 上对弧长的曲线积分或第一类曲线积分（简称曲线积分），记作$\int_L f(x,y)\mathrm{d}s$，即

$$\int_L f(x,y)\mathrm{d}s=\lim_{\lambda\to 0}\sum_{i=1}^{n}f(\xi_i,\eta_i)\Delta s_i,$$

其中 $f(x,y)$ 称为被积函数，$f(x,y)\mathrm{d}s$ 称为被积表达式，L 称为积分弧段.

注 (1) 对弧长的曲线积分的定义可推广到积分弧段为空间曲线弧的情形. 设函数 $f(x,y,z)$ 在空间分段光滑曲线弧 Γ 上有界，则函数 $f(x,y,z)$ 在 Γ 上对弧长的曲线积分定义为

$$\int_\Gamma f(x,y,z)\mathrm{d}s=\lim_{\lambda\to 0}\sum_{i=1}^{n}f(\xi_i,\eta_i,\zeta_i)\Delta s_i.$$

(2) 若对弧长的曲线积分的定义中 L 是闭曲线，则函数 $f(x,y)$ 在闭曲线 L 上对弧长的曲线积分记作$\oint_L f(x,y)\mathrm{d}s$.

由对弧长的曲线积分的定义可知，它具有以下性质（假设函数 $f(x,y)$，$g(x,y)$ 在 L 上对弧长的曲线积分存在）：

性质 1 设 α,β 为常数，则

$$\int_L[\alpha f(x,y)+\beta g(x,y)]\mathrm{d}s=\alpha\int_L f(x,y)\mathrm{d}s+\beta\int_L g(x,y)\mathrm{d}s.$$

性质 2 若把分段光滑曲线弧 L 分成两段曲线弧 L_1,L_2（记作 $L=L_1+L_2$），则

$$\int_L f(x,y)\mathrm{d}s=\int_{L_1}f(x,y)\mathrm{d}s+\int_{L_2}f(x,y)\mathrm{d}s.$$

性质 3 设在积分弧段 L 上有 $f(x,y)\leqslant g(x,y)$，则

$$\int_L f(x,y)\mathrm{d}s\leqslant\int_L g(x,y)\mathrm{d}s.$$

注 性质 1 可推广到被积函数是有限个函数线性组合的情形，性质 2 可推广到积分弧段分成有限段曲线弧的情形.

二、对弧长的曲线积分的计算

对弧长的曲线积分可以化为定积分来计算.

定理 设分段光滑曲线弧 L 由参数方程$\begin{cases}x=\varphi(t),\\y=\psi(t)\end{cases}(\alpha\leqslant t\leqslant\beta)$所确定. 若函数 $\varphi(t),\psi(t)$ 在区间$[\alpha,\beta]$上具有连续导数，函数 $f(x,y)$ 在 L 上连续，则曲线积分$\int_L f(x,y)\mathrm{d}s$ 存在，且

$$\int_L f(x,y)\mathrm{d}s=\int_\alpha^\beta f[\varphi(t),\psi(t)]\sqrt{\varphi'^2(t)+\psi'^2(t)}\,\mathrm{d}t.\quad(10.1)$$

证明从略.

注 (1) 按照(10.1)式计算曲线积分$\int_L f(x,y)\mathrm{d}s$，只要将 $x,y,\mathrm{d}s$ 分

别变换成 $\varphi(t),\psi(t),\sqrt{\varphi'^2(t)+\psi'^2(t)}\,\mathrm{d}t$,然后对参变量 t 求从 α 到 β 的定积分即可,其中积分下限 α 必定小于积分上限 β.

(2) 若积分弧段 L 由方程 $y=\varphi(x)(x_1\leqslant x\leqslant x_2)$ 所确定,则可将它看作特殊的参数方程 $x=x,y=\varphi(x)(x_1\leqslant x\leqslant x_2)$,因此 (10.1) 式成为

$$\int_L f(x,y)\mathrm{d}s=\int_{x_1}^{x_2} f[x,\varphi(x)]\sqrt{1+\varphi'^2(x)}\,\mathrm{d}x. \tag{10.2}$$

(3) 若积分弧段 L 由方程 $x=\varphi(y)(y_1\leqslant y\leqslant y_2)$ 所确定,类似于 (2) 的情形,有

$$\int_L f(x,y)\mathrm{d}s=\int_{y_1}^{y_2} f[\varphi(y),y]\sqrt{1+\varphi'^2(y)}\,\mathrm{d}y. \tag{10.3}$$

(4) 上述定理也可推广到积分弧段为空间曲线弧的情形. 设空间分段光滑曲线弧 Γ 由参数方程

$$\begin{cases}x=x(t),\\ y=y(t), \quad (\alpha\leqslant t\leqslant\beta)\\ z=z(t)\end{cases}$$

所确定,且函数 $x(t),y(t),z(t)$ 在区间 $[\alpha,\beta]$ 上具有连续导数,函数 $f(x,y,z)$ 在 Γ 上连续,则曲线积分 $\int_\Gamma f(x,y,z)\mathrm{d}s$ 存在,且

$$\int_\Gamma f(x,y,z)\mathrm{d}s=\int_\alpha^\beta f[x(t),y(t),z(t)]\sqrt{x'^2(t)+y'^2(t)+z'^2(t)}\,\mathrm{d}t. \tag{10.4}$$

例 1 计算曲线积分 $\int_L (x^2+y^2)\mathrm{d}s$,其中 L 是半圆弧 $\begin{cases}x=a\cos t,\\ y=a\sin t\end{cases}(0\leqslant t\leqslant\pi,a>0)$.

解 由于积分弧段 L 由方程 $\begin{cases}x=a\cos t,\\ y=a\sin t\end{cases}(0\leqslant t\leqslant\pi,a>0)$ 所确定,且

$$x'^2(t)+y'^2(t)=(-a\sin t)^2+(a\cos t)^2=a^2,$$

因此

$$\int_L (x^2+y^2)\mathrm{d}s=\int_0^\pi a^2\cdot a\mathrm{d}t=a^3t\Big|_0^\pi=\pi a^3.$$

例 2 计算曲线积分 $\int_L y\mathrm{d}s$,其中 L 是抛物线 $y^2=4x$ 上点 $O(0,0)$ 与点 $B(1,2)$ 之间的曲线弧.

解 由于积分弧段 L 由方程 $y=2\sqrt{x}(0\leqslant x\leqslant 1)$ 所确定,且 $y'=\dfrac{1}{\sqrt{x}}$,因此

$$\begin{aligned}\int_L y\mathrm{d}s&=\int_0^1 2\sqrt{x}\cdot\sqrt{1+\frac{1}{x}}\,\mathrm{d}x=2\int_0^1\sqrt{x+1}\,\mathrm{d}x\\ &=\frac{4}{3}(x+1)^{\frac{3}{2}}\Big|_0^1=\frac{4}{3}\left(2^{\frac{3}{2}}-1\right).\end{aligned}$$

例 3 若一曲线形构件占据曲线弧 $L: y=\ln x(x_0\leqslant x\leqslant x_1)$，且其上每一点处的线密度都等于该点横坐标的平方，试求该构件的质量 M.

解 由题意知，该构件在点 $P(x,y)$ 处的线密度为 $\mu(x,y)=x^2$，曲线弧 L 由方程 $y=\ln x(x_0\leqslant x\leqslant x_1)$ 所确定，且 $y'=\dfrac{1}{x}$，于是

$$\begin{aligned}M&=\int_L\mu(x,y)\mathrm{d}s=\int_L x^2\mathrm{d}s=\int_{x_0}^{x_1}x^2\sqrt{1+\frac{1}{x^2}}\,\mathrm{d}x\\&=\int_{x_0}^{x_1}x\sqrt{1+x^2}\,\mathrm{d}x=\frac{1}{2}\times\frac{2}{3}(1+x^2)^{\frac{3}{2}}\Big|_{x_0}^{x_1}\\&=\frac{1}{3}\Big[(1+x_1^2)^{\frac{3}{2}}-(1+x_0^2)^{\frac{3}{2}}\Big].\end{aligned}$$

例 4 计算曲线积分 $\int_\Gamma(x^2+y^2+z^2)\mathrm{d}s$，其中 Γ 是螺旋线

$$\begin{cases}x=a\cos t,\\y=a\sin t,\quad(a,k>0)\\z=kt\end{cases}$$

上相应于 t 从 0 到 2π 的曲线弧.

解 由(10.4)式得

$$\begin{aligned}&\int_\Gamma(x^2+y^2+z^2)\mathrm{d}s\\&=\int_0^{2\pi}\big[(a\cos t)^2+(a\sin t)^2+(kt)^2\big]\sqrt{(-a\sin t)^2+(a\cos t)^2+k^2}\,\mathrm{d}t\\&=\int_0^{2\pi}(a^2+k^2t^2)\sqrt{a^2+k^2}\,\mathrm{d}t=\sqrt{a^2+k^2}\left(a^2t+\frac{k^2t^3}{3}\right)\Big|_0^{2\pi}\\&=\frac{2\pi}{3}\sqrt{a^2+k^2}(3a^2+4\pi^2k^2).\end{aligned}$$

习 题 10.1

1. 计算下列曲线积分：

(1) $\oint_L(x^2+y^2)^n\mathrm{d}s$，其中 L 是圆 $\begin{cases}x=a\cos t,\\y=a\sin t\end{cases}(0\leqslant t\leqslant 2\pi,a>0)$；

(2) $\oint_L x\,\mathrm{d}s$，其中 L 是由直线 $y=x$ 与抛物线 $y=x^2$ 所围成区域的整个边界；

(3) $\int_\Gamma\dfrac{\mathrm{d}s}{x^2+y^2+z^2}$，其中 Γ 是曲线 $\begin{cases}x=\mathrm{e}^t\cos t,\\y=\mathrm{e}^t\sin t,\\z=\mathrm{e}^t\end{cases}$ 上相应于 t 从 0 到 2 的曲线弧；

(4) $\int_\Gamma x^2yz\,\mathrm{d}s$，其中 Γ 是折线 $ABCD$，这里点 A,B,C,D 的坐标依次为 $(0,0,0)$，$(0,0,2)$，$(1,0,2)$，$(1,3,2)$.

2. 计算曲线积分$\oint_L xy\mathrm{d}s$，其中L是由直线$x=0, y=0, x=4, y=2$所围成矩形区域的整个边界.

§10.2 对面积的曲面积分

一、对面积的曲面积分的概念与性质

对于§10.1中曲线形构件的质量问题，若将曲线弧改为曲面，线密度$\mu(x,y)$改为面密度$\mu(x,y,z)$，小弧段的长度Δs_i改为小块曲面的面积ΔS_i，第i段小弧上的点(ξ_i,η_i)改为第i块小曲面上的点(ξ_i,η_i,ζ_i)，则面密度$\mu(x,y,z)$连续的曲面形构件的质量为

$$M=\lim_{d\to 0}\sum_{i=1}^{n}\mu(\xi_i,\eta_i,\zeta_i)\Delta S_i,$$

其中d为n块小曲面直径的最大值.

若曲面Σ上各点处均具有切平面，且当点在Σ上连续移动时，切平面也是连续转动的，则称Σ是光滑曲面. 分片光滑曲面是指由有限块光滑曲面连成的曲面.

定义　设Σ是分片光滑曲面，函数$f(x,y,z)$在Σ上有界. 将Σ分为n块小曲面ΔS_i（ΔS_i也表示第i块小曲面的面积，$i=1,2,\cdots,n$），设(ξ_i,η_i,ζ_i)为ΔS_i上任取的一点. 若当n小块曲面直径的最大值$d\to 0$时，极限$\lim\limits_{d\to 0}\sum\limits_{i=1}^{n}f(\xi_i,\eta_i,\zeta_i)\Delta S_i$存在，且与$\Sigma$的分法及点$(\xi_i,\eta_i,\zeta_i)$的取法无关，则称此极限值为函数$f(x,y,z)$在$\Sigma$上对面积的曲面积分或第一类曲面积分（简称曲面积分），记作$\iint\limits_{\Sigma}f(x,y,z)\mathrm{d}S$，即

$$\iint_{\Sigma}f(x,y,z)\mathrm{d}S=\lim_{d\to 0}\sum_{i=1}^{n}f(\xi_i,\eta_i,\zeta_i)\Delta S_i,$$

其中$f(x,y,z)$称为被积函数，$f(x,y,z)\mathrm{d}S$称为被积表达式，Σ称为积分曲面.

注　由对面积的曲面积分的定义可知，面密度为连续函数$\mu(x,y,z)$的曲面形构件（占据光滑曲面Σ）的质量M是$\mu(x,y,z)$在Σ上对面积的曲面积分，即

$$M=\iint_{\Sigma}\mu(x,y,z)\mathrm{d}S. \tag{10.5}$$

对面积的曲面积分具有与对弧长的曲线积分相类似的性质. 例如,若将分片光滑曲面 Σ 分成两块曲面 Σ_1,Σ_2(记作 $\Sigma=\Sigma_1+\Sigma_2$),则

$$\iint_{\Sigma}f(x,y,z)\mathrm{d}S=\iint_{\Sigma_1}f(x,y,z)\mathrm{d}S+\iint_{\Sigma_2}f(x,y,z)\mathrm{d}S.$$

其他性质这里不再赘述.

二、对面积的曲面积分的计算

定理 设积分曲面 Σ 由方程 $z=z(x,y)$ 所确定,Σ 在 xOy 面上的投影区域是 D_{xy}. 若函数 $z(x,y)$ 在 D_{xy} 上具有连续偏导数,被积函数 $f(x,y,z)$ 在 Σ 上连续,则

$$\iint_{\Sigma}f(x,y,z)\mathrm{d}S=\iint_{D_{xy}}f[x,y,z(x,y)]\sqrt{1+z_x^2+z_y^2}\,\mathrm{d}x\mathrm{d}y. \tag{10.6}$$

证明从略.

注 (1) 在上述定理的条件下,对于曲面积分 $\iint_{\Sigma}f(x,y,z)\mathrm{d}S$,将 z 换为 $z(x,y)$,$\mathrm{d}S$ 换为

$$\sqrt{1+z_x^2+z_y^2}\,\mathrm{d}x\mathrm{d}y,$$

再确定 Σ 在 xOy 面上的投影区域 D_{xy},即可将此曲面积分化为二重积分;

(2) 如果积分曲面 Σ 由方程 $x=x(y,z)$ 或 $y=y(z,x)$ 所确定,也可类似地把曲面积分 $\iint_{\Sigma}f(x,y,z)\mathrm{d}S$ 化为相应的二重积分.

例 1 计算曲面积分 $\iint_{\Sigma}\frac{\mathrm{d}S}{z}$,其中 Σ 是球面 $x^2+y^2+z^2-R^2=0$ 被平面 $z=H(0<H<R)$ 截出的顶部(见图 10.2).

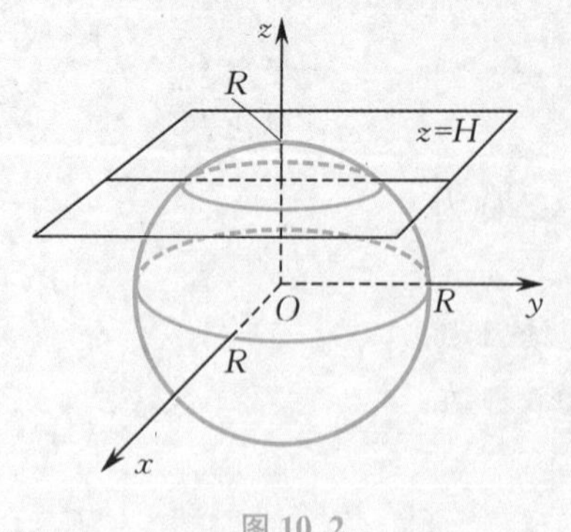

图 10.2

解 已知积分曲面 Σ 的方程是

$$z=\sqrt{R^2-x^2-y^2}\quad(x^2+y^2\leqslant R^2-H^2),$$

Σ 在 xOy 面上的投影区域为

$$D_{xy}=\{(x,y)\mid x^2+y^2\leqslant R^2-H^2\}.$$

又

$$\mathrm{d}S=\sqrt{1+z_x^2+z_y^2}\,\mathrm{d}x\mathrm{d}y=\frac{R}{\sqrt{R^2-x^2-y^2}}\mathrm{d}x\mathrm{d}y,$$

故由(10.6)式有

$$\iint\limits_{\Sigma}\frac{\mathrm{d}S}{z}=\iint\limits_{D_{xy}}\frac{R}{R^2-x^2-y^2}\mathrm{d}x\mathrm{d}y=R\int_0^{2\pi}\mathrm{d}\theta\int_0^{\sqrt{R^2-H^2}}\frac{\rho}{R^2-\rho^2}\mathrm{d}\rho$$

$$=2\pi R\left[-\frac{1}{2}\ln(R^2-\rho^2)\right]\Big|_0^{\sqrt{R^2-H^2}}=2\pi R\ln\frac{R}{H}.$$

例 2　计算曲面积分$\oiint\limits_{\Sigma}xyz\mathrm{d}S$（记号$\oiint\limits_{\Sigma}$表示积分曲面$\Sigma$为闭曲面），其中$\Sigma$是由平面$x+y+z-1=0,x=0,y=0,z=0$所围成的四面体的整个边界曲面（见图 10.3）.

解　将积分曲面Σ在平面$x+y+z-1=0,x=0,y=0,z=0$上的部分依次记为Σ_1，$\Sigma_2,\Sigma_3,\Sigma_4$，于是

$$\oiint\limits_{\Sigma}xyz\mathrm{d}S=\iint\limits_{\Sigma_1}xyz\mathrm{d}S+\iint\limits_{\Sigma_2}xyz\mathrm{d}S+\iint\limits_{\Sigma_3}xyz\mathrm{d}S+\iint\limits_{\Sigma_4}xyz\mathrm{d}S.$$

因为在$\Sigma_2,\Sigma_3,\Sigma_4$上被积函数$f(x,y,z)=xyz$均为零，所以

$$\iint\limits_{\Sigma_2}xyz\mathrm{d}S=\iint\limits_{\Sigma_3}xyz\mathrm{d}S=\iint\limits_{\Sigma_4}xyz\mathrm{d}S=0.$$

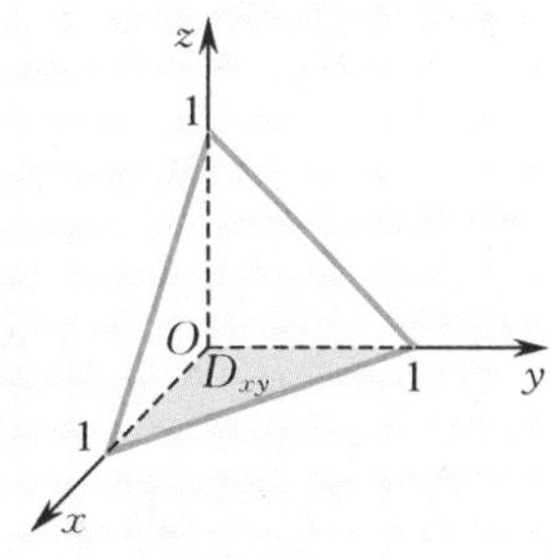

图 10.3

在Σ_1上，$z=1-x-y$，从而

$$\begin{aligned}\mathrm{d}S&=\sqrt{1+z_x^2+z_y^2}\,\mathrm{d}x\mathrm{d}y\\&=\sqrt{1+(-1)^2+(-1)^2}\,\mathrm{d}x\mathrm{d}y\\&=\sqrt{3}\,\mathrm{d}x\mathrm{d}y.\end{aligned}$$

又Σ_1在xOy面上的投影区域为$D_{xy}=\{(x,y)\mid 0\leqslant x\leqslant 1,0\leqslant y\leqslant 1-x\}$（见图 10.3），故

$$\oiint\limits_{\Sigma}xyz\mathrm{d}S=\iint\limits_{\Sigma_1}xyz\mathrm{d}S=\sqrt{3}\iint\limits_{D_{xy}}xy(1-x-y)\mathrm{d}x\mathrm{d}y$$

$$=\sqrt{3}\int_0^1\mathrm{d}x\int_0^{1-x}xy(1-x-y)\mathrm{d}y=\sqrt{3}\int_0^1 x\left[(1-x)\frac{y^2}{2}-\frac{y^3}{3}\right]\Big|_0^{1-x}\mathrm{d}x$$

$$=\sqrt{3}\int_0^1 x\frac{(1-x)^3}{6}\mathrm{d}x=\frac{\sqrt{3}}{6}\int_0^1(x-3x^2+3x^3-x^4)\mathrm{d}x=\frac{\sqrt{3}}{120}.$$

习　题　10.2

1. 计算曲面积分$\iint\limits_{\Sigma}(2xy-2x^2-x+z)\mathrm{d}S$，其中$\Sigma$是平面$2x+2y+z=6$在第一卦限的部分.

2. 计算曲面积分$\oiint\limits_{\Sigma}(x^2+y^2)\mathrm{d}S$，其中$\Sigma$是圆锥面$z=\sqrt{x^2+y^2}$与平面$z=1$所围成的区域的整个边界曲面.

3. 计算曲面积分$\iint\limits_{\Sigma}(x+y+z)\mathrm{d}S$，其中$\Sigma$是球面$x^2+y^2+z^2=R^2$被平面$z=H(0<H<R)$截出的顶部.

§10.3 对坐标的曲线积分

一、对坐标的曲线积分的概念与性质

变力沿曲线所做的功 设 A,B 分别是 xOy 面上有向光滑曲线弧 L 的起点和终点，一质点在力 $\boldsymbol{F}$ 的作用下从点 A 沿 L 移动到点 B；又设作用力 $\boldsymbol{F}$ 可表示为

$$\boldsymbol{F}=\boldsymbol{F}(x,y)=P(x,y)\boldsymbol{i}+Q(x,y)\boldsymbol{j},$$

其中函数 $P(x,y),Q(x,y)$ 在 L 上连续. 现在要计算变力 $\boldsymbol{F}$ 所做的功 W.

我们知道，若 $\boldsymbol{F}$ 是恒力，此时质点从点 A 沿直线移动到点 B，则恒力 $\boldsymbol{F}$ 所做的功为

$$W=\boldsymbol{F}\cdot\overrightarrow{AB}.$$

然而，变力所做的功不能按照这个公式来计算. 实际上，§10.1 中用来处理曲线形构件质量问题的方法也适用于计算变力所做的功.

用曲线弧 L 上的点 $M_i(x_i,y_i)(i=0,1,2,\cdots,n;M_0=A,M_n=B)$ 把 L 分成 n 段有向小弧，取第 i 段有向小弧 $\overset{\frown}{M_{i-1}M_i}$ $(i=1,2,\cdots,n)$ 来分析(见图 10.4).

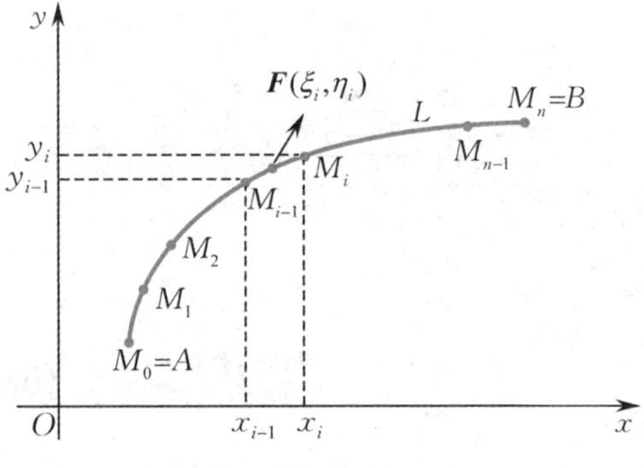

图 10.4

因为 $\overset{\frown}{M_{i-1}M_i}$ 光滑且很短，所以可用有向线段

$$\overrightarrow{M_{i-1}M_i}=\Delta x_i\boldsymbol{i}+\Delta y_i\boldsymbol{j}$$

来近似代替它，其中 $\Delta x_i=x_i-x_{i-1},\Delta y_i=y_i-y_{i-1}$. 又函数 $P(x,y)$，$Q(x,y)$ 在 L 上连续，故在 $\overset{\frown}{M_{i-1}M_i}$ 上变力 $\boldsymbol{F}(x,y)$ 变化很小，可以用 $\overset{\frown}{M_{i-1}M_i}$ 上任一点 (ξ_i,η_i) 处的力来近似代替它，即在 $\overset{\frown}{M_{i-1}M_i}$ 上有

$$\boldsymbol{F}(x,y)\approx\boldsymbol{F}(\xi_i,\eta_i)=P(\xi_i,\eta_i)\boldsymbol{i}+Q(\xi_i,\eta_i)\boldsymbol{j}.$$

因此，变力 $\boldsymbol{F}(x,y)$ 沿 $\widehat{M_{i-1}M_i}$ 所做的功 ΔW_i 近似等于常力 $\boldsymbol{F}(\xi_i,\eta_i)$ 沿 $\overrightarrow{M_{i-1}M_i}$ 所做的功，即

$$\Delta W_i \approx \boldsymbol{F}(\xi_i,\eta_i)\cdot\overrightarrow{M_{i-1}M_i} = P(\xi_i,\eta_i)\Delta x_i + Q(\xi_i,\eta_i)\Delta y_i.$$

于是

$$W = \sum_{i=1}^{n}\Delta W_i \approx \sum_{i=1}^{n}[P(\xi_i,\eta_i)\Delta x_i + Q(\xi_i,\eta_i)\Delta y_i].$$

为了求 W 的精确值，取 λ 为这 n 段小弧长度的最大值，令 $\lambda\to 0$，从而得

$$W = \lim_{\lambda\to 0}\sum_{i=1}^{n}[P(\xi_i,\eta_i)\Delta x_i + Q(\xi_i,\eta_i)\Delta y_i].$$

定义　设 L 为 xOy 面上从点 A 到点 B 的有向分段光滑曲线弧，函数 $P(x,y),Q(x,y)$ 在 L 上有界. 用 L 上的点 $M_i(x_i,y_i)$ $(i=0,1,2,\cdots,n;M_0=A,M_n=B)$ 将 L 分为 n 段有向小弧. 在第 i 段有向小弧 $\widehat{M_{i-1}M_i}$ $(i=1,2,\cdots,n)$ 上任取一点 (ξ_i,η_i)，令 $\Delta x_i = x_i - x_{i-1},\Delta y_i = y_i - y_{i-1}$. 若当 n 段小弧长度的最大值 $\lambda\to 0$ 时，极限

$$\lim_{\lambda\to 0}\sum_{i=1}^{n}P(\xi_i,\eta_i)\Delta x_i \quad 和 \quad \lim_{\lambda\to 0}\sum_{i=1}^{n}Q(\xi_i,\eta_i)\Delta y_i$$

存在，且与 L 的分法及点 (ξ_i,η_i) 的取法无关，则分别称这两个极限值为函数 $P(x,y)$ 在 L 上对坐标 x 的曲线积分和函数 $Q(x,y)$ 在 L 上对坐标 y 的曲线积分，记作

$$\int_L P(x,y)\mathrm{d}x \quad 和 \quad \int_L Q(x,y)\mathrm{d}y,$$

即

$$\int_L P(x,y)\mathrm{d}x = \lim_{\lambda\to 0}\sum_{i=1}^{n}P(\xi_i,\eta_i)\Delta x_i,$$

$$\int_L Q(x,y)\mathrm{d}y = \lim_{\lambda\to 0}\sum_{i=1}^{n}Q(\xi_i,\eta_i)\Delta y_i,$$

其中 $P(x,y),Q(x,y)$ 称为被积函数，$P(x,y)\mathrm{d}x,Q(x,y)\mathrm{d}y$ 称为被积表达式，L 称为积分弧段. 对坐标的曲线积分也称为第二类曲线积分，简称曲线积分.

在实际问题中，经常出现曲线积分 $\int_L P(x,y)\mathrm{d}x$ 与 $\int_L Q(x,y)\mathrm{d}y$ 求和的形式. 为了简便，常常将

$$\int_L P(x,y)\mathrm{d}x + \int_L Q(x,y)\mathrm{d}y$$

写成如下形式：

$$\int_L P(x,y)\mathrm{d}x + Q(x,y)\mathrm{d}y.$$

注　对坐标的曲线积分的定义可推广到积分弧段为空间有向分段光滑曲线弧 Γ 的情形：

$$\int_{\Gamma} P(x,y,z)\mathrm{d}x = \lim_{\lambda\to 0}\sum_{i=1}^{n} P(\xi_i,\eta_i,\zeta_i)\Delta x_i,$$

$$\int_{\Gamma} Q(x,y,z)\mathrm{d}y = \lim_{\lambda\to 0}\sum_{i=1}^{n} Q(\xi_i,\eta_i,\zeta_i)\Delta y_i,$$

$$\int_{\Gamma} R(x,y,z)\mathrm{d}z = \lim_{\lambda\to 0}\sum_{i=1}^{n} R(\xi_i,\eta_i,\zeta_i)\Delta z_i.$$

类似地,上面三个曲线积分之和可简记为

$$\int_{\Gamma} P(x,y,z)\mathrm{d}x + Q(x,y,z)\mathrm{d}y + R(x,y,z)\mathrm{d}z.$$

根据定义,可以导出对坐标的曲线积分具有以下性质(假定所讨论的曲线积分均存在).

性质 1(线性性) 设 α,β 为常数,则

$$\begin{aligned}&\int_L \alpha[P_1(x,y)\mathrm{d}x + Q_1(x,y)\mathrm{d}y] \pm \beta[P_2(x,y)\mathrm{d}x + Q_2(x,y)\mathrm{d}y]\\&\quad = \alpha\left[\int_L P_1(x,y)\mathrm{d}x + Q_1(x,y)\mathrm{d}y\right] \pm \beta\left[\int_L P_2(x,y)\mathrm{d}x + Q_2(x,y)\mathrm{d}y\right].\end{aligned}$$

性质 2(可加性) 若把有向分段光滑曲线弧 $\overset{\frown}{AB}$ 分成两段曲线弧 $\overset{\frown}{AM}$,$\overset{\frown}{MB}$(记作 $\overset{\frown}{AB} = \overset{\frown}{AM} + \overset{\frown}{MB}$),则

$$\begin{aligned}&\int_{\overset{\frown}{AB}} P(x,y)\mathrm{d}x + Q(x,y)\mathrm{d}y\\&\quad = \int_{\overset{\frown}{AM}} P(x,y)\mathrm{d}x + Q(x,y)\mathrm{d}y + \int_{\overset{\frown}{MB}} P(x,y)\mathrm{d}x + Q(x,y)\mathrm{d}y.\end{aligned}$$

性质 3(有向性) 记 $-L$ 是与 L 方向相反的有向分段光滑曲线弧,则

$$\int_{-L} P(x,y)\mathrm{d}x = -\int_L P(x,y)\mathrm{d}x,$$

$$\int_{-L} Q(x,y)\mathrm{d}y = -\int_L Q(x,y)\mathrm{d}y.$$

以性质 3 为例来证明.

证 把 L 分成 n 段有向小弧,相应地,$-L$ 也分成 n 段有向小弧,且当 L 的方向改变时,每段有向小弧在坐标轴上投影的绝对值不变但符号改变,因此性质 3 成立.

性质 3 表明,当积分弧段的方向改变时,对坐标的曲线积分要改变符号.因此,关于对坐标的曲线积分,必须注意积分弧段的方向.

注 性质 1 可推广到被积函数是有限个函数线性组合的情形,性质 2 可推广到积分弧段分成有限段曲线弧的情形.

二、对坐标的曲线积分的计算

与对弧长的曲线积分类似,对坐标的曲线积分也可化为定积分来

计算.

定理　设有向分段光滑曲线弧 L 由参数方程 $\begin{cases} x=\varphi(t), \\ y=\psi(t) \end{cases}$ 所确定，且当参量 t 单调地从 α 变到 β 时，点 $M(x,y)$ 从 L 的起点沿 L 移动到 L 的终点. 若函数 $\varphi(t),\psi(t)$ 在以 α 和 β 为端点的闭区间上具有连续导数，且函数 $P(x,y),Q(x,y)$ 在 L 上连续，则曲线积分 $\int_L P(x,y)\,\mathrm{d}x+Q(x,y)\,\mathrm{d}y$ 存在，且

$$\begin{aligned}&\int_L P(x,y)\mathrm{d}x+Q(x,y)\mathrm{d}y\\&\quad=\int_\alpha^\beta\{P[\varphi(t),\psi(t)]\varphi'(t)+Q[\varphi(t),\psi(t)]\psi'(t)\}\mathrm{d}t.\end{aligned}\tag{10.7}$$

证明从略.

注　(1) 按照(10.7)式计算曲线积分 $\int_L P(x,y)\mathrm{d}x+Q(x,y)\mathrm{d}y$，只要将 $x,y,\mathrm{d}x,\mathrm{d}y$ 分别变换成 $\varphi(t),\psi(t),\varphi'(t)\mathrm{d}t,\psi'(t)\mathrm{d}t$，然后从 L 的起点所对应的参数值 α 到 L 的终点所对应的参数值 β 做定积分即可. 这里必须注意，积分下限 α 对应于 L 的起点，积分上限 β 对应于 L 的终点，α 不一定小于 β.

(2) 若积分弧段 L 由方程 $y=\varphi(x)$ 所确定，则可将此方程看作特殊的参数方程，因此(10.7)式成为

$$\begin{aligned}&\int_L P(x,y)\mathrm{d}x+Q(x,y)\mathrm{d}y\\&\quad=\int_\alpha^\beta\{P[x,\varphi(x)]+Q[x,\varphi(x)]\varphi'(x)\}\mathrm{d}x,\end{aligned}\tag{10.8}$$

这里 α,β 分别对应于 L 的起点、终点.

(3) 若积分弧段 L 由方程 $x=\varphi(y)$ 所确定，同理有

$$\begin{aligned}&\int_L P(x,y)\mathrm{d}x+Q(x,y)\mathrm{d}y\\&\quad=\int_\alpha^\beta\{P[\varphi(y),y]\varphi'(y)+Q[\varphi(y),y]\}\mathrm{d}y,\end{aligned}\tag{10.9}$$

这里 α,β 分别对应于 L 的起点、终点.

(4) 上述定理也可推广到积分弧段为空间有向分段光滑曲线弧的情形. 设空间有向分段光滑曲线弧 Γ 由参数方程 $x=x(t),y=y(t),z=z(t)$ 所确定，这时有

$$\begin{aligned}&\int_\Gamma P(x,y,z)\mathrm{d}x+Q(x,y,z)\mathrm{d}y+R(x,y,z)\mathrm{d}z\\&\quad=\int_\alpha^\beta\{P[x(t),y(t),z(t)]x'(t)+Q[x(t),y(t),z(t)]y'(t)\\&\qquad+R[x(t),y(t),z(t)]z'(t)\}\mathrm{d}t,\end{aligned}\tag{10.10}$$

这里 α,β 分别对应于 L 的起点、终点.

例 1 计算曲线积分$\int_L (x+y)\mathrm{d}x+(x-y)\mathrm{d}y$，其中

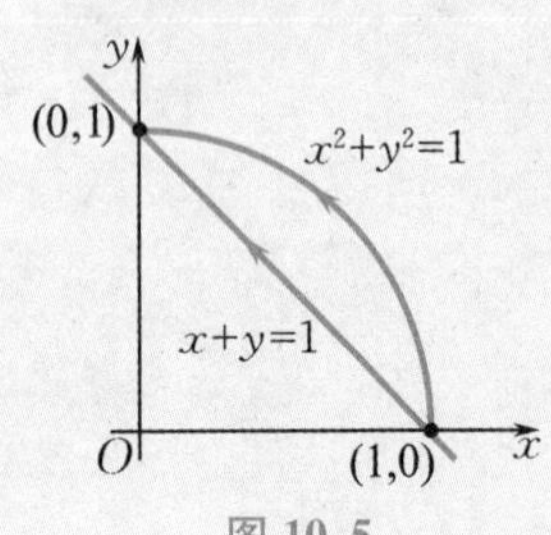

图 10.5

(1) L 是单位圆 $x^2+y^2=1$ 上沿逆时针方向从点(1,0)到点(0,1)的有向曲线弧(见图 10.5)；

(2) L 是直线 $x+y=1$ 上从点(1,0)到点(0,1)的有向线段(见图 10.5).

解 (1) 由题意知 L 可表示为

$$x=\cos t,\quad y=\sin t\quad \left(t\text{ 从 }0\text{ 变到}\frac{\pi}{2}\right),$$

故 $x'=-\sin t, y'=\cos t$. 因此，由(10.7)式有

$$\begin{aligned}\int_L (x+y)\mathrm{d}x+(x-y)\mathrm{d}y&=\int_0^{\frac{\pi}{2}}[(\cos t+\sin t)(-\sin t)+(\cos t-\sin t)\cos t]\mathrm{d}t\\&=\int_0^{\frac{\pi}{2}}[(\cos^2 t-\sin^2 t)-2\sin t\cos t]\mathrm{d}t\\&=\int_0^{\frac{\pi}{2}}(\cos 2t-\sin 2t)\mathrm{d}t=\frac{1}{2}\sin 2t\Big|_0^{\frac{\pi}{2}}+\frac{1}{2}\cos 2t\Big|_0^{\frac{\pi}{2}}\\&=0+\frac{1}{2}(\cos\pi-\cos 0)=\frac{1}{2}(-1-1)=-1.\end{aligned}$$

(2) 已知 L 的方程是 $y=1-x$(x 从 1 变到 0)，则 $y'=-1$. 因此，由(10.8)式有

$$\begin{aligned}\int_L (x+y)\mathrm{d}x+(x-y)\mathrm{d}y&=\int_1^0[x+(1-x)]\mathrm{d}x+\int_1^0[x-(1-x)](-\mathrm{d}x)\\&=\int_1^0\mathrm{d}x+\int_1^0(1-2x)\mathrm{d}x=\int_1^0(2-2x)\mathrm{d}x\\&=(2x-x^2)\Big|_1^0=-2+1=-1.\end{aligned}$$

例 2 计算曲线积分$\int_\Gamma x^3\mathrm{d}x+3zy^2\mathrm{d}y-x^2y\mathrm{d}z$，其中 Γ 是由点(6,4,2)到点(0,0,0)的有向线段.

解 由题意可知，Γ 的方程为$\frac{x}{3}=\frac{y}{2}=\frac{z}{1}$($x$ 由 6 变到 0)，化为参数方程即为 $x=3t$, $y=2t, z=t$(t 由 2 变到 0)，故 $x'=3, y'=2, z'=1$. 因此，由(10.10)式有

$$\begin{aligned}\int_\Gamma x^3\mathrm{d}x+3zy^2\mathrm{d}y-x^2y\mathrm{d}z&=\int_2^0[(3t)^3\cdot 3+3t(2t)^2\cdot 2-(3t)^2\cdot 2t]\mathrm{d}t\\&=(81+24-18)\int_2^0 t^3\mathrm{d}t=87\int_2^0 t^3\mathrm{d}t\\&=87\cdot\frac{t^4}{4}\Big|_2^0=-348.\end{aligned}$$

最后，我们不加证明地给出两类曲线积分之间的关系.

对弧长的曲线积分与对坐标的曲线积分有如下关系式成立：

$$\int_L P(x,y)\mathrm{d}x+Q(x,y)\mathrm{d}y=\int_L[P(x,y)\cos\alpha+Q(x,y)\cos\beta]\mathrm{d}s,$$

其中 α,β 为有向曲线弧 L 上点 (x,y) 处的正向切线(切线方向与 L 的方向一致)分别关于 x 轴、y 轴的方向角.

习 题 10.3

1. 计算下列曲线积分:

(1) $\int_L(x^2-y^2)\mathrm{d}x$,其中 L 是抛物线 $y=x^2$ 上从点 $(0,0)$ 到点 $(2,4)$ 的有向曲线弧;

(2) $\oint_L xy\mathrm{d}x$,其中 L 是圆 $(x-a)^2+y^2=a^2(a>0)$ 与 x 轴所围成的在第一象限的区域的整个边界,取逆时针方向;

(3) $\int_\Gamma x^2\mathrm{d}x+z\mathrm{d}y-y\mathrm{d}z$,其中 Γ 是曲线 $x=k\theta,y=a\cos\theta,z=a\sin\theta\,(k,a>0)$ 上相应于 θ 从 0 到 π 的有向曲线弧;

(4) $\int_\Gamma x\mathrm{d}x+y\mathrm{d}y+(x+y-1)\mathrm{d}z$,其中 Γ 是从点 $(1,1,1)$ 到点 $(2,3,4)$ 的有向线段.

2. 将对坐标的曲线积分 $\int_L P(x,y)\mathrm{d}x+Q(x,y)\mathrm{d}y$ 化为对弧长的曲线积分,其中 L 是抛物线 $y=x^2$ 上从点 $(0,0)$ 到点 $(1,1)$ 的有向曲线弧.

3. 计算曲线积分 $\oint_L\dfrac{y\mathrm{d}x-x\mathrm{d}y}{x^2+y^2}$,其中 L 是圆 $x=R\cos t,y=R\sin t(R>0)$,取逆时针方向.

4. 计算曲线积分 $\int_L x\mathrm{d}y-y\mathrm{d}x$,其中 L 是曲线 $x=a\cos^3 t,y=a\sin^3 t\,(a>0)$ 上从点 $A(a,0)$ 到点 $B(0,a)$ 的有向曲线弧.

§10.4 对坐标的曲面积分

一、对坐标的曲面积分的概念与性质

我们通常遇到的曲面都是双侧的. 例如,对于曲面 $z=z(x,y)$,它有上侧和下侧之分;对于曲面 $x=x(y,z)$,它有前侧和后侧之分;对于曲面 $y=y(z,x)$,它有右侧和左侧之分;对于一个包围某一空间区域的闭曲面,它有外侧和内侧之分. 以后总假定所考虑的曲面都是双侧的. 在讨论对坐标的曲面积分时,需要指定曲面的侧. 我们可以通过曲面上法向量的指向来定出曲面的侧. 例如,对于曲面 $z=z(x,y)$,如

果取定法向量 $\boldsymbol{n}$ 的指向朝上，则认为取定该曲面的上侧. 这种取定法向量，即选定了侧的曲面就称为有向曲面.

设 Σ 为有向曲面，在 Σ 上任取一块小曲面 ΔS，将 ΔS 投影到 xOy 面上得到一个投影区域，记其面积为 $(\Delta\sigma)_{xy}$. 假定 ΔS 上各点处的法向量与 z 轴正向夹角 γ 的余弦 $\cos\gamma$ 有相同的符号（$\cos\gamma$ 都是正的或都是负的），规定 ΔS 在 xOy 面上的投影 $(\Delta S)_{xy}$ 为

$$(\Delta S)_{xy}=\begin{cases}(\Delta\sigma)_{xy}, & \cos\gamma>0,\\ -(\Delta\sigma)_{xy}, & \cos\gamma<0,\\ 0, & \cos\gamma=0.\end{cases}$$

类似地，可规定 ΔS 在 yOz 面和 zOx 面上的投影 $(\Delta S)_{yz}$ 和 $(\Delta S)_{zx}$.

下面通过讨论一个例题来引入对坐标的曲面积分的概念.

流向曲面一侧的流量　设稳定流动（速度与时间无关）的不可压缩流体（假定密度 $\mu=1$）的速度场由

$$\boldsymbol{v}(x,y,z)=P(x,y,z)\boldsymbol{i}+Q(x,y,z)\boldsymbol{j}+R(x,y,z)\boldsymbol{k}$$

所确定，Σ 是速度场中的一个有向曲面，求在单位时间内通过 Σ 流向指定侧的流体质量（简称流量）Φ.

如果流体流过平面上面积为 A 的一个闭区域，且流体在该闭区域上各点处的速度为常向量 $\boldsymbol{v}$，设 $\boldsymbol{n}$ 为该平面的单位法向量，那么在单位时间内流体通过该闭区域流向 $\boldsymbol{n}$ 所指一侧的流量为 $(\boldsymbol{v}\cdot\boldsymbol{n})A$. 由于现在所考虑的不是平面闭区域，而是一个曲面，且流速 $\boldsymbol{v}(x,y,z)$ 也不是常向量，因此所求流量不能直接用上述方法计算. 于是，引出以下方法.

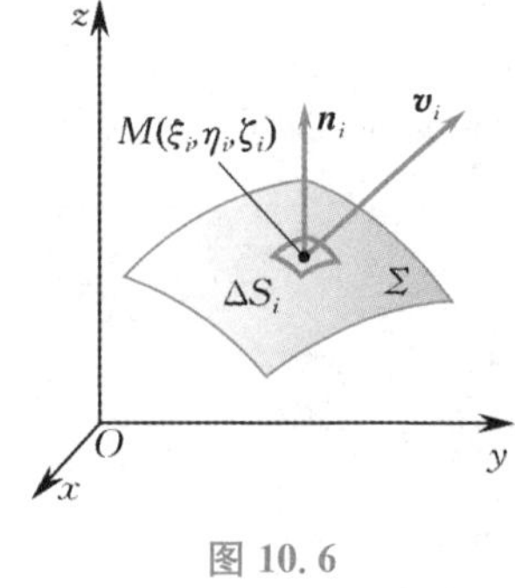

图 10.6

将曲面 Σ 分为 n 块小曲面 ΔS_i（ΔS_i 也表示第 i 块小曲面的面积，$i=1,2,\cdots,n$），在 Σ 分片光滑和 $\boldsymbol{v}(x,y,z)$ 连续的前提下，只要 ΔS_i 的直径很小，就可用 ΔS_i 上任一点 $M(\xi_i,\eta_i,\zeta_i)$ 处的速度

$$\boldsymbol{v}_i=\boldsymbol{v}(\xi_i,\eta_i,\zeta_i)=P(\xi_i,\eta_i,\zeta_i)\boldsymbol{i}+Q(\xi_i,\eta_i,\zeta_i)\boldsymbol{j}+R(\xi_i,\eta_i,\zeta_i)\boldsymbol{k}$$

近似代替 ΔS_i 上其他各点处的速度，用 Σ 在点 M 处的单位法向量

$$\boldsymbol{n}_i=\cos\alpha_i\boldsymbol{i}+\cos\beta_i\boldsymbol{j}+\cos\gamma_i\boldsymbol{k}$$

近似代替 ΔS_i 上其他各点处的单位法向量（见图 10.6），从而得到通过 ΔS_i 流向指定侧的流量的近似值

$$(\boldsymbol{v}_i\cdot\boldsymbol{n}_i)\Delta S_i\quad(i=1,2,\cdots,n).$$

于是，通过 Σ 流向指定侧的流量为

$$\begin{aligned}\Phi&\approx\sum_{i=1}^{n}(\boldsymbol{v}_i\cdot\boldsymbol{n}_i)\Delta S_i\\&=\sum_{i=1}^{n}[P(\xi_i,\eta_i,\zeta_i)\cos\alpha_i+Q(\xi_i,\eta_i,\zeta_i)\cos\beta_i+R(\xi_i,\eta_i,\zeta_i)\cos\gamma_i]\Delta S_i.\end{aligned}$$

而

$$\cos\alpha_i\Delta S_i\approx(\Delta S_i)_{yz},\quad\cos\beta_i\Delta S_i\approx(\Delta S_i)_{zx},$$
$$\cos\gamma_i\Delta S_i\approx(\Delta S_i)_{xy},$$

因此

$$\Phi \approx \sum_{i=1}^{n}[P(\xi_i,\eta_i,\zeta_i)(\Delta S_i)_{yz}+Q(\xi_i,\eta_i,\zeta_i)(\Delta S_i)_{zx} + R(\xi_i,\eta_i,\zeta_i)(\Delta S_i)_{xy}].$$

当n块小曲面直径的最大值$d\to 0$时，取上述和式的极限，即得流量Φ的精确值.

定义　设Σ是有向分片光滑曲面，函数$P(x,y,z)$，$Q(x,y,z)$，$R(x,y,z)$在Σ上有界. 将Σ分为n块小曲面ΔS_i（ΔS_i也表示第i块小曲面的面积，$i=1,2,\cdots,n$），ΔS_i在yOz面、zOx面、xOy面上的投影分别为$(\Delta S_i)_{yz}$，$(\Delta S_i)_{zx}$，$(\Delta S_i)_{xy}$，$M(\xi_i,\eta_i,\zeta_i)$为ΔS_i上任取的一点. 若当n块小曲面直径的最大值$d\to 0$时，极限

$$\lim_{d\to 0}\sum_{i=1}^{n}P(\xi_i,\eta_i,\zeta_i)(\Delta S_i)_{yz},$$

$$\lim_{d\to 0}\sum_{i=1}^{n}Q(\xi_i,\eta_i,\zeta_i)(\Delta S_i)_{zx},$$

$$\lim_{d\to 0}\sum_{i=1}^{n}R(\xi_i,\eta_i,\zeta_i)(\Delta S_i)_{xy}$$

存在，且与曲面Σ的分法及点$M(\xi_i,\eta_i,\zeta_i)$的取法无关，则分别称这三个极限值为函数$P(x,y,z)$在Σ上**对坐标y,z的曲面积分**，函数$Q(x,y,z)$在Σ上**对坐标z,x的曲面积分**，函数$R(x,y,z)$在Σ上**对坐标x,y的曲面积分**，记作

$$\iint_{\Sigma}P(x,y,z)\mathrm{d}y\mathrm{d}z,\quad \iint_{\Sigma}Q(x,y,z)\mathrm{d}z\mathrm{d}x,\quad \iint_{\Sigma}R(x,y,z)\mathrm{d}x\mathrm{d}y,$$

即

$$\iint_{\Sigma}P(x,y,z)\mathrm{d}y\mathrm{d}z=\lim_{d\to 0}\sum_{i=1}^{n}P(\xi_i,\eta_i,\zeta_i)(\Delta S_i)_{yz},$$

$$\iint_{\Sigma}Q(x,y,z)\mathrm{d}z\mathrm{d}x=\lim_{d\to 0}\sum_{i=1}^{n}Q(\xi_i,\eta_i,\zeta_i)(\Delta S_i)_{zx},$$

$$\iint_{\Sigma}R(x,y,z)\mathrm{d}x\mathrm{d}y=\lim_{d\to 0}\sum_{i=1}^{n}R(\xi_i,\eta_i,\zeta_i)(\Delta S_i)_{xy},$$

其中$P(x,y,z)$，$Q(x,y,z)$，$R(x,y,z)$称为**被积函数**，Σ称为**积分曲面**. 对坐标的曲面积分也称为**第二类曲面积分**，简称**曲面积分**.

在实际问题中，经常出现曲面积分$\iint_{\Sigma}P(x,y,z)\mathrm{d}y\mathrm{d}z$，$\iint_{\Sigma}Q(x,y,z)\mathrm{d}z\mathrm{d}x$与$\iint_{\Sigma}R(x,y,z)\mathrm{d}x\mathrm{d}y$求和的形式. 为了简便，常常将

$$\iint_{\Sigma}P(x,y,z)\mathrm{d}y\mathrm{d}z+\iint_{\Sigma}Q(x,y,z)\mathrm{d}z\mathrm{d}x+\iint_{\Sigma}R(x,y,z)\mathrm{d}x\mathrm{d}y$$

写成如下形式：

$$\iint_{\Sigma} P(x,y,z)\mathrm{d}y\mathrm{d}z + Q(x,y,z)\mathrm{d}z\mathrm{d}x + R(x,y,z)\mathrm{d}x\mathrm{d}y.$$

注　由对坐标的曲面积分的定义可知，上述流向曲面 Σ 指定侧的流量 Φ 可表示为

$$\Phi = \iint_{\Sigma} P(x,y,z)\mathrm{d}y\mathrm{d}z + Q(x,y,z)\mathrm{d}z\mathrm{d}x + R(x,y,z)\mathrm{d}x\mathrm{d}y. \tag{10.11}$$

对坐标的曲面积分具有与对坐标的曲线积分类似的一些性质. 下面不加证明地给出这些性质（假定所讨论的曲面积分均存在）.

性质 1（线性性）　设 α,β 为常数，则

$$\begin{aligned}&\iint_{\Sigma} \alpha(P_1\mathrm{d}y\mathrm{d}z + Q_1\mathrm{d}z\mathrm{d}x + R_1\mathrm{d}x\mathrm{d}y) \pm \beta(P_2\mathrm{d}y\mathrm{d}z + Q_2\mathrm{d}z\mathrm{d}x + R_2\mathrm{d}x\mathrm{d}y)\\ &= \alpha\left(\iint_{\Sigma} P_1\mathrm{d}y\mathrm{d}z + Q_1\mathrm{d}z\mathrm{d}x + R_1\mathrm{d}x\mathrm{d}y\right) \pm \beta\left(\iint_{\Sigma} P_2\mathrm{d}y\mathrm{d}z + Q_2\mathrm{d}z\mathrm{d}x + R_2\mathrm{d}x\mathrm{d}y\right).\end{aligned}$$

性质 2（可加性）　如果把有向分片光滑曲面 Σ 分成两块曲面 Σ_1,Σ_2（记作 $\Sigma = \Sigma_1 + \Sigma_2$），则

$$\begin{aligned}\iint_{\Sigma} P\mathrm{d}y\mathrm{d}z + Q\mathrm{d}z\mathrm{d}x + R\mathrm{d}x\mathrm{d}y &= \iint_{\Sigma_1} P\mathrm{d}y\mathrm{d}z + Q\mathrm{d}z\mathrm{d}x + R\mathrm{d}x\mathrm{d}y\\ &\quad + \iint_{\Sigma_2} P\mathrm{d}y\mathrm{d}z + Q\mathrm{d}z\mathrm{d}x + R\mathrm{d}x\mathrm{d}y.\end{aligned}$$

性质 3（有向性）　若 Σ 为有向分片光滑曲面，$-\Sigma$ 表示与 Σ 取相反侧的有向曲面，则

$$\iint_{-\Sigma} P(x,y,z)\mathrm{d}y\mathrm{d}z = -\iint_{\Sigma} P(x,y,z)\mathrm{d}y\mathrm{d}z,$$

$$\iint_{-\Sigma} Q(x,y,z)\mathrm{d}z\mathrm{d}x = -\iint_{\Sigma} Q(x,y,z)\mathrm{d}z\mathrm{d}x,$$

$$\iint_{-\Sigma} R(x,y,z)\mathrm{d}x\mathrm{d}y = -\iint_{\Sigma} R(x,y,z)\mathrm{d}x\mathrm{d}y.$$

注　性质 1 可推广到有限个被积函数的情形，性质 2 可推广到有向光滑曲面 Σ 分成有限块曲面的情形.

二、对坐标的曲面积分的计算

定理　设积分曲面 Σ 由方程 $z = z(x,y)$ 所确定，Σ 在 xOy 面上的投影区域是 D_{xy}. 若函数 $z(x,y)$ 在 D_{xy} 上具有连续偏导数，被积函数 $R(x,y,z)$ 在 Σ 上连续，则

$$\iint_{\Sigma} R(x,y,z)\mathrm{d}x\mathrm{d}y = \pm\iint_{D_{xy}} R[x,y,z(x,y)]\mathrm{d}x\mathrm{d}y, \tag{10.12}$$

其中 Σ 为上侧时取符号“+”，Σ 为下侧时取符号“−”.

证明从略.

注　(1) 在上述定理的条件下，对于曲面积分$\iint\limits_{\Sigma} R(x,y,z)\mathrm{d}x\mathrm{d}y$，先将 z 换成 $z(x,y)$，再确定 Σ 在 xOy 面上的投影区域 D_{xy}，最后确定正负号，这样即可将该曲面积分化为二重积分.

(2) 设积分曲面 Σ 由方程 $x=x(y,z)$ 所确定，Σ 在 yOz 面上的投影区域为 D_{yz}. 若函数 $x(y,z)$ 在 D_{yz} 上具有连续偏导数，被积函数 $P(x,y,z)$ 在 Σ 上连续，则

$$\iint\limits_{\Sigma} P(x,y,z)\mathrm{d}y\mathrm{d}z = \pm\iint\limits_{D_{yz}} P[x(y,z),y,z]\mathrm{d}y\mathrm{d}z, \qquad (10.13)$$

其中 Σ 为前侧时取符号“+”，Σ 为后侧时取符号“-”.

(3) 设积分曲面 Σ 由方程 $y=y(z,x)$ 所确定，Σ 在 zOx 面上的投影区域为 D_{zx}. 若函数 $y(z,x)$ 在 D_{zx} 上具有连续偏导数，被积函数 $Q(x,y,z)$ 在 Σ 上连续，则

$$\iint\limits_{\Sigma} Q(x,y,z)\mathrm{d}z\mathrm{d}x = \pm\iint\limits_{D_{zx}} Q(x,y(z,x),z)\mathrm{d}z\mathrm{d}x, \qquad (10.14)$$

其中 Σ 为右侧时取符号“+”，Σ 为左侧时取符号“-”.

例 1　计算曲面积分$\iint\limits_{\Sigma} 2xyz\,\mathrm{d}x\mathrm{d}y$，其中 Σ 是球面 $x^2+y^2+z^2-1=0$ 在 $x\geqslant 0, y\geqslant 0$ 的部分，取外侧(见图 10.7).

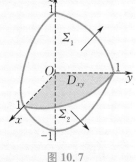

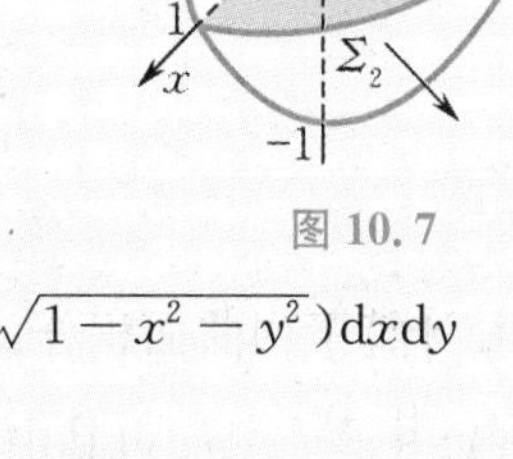

图 10.7

解　把 Σ 分为 Σ_1 和 Σ_2 两部分，其中

$$\Sigma_1: z=\sqrt{1-x^2-y^2}\text{(上侧)},$$
$$\Sigma_2: z=-\sqrt{1-x^2-y^2}\text{(下侧)},$$

则$\iint\limits_{\Sigma} 2xyz\,\mathrm{d}x\mathrm{d}y = \iint\limits_{\Sigma_1} 2xyz\,\mathrm{d}x\mathrm{d}y + \iint\limits_{\Sigma_2} 2xyz\,\mathrm{d}x\mathrm{d}y$. 故由(10.12) 式得

$$\begin{aligned}\iint\limits_{\Sigma} 2xyz\,\mathrm{d}x\mathrm{d}y &= \iint\limits_{D_{xy}} 2xy\sqrt{1-x^2-y^2}\,\mathrm{d}x\mathrm{d}y - \iint\limits_{D_{xy}} 2xy(-\sqrt{1-x^2-y^2})\mathrm{d}x\mathrm{d}y \\ &= 4\iint\limits_{D_{xy}} xy\sqrt{1-x^2-y^2}\,\mathrm{d}x\mathrm{d}y,\end{aligned}$$

其中 D_{xy} 为 Σ_1 和 Σ_2 在 xOy 面上的投影区域，它可用极坐标表示为 $0\leqslant\rho\leqslant 1, 0\leqslant\theta\leqslant\frac{\pi}{2}$，于是

$$\begin{aligned}\iint\limits_{\Sigma} 2xyz\,\mathrm{d}x\mathrm{d}y &= 4\iint\limits_{D_{xy}} \rho\cos\theta\cdot\rho\sin\theta\sqrt{1-\rho^2}\cdot\rho\,\mathrm{d}\rho\mathrm{d}\theta \\ &= 2\int_0^{\frac{\pi}{2}}\sin 2\theta\,\mathrm{d}\theta\int_0^1\rho^3\sqrt{1-\rho^2}\,\mathrm{d}\rho = \frac{4}{15}.\end{aligned}$$

例 2　计算曲面积分$\iint\limits_{\Sigma}(x+1)\mathrm{d}y\mathrm{d}z + y\mathrm{d}z\mathrm{d}x + \mathrm{d}x\mathrm{d}y$，其中 Σ 是平面 $x+y+z=1$ 在第一卦限部分，取法线方向与 z 轴正向的夹角为锐角.

解　曲面 Σ 在 yOz 面上的投影区域 D_{yz} 可表示为 $0\leqslant y\leqslant 1, 0\leqslant z\leqslant 1-y$，于是

$$\iint_{\Sigma}(x+1)\mathrm{d}y\mathrm{d}z=\iint_{D_{yz}}[(1-y-z)+1]\mathrm{d}y\mathrm{d}z=\int_0^1\mathrm{d}y\int_0^{1-y}(2-y-z)\mathrm{d}z=\frac{2}{3}.$$

曲面 Σ 在 zOx 面上的投影区域 D_{zx} 可表示为 $0\leqslant x\leqslant 1, 0\leqslant z\leqslant 1-x$，于是

$$\iint_{\Sigma}y\mathrm{d}z\mathrm{d}x=\iint_{D_{zx}}(1-x-z)\mathrm{d}z\mathrm{d}x=\int_0^1\mathrm{d}x\int_0^{1-x}(1-x-z)\mathrm{d}z=\frac{1}{6}.$$

曲面 Σ 在 xOy 面上的投影区域 D_{xy} 可表示为 $0\leqslant x\leqslant 1, 0\leqslant y\leqslant 1-x$，于是

$$\iint_{\Sigma}\mathrm{d}x\mathrm{d}y=\iint_{D_{xy}}\mathrm{d}x\mathrm{d}y=\int_0^1\mathrm{d}x\int_0^{1-x}\mathrm{d}y=\frac{1}{2}.$$

因此，我们有

$$\begin{aligned}\iint_{\Sigma}(x+1)\mathrm{d}y\mathrm{d}z+y\mathrm{d}z\mathrm{d}x+\mathrm{d}x\mathrm{d}y&=\iint_{\Sigma}(x+1)\mathrm{d}y\mathrm{d}z+\iint_{\Sigma}y\mathrm{d}z\mathrm{d}x+\iint_{\Sigma}\mathrm{d}x\mathrm{d}y\\&=\frac{2}{3}+\frac{1}{6}+\frac{1}{2}=\frac{4}{3}.\end{aligned}$$

两类曲线积分之间有一定的关系. 同样，两类曲面积分之间也有一定的关系.

两类曲面积分有如下关系式成立：

$$\iint_{\Sigma}P\mathrm{d}y\mathrm{d}z+Q\mathrm{d}z\mathrm{d}x+R\mathrm{d}x\mathrm{d}y=\iint_{\Sigma}(P\cos\alpha+Q\cos\beta+R\cos\gamma)\mathrm{d}S,$$

其中 $\cos\alpha,\cos\beta,\cos\gamma$ 为有向曲面 Σ 上点 (x,y,z) 处的法向量的方向余弦.

习 题 10.4

1. 计算下列曲面积分：

(1) $\iint\limits_{\Sigma}x^2y^2z\mathrm{d}x\mathrm{d}y$，其中 Σ 是球面 $x^2+y^2+z^2=R^2(R>0)$ 的下半部分的下侧；

(2) $\iint\limits_{\Sigma}z\mathrm{d}x\mathrm{d}y+x\mathrm{d}y\mathrm{d}z+y\mathrm{d}z\mathrm{d}x$，其中 Σ 是柱面 $x^2+y^2=1$ 介于平面 $z=0$ 与 $z=3$ 之间且在第一卦限部分的外侧；

(3) $\oint\!\!\!\oint\limits_{\Sigma}xz\mathrm{d}x\mathrm{d}y+xy\mathrm{d}y\mathrm{d}z+yz\mathrm{d}z\mathrm{d}x$，其中 Σ 是平面 $x=0, y=0, z=0, x+y+z=1$ 所围成区域的整个边界曲面的外侧.

2. 计算曲面积分 $\iint\limits_{\Sigma}z\mathrm{d}x\mathrm{d}y$，其中 Σ 是球面 $x^2+y^2+z^2=R^2(R>0)$ 的下半部分的下侧.

3. 计算曲面积分 $\iint\limits_{\Sigma}x^2\mathrm{d}y\mathrm{d}z+y^2\mathrm{d}z\mathrm{d}x$，其中 Σ 是柱面 $x^2+y^2=1$ 介于平面 $z=0$ 与 $z=3$ 之间且在第一卦限部分的外侧.

§10.5 格林公式及其应用

前面已经介绍了两类曲线积分及其关系，这一节着重介绍曲线积分与二重积分之间的关系——格林(Green)公式及其应用.

一、格林公式

在一元函数积分学中，牛顿-莱布尼茨公式

$$\int_a^b F'(x)\mathrm{d}x = F(b) - F(a)$$

说明 $F'(x)$ 在区间 $[a,b]$ 上的定积分可以通过它的原函数 $F(x)$ 在这个区间端点上的值来表示.

下面将要介绍的格林公式告诉我们：在平面有界闭区域 D 上的二重积分可表示为在 D 的边界曲线 L 上的曲线积分.

先介绍平面单连通区域的概念. 设 D 为平面区域. 如果 D 内任一闭曲线所围的部分都属于 D，则称 D 为单连通区域；否则，称 D 为复连通区域. 通俗地说，单连通区域就是不含有“洞”(包括点“洞”)的区域，复连通区域就是含有“洞”的区域. 例如，上半平面 $\{(x,y)\mid y>0\}$、圆形区域 $\{(x,y)\mid x^2+y^2<1\}$ 都是单连通区域；环形区域 $\{(x,y)\mid 1<x^2+y^2<4\}$，$\{(x,y)\mid 0<x^2+y^2<1\}$ 都是复连通区域.

此外，我们如下规定平面区域 D 的边界曲线 L 的正向：当观察者沿 L 的这个方向行走时，D 内观察者附近的部分总在其左边.

定理 1　设有界闭区域 D 由分段光滑曲线 L 所围成. 若函数 $P(x,y)$，$Q(x,y)$ 在 D 上具有连续偏导数，则有**格林公式**

$$\iint_D \left(\frac{\partial Q}{\partial x} - \frac{\partial P}{\partial y}\right)\mathrm{d}x\mathrm{d}y = \oint_L P(x,y)\mathrm{d}x + Q(x,y)\mathrm{d}y \quad (10.15)$$

成立，其中 L 为 D 的取正向的整个边界曲线.

证　(1) 假设 D 既是 X 型区域，又是 Y 型区域，即满足条件：穿过 D 内部且平行于坐标轴的直线与 D 的边界曲线 L 的交点不多于两个.

设区域 $D=\{(x,y)\mid a\leqslant x\leqslant b,\varphi_1(x)\leqslant y\leqslant\varphi_2(x)\}$(见图 10.8)，则有

$$\begin{aligned}\iint_D \frac{\partial P}{\partial y}\mathrm{d}x\mathrm{d}y &= \int_a^b\left(\int_{\varphi_1(x)}^{\varphi_2(x)}\frac{\partial P}{\partial y}\mathrm{d}y\right)\mathrm{d}x\\ &= \int_a^b\{P[x,\varphi_2(x)] - P[x,\varphi_1(x)]\}\mathrm{d}x.\end{aligned}$$

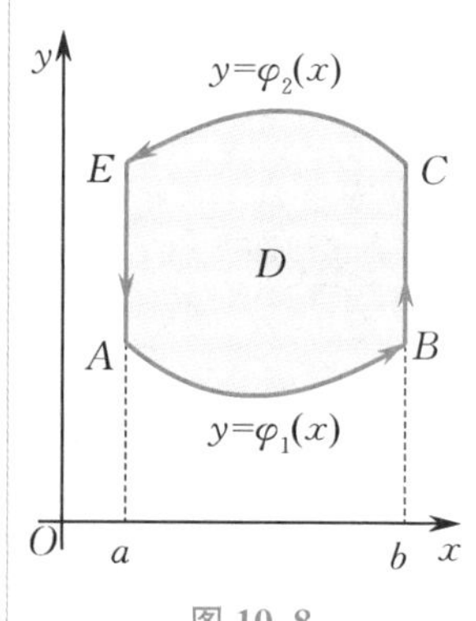

图 10.8

又因为 $L=\overset{\frown}{AB}+\overline{BC}+\overset{\frown}{CE}+\overline{EA}$，所以由曲线积分的性质和计算方法得

$$\oint_L P(x,y)\mathrm{d}x = \int_{\overset{\frown}{AB}} P(x,y)\mathrm{d}x + \int_{\overline{BC}} P(x,y)\mathrm{d}x + \int_{\overset{\frown}{CE}} P(x,y)\mathrm{d}x + \int_{\overline{EA}} P(x,y)\mathrm{d}x$$

$$= \int_a^b P[x,\varphi_1(x)]\mathrm{d}x + 0 + \int_b^a P[x,\varphi_2(x)]\mathrm{d}x + 0$$

$$= \int_a^b P[x,\varphi_1(x)]\mathrm{d}x - \int_a^b P[x,\varphi_2(x)]\mathrm{d}x$$

$$= \int_a^b \{P[x,\varphi_1(x)] - P[x,\varphi_2(x)]\}\mathrm{d}x.$$

因此

$$-\iint_D \frac{\partial P}{\partial y}\mathrm{d}x\mathrm{d}y = \oint_L P(x,y)\mathrm{d}x. \tag{10.16}$$

设区域 $D=\{(x,y)\mid c\leqslant y\leqslant d,\psi_1(y)\leqslant x\leqslant \psi_2(y)\}$，类似可证

$$\iint_D \frac{\partial Q}{\partial x}\mathrm{d}x\mathrm{d}y = \oint_L Q(x,y)\mathrm{d}y. \tag{10.17}$$

因为 D 满足条件：穿过 D 内部且平行于坐标轴的直线与 D 的边界曲线 L 的交点不多于两个，所以(10.16) 式和(10.17) 式同时成立. 合并这两个式子，即得格林公式(10.15).

(2) 若 D 不满足(1) 中的条件，则可在 D 内引入辅助线将 D 分为若干部分，使得各部分都满足上述条件.

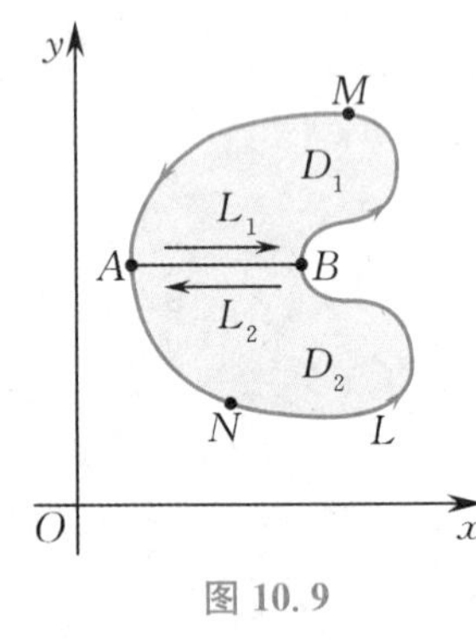

图 10.9

如图 10.9 所示，设区域 D 的边界曲线 L 为 $\overset{\frown}{ANBMA}$，则可引入一条辅助线将 D 分为 D_1 和 D_2 两部分，且 D_1 和 D_2 均满足(1) 中的条件. 故可应用格林公式(10.15)，得

$$\iint_{D_1}\left(\frac{\partial Q}{\partial x}-\frac{\partial P}{\partial y}\right)\mathrm{d}x\mathrm{d}y = \oint_{L_1+\overset{\frown}{BMA}} P(x,y)\mathrm{d}x + Q(x,y)\mathrm{d}y,$$

$$\iint_{D_2}\left(\frac{\partial Q}{\partial x}-\frac{\partial P}{\partial y}\right)\mathrm{d}x\mathrm{d}y = \oint_{L_2+\overset{\frown}{ANB}} P(x,y)\mathrm{d}x + Q(x,y)\mathrm{d}y,$$

其中 L_1 和 L_2 是同一条线，即引入的辅助线，但方向相反. 将这两个式子相加，在辅助线上的曲线积分相互抵消，故有

$$\iint_D\left(\frac{\partial Q}{\partial x}-\frac{\partial P}{\partial y}\right)\mathrm{d}x\mathrm{d}y = \oint_L P(x,y)\mathrm{d}x + Q(x,y)\mathrm{d}y,$$

即证得(10.15) 式. 对于其他情形可类似证明.

注　(1) 对于复连通区域 D，格林公式(10.15) 右端应包括 D 的全部边界上的曲线积分，且边界的方向对区域 D 来说都是正向的.

(2) 若函数 $P(x,y)=-y, Q(x,y)=x$，则格林公式(10.15) 成为

$$2\iint_D \mathrm{d}x\mathrm{d}y = \oint_L x\mathrm{d}y - y\mathrm{d}x.$$

故区域 D 的面积为

$$A = \iint_D \mathrm{d}x\mathrm{d}y = \frac{1}{2}\oint_L x\mathrm{d}y - y\mathrm{d}x. \tag{10.18}$$

例 1 计算曲线积分$\oint_L (x^2-xy^3)\mathrm{d}x+(y^2-2xy)\mathrm{d}y$,其中$L$是以点$(0,0)$,$(2,0)$,$(2,2)$,$(0,2)$为顶点的正方形区域$D$的边界,取正向.

解　令$P(x,y)=x^2-xy^3$,$Q(x,y)=y^2-2xy$,则

$$\frac{\partial Q}{\partial x}-\frac{\partial P}{\partial y}=-2y-(-3xy^2)=3xy^2-2y.$$

由格林公式(10.15)得

$$\text{原式}=\iint_D (3xy^2-2y)\mathrm{d}x\mathrm{d}y=\int_0^2\mathrm{d}x\int_0^2(3xy^2-2y)\mathrm{d}y=8.$$

例 2 求椭圆$x=a\cos\theta$,$y=b\sin\theta(a,b>0)$所围成的闭区域面积A.

解　以L表示该椭圆,则由(10.18)式得

$$A=\frac{1}{2}\oint_L x\mathrm{d}y-y\mathrm{d}x=\frac{1}{2}\int_0^{2\pi}[a\cos\theta\cdot b\cos\theta-b\sin\theta\cdot(-a\sin\theta)]\mathrm{d}\theta$$
$$=\frac{1}{2}\int_0^{2\pi}ab\,\mathrm{d}\theta=\pi ab.$$

例 3 求证:$\oint_L 6xy\mathrm{d}x+3x^2\mathrm{d}y=0$,其中$L$为一条连续闭曲线,取正向.

解　令$P(x,y)=6xy$,$Q(x,y)=3x^2$,则在曲线L所围成的闭区域D上有

$$\frac{\partial Q}{\partial x}-\frac{\partial P}{\partial y}=6x-6x=0.$$

故由格林公式(10.15)得

$$\oint_L 6xy\mathrm{d}x+3x^2\mathrm{d}y=\iint_D 0\mathrm{d}x\mathrm{d}y=0.$$

二、曲线积分与路径无关

定义 设函数$P(x,y)$,$Q(x,y)$在区域G内具有连续偏导数.若对于G内任意两点A,B,以及G内从点A到点B的任意两条有向分段光滑曲线弧L_1,L_2,均有

$$\int_{L_1}P(x,y)\mathrm{d}x+Q(x,y)\mathrm{d}y=\int_{L_2}P(x,y)\mathrm{d}x+Q(x,y)\mathrm{d}y,$$

则称曲线积分$\int_L P(x,y)\mathrm{d}x+Q(x,y)\mathrm{d}y$在$G$内与路径无关,其中$L$是$G$内任一有向分段光滑曲线弧.

可以发现,对于上述定义中的任意两条起点、终点相同的有向分段光滑曲线弧L_1,L_2,$L_1+(-L_2)$为G内的一条有向分段光滑闭曲线,且有

$$\oint_{L_1+(-L_2)}P(x,y)\mathrm{d}x+Q(x,y)\mathrm{d}y$$
$$=\int_{L_1}P(x,y)\mathrm{d}x+Q(x,y)\mathrm{d}y-\int_{L_2}P(x,y)\mathrm{d}x+Q(x,y)\mathrm{d}y=0,$$

即在G内任一有向分段光滑闭曲线上的曲线积分为零.由此得出结论:

曲线积分$\int_L P(x,y)\mathrm{d}x+Q(x,y)\mathrm{d}y$在$G$内与路径无关相当于在$G$内任一有向分段光滑闭曲线$C$上的曲线积分为零，即

$$\oint_C P(x,y)\mathrm{d}x+Q(x,y)\mathrm{d}y=0.$$

下面讨论平面上曲线积分与路径无关的条件.

定理 2（曲线积分与路径无关） 设G为一个单连通区域.如果函数$P(x,y)$，$Q(x,y)$在G内具有连续偏导数，那么曲线积分$\int_L P(x,y)\mathrm{d}x+Q(x,y)\mathrm{d}y$在$G$内与路径无关的充要条件是

$$\frac{\partial Q}{\partial x}=\frac{\partial P}{\partial y} \tag{10.19}$$

在G内恒成立.

证明从略.

例如，曲线积分$\int_L(x+y)\mathrm{d}x+(x-y)\mathrm{d}y$在$xOy$面内与路径无关.事实上，这里$P(x,y)=x+y$，$Q(x,y)=x-y$，所以

$$\frac{\partial Q}{\partial x}=1=\frac{\partial P}{\partial y}.$$

故由格林公式(10.15)可知，在xOy面内任一有向分段光滑闭曲线C上的曲线积分为零，即$\oint_C(x+y)\mathrm{d}x+(x-y)\mathrm{d}y=0$.

定理2中条件“G为一个单连通区域”很重要，如果这个条件不满足，则定理结论不一定成立.例如，设函数

$$P(x,y)=-\frac{y}{x^2+y^2},\quad Q(x,y)=\frac{x}{x^2+y^2},$$

则

$$\frac{\partial P}{\partial y}=\frac{y^2-x^2}{(x^2+y^2)^2}=\frac{\partial Q}{\partial x}\quad(x^2+y^2\neq 0),$$

即(10.19)式在不含点(0,0)的区域内恒成立.若取闭曲线L为逆时针方向的单位圆$x=\cos t$，$y=\sin t\ (0\leqslant t\leqslant 2\pi)$，则有

$$\begin{aligned}\oint_L P(x,y)\mathrm{d}x+Q(x,y)\mathrm{d}y&=\oint_L\frac{-y\mathrm{d}x+x\mathrm{d}y}{x^2+y^2}\\&=\int_0^{2\pi}(\cos^2t+\sin^2t)\mathrm{d}t\\&=2\pi\neq 0.\end{aligned}$$

也就是说，虽然闭曲线L在环形区域G：$\frac{1}{4}<x^2+y^2<4$内，且(10.19)式在该环形区域内恒成立，但由于G不是单连通区域，因此不能保证曲线积分$\oint_L P(x,y)\mathrm{d}x+Q(x,y)\mathrm{d}y$为零，即不能得到曲线积分$\oint_L P(x,y)\mathrm{d}x+Q(x,y)\mathrm{d}y$在$G$内与路径无关.

若曲线积分$\int_L P(x,y)\mathrm{d}x+Q(x,y)\mathrm{d}y$在单连通区域$G$内与路径无关，当积分弧段$L$的起点为$(x_0,y_0)$，终点为$(x_1,y_1)$时，通常也将曲线积分$\int_L P(x,y)\mathrm{d}x+Q(x,y)\mathrm{d}y$记为$\int_{(x_0,y_0)}^{(x_1,y_1)} P(x,y)\mathrm{d}x+Q(x,y)\mathrm{d}y$.

三、二元函数的全微分求积

现在我们要讨论，当函数$P(x,y)$，$Q(x,y)$满足什么条件时，表达式

$$P(x,y)\mathrm{d}x+Q(x,y)\mathrm{d}y$$

为某个二元函数$u(x,y)$的全微分，并求$u(x,y)$.

定理 3（全微分准则）　设G为一个单连通区域. 如果函数$P(x,y)$，$Q(x,y)$在G内具有连续偏导数，那么

$$P(x,y)\mathrm{d}x+Q(x,y)\mathrm{d}y$$

在G内是某个函数$u(x,y)$的全微分的充要条件是

$$\frac{\partial Q}{\partial x}=\frac{\partial P}{\partial y}$$

在G内恒成立.

证明从略.

注　在定理 3 的条件下，可设函数

$$u(x,y)=\int_{(x_0,y_0)}^{(x,y)} P(x,y)\mathrm{d}x+Q(x,y)\mathrm{d}y,$$

并取平行于坐标轴的线段连成的有向折线M_0RM或M_0SM为积分弧段（见图 10.10），且假定积分弧段均在G内，则得函数

$$u(x,y)=\int_{x_0}^{x} P(x,y_0)\mathrm{d}x+\int_{y_0}^{y} Q(x,y)\mathrm{d}y \tag{10.20}$$

或

$$u(x,y)=\int_{y_0}^{y} Q(x_0,y)\mathrm{d}y+\int_{x_0}^{x} P(x,y)\mathrm{d}x. \tag{10.21}$$

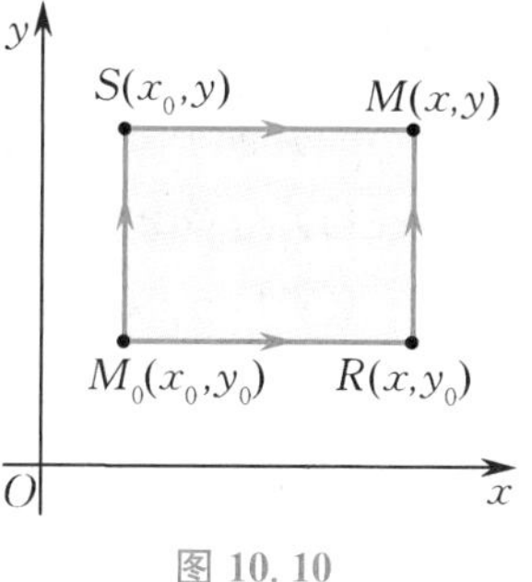

图 10.10

例 4　验证在xOy面内$3(xy^2\mathrm{d}x+x^2y\mathrm{d}y)$是某个二元函数$u(x,y)$的全微分，并求出$u(x,y)$.

证　这里$P(x,y)=3xy^2$，$Q(x,y)=3x^2y$，所以

$$\frac{\partial P}{\partial y}=6xy=\frac{\partial Q}{\partial x}$$

在xOy面内恒成立. 于是，$3(xy^2\mathrm{d}x+x^2y\mathrm{d}y)$是某个二元函数$u(x,y)$的全微分.

取积分弧段为有向折线OAB（见图 10.11），则由(10.20)式得

$$u(x,y)=0+3\int_0^y x^2y\mathrm{d}y=3x^2\int_0^y y\mathrm{d}y=\frac{3}{2}x^2y^2.$$

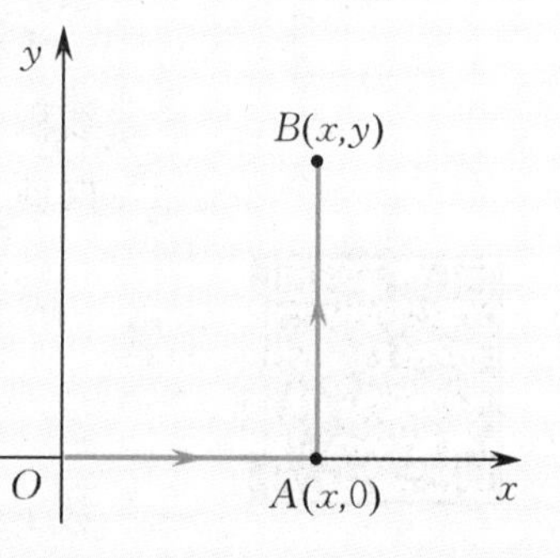

图 10.11

习　题　10.5

1. 计算曲线积分$\oint_L (2xy - x^2)\mathrm{d}x + (x + y^2)\mathrm{d}y$，其中$L$是由抛物线$y = x^2$，$y^2 = x$所围成区域的正向边界曲线，并验证格林公式的正确性.

2. 求星形线$x = a\cos^3 t$，$y = a\sin^3 t(a > 0)$所围成的闭区域面积.

3. 计算曲线积分$\oint_L (2x - y + 4)\mathrm{d}x + (5y + 3x - 6)\mathrm{d}y$，其中$L$是顶点为$(0,0)$，$(3,0)$，$(3,2)$的三角形区域的正向边界.

4. 设一变力在x轴、y轴上的投影分别为$X = x^2 + y^2$，$Y = 2xy - 8$，该变力确定了一力场，证明：质点在此场内移动时，场力所做的功与路径无关.

5. 证明：曲线积分$\int_{(1,2)}^{(3,4)} (6xy^2 - y^3)\mathrm{d}x + (6x^2 y - 3xy^2)\mathrm{d}y$与路径无关，并计算该曲线积分的值.

6. 验证下列表达式是某个二元函数$u(x,y)$的全微分，并求出$u(x,y)$：

(1) $2xy\mathrm{d}x + x^2\mathrm{d}y$；

(2) $4\sin x\sin 3y\cos x\mathrm{d}x - 3\cos 3y\cos 2x\mathrm{d}y$；

(3) $(3x^2 y + 8xy^2)\mathrm{d}x + (x^3 + 8x^2 y + 12y\mathrm{e}^y)\mathrm{d}y$.

7. 证明：$xy^2\mathrm{d}x + x^2 y\mathrm{d}y$是某个二元函数$u(x,y)$的全微分，并求出$u(x,y)$.

§ 10.6 高斯公式　通量与散度

格林公式阐述了平面区域D上的二重积分与其边界曲线L上的曲线积分之间的关系，而本节将要介绍的高斯(Gauss)公式则阐述了空间区域Ω上的三重积分与其边界曲面Σ上的曲面积分之间的关系.

一、高斯公式

定理　设空间有界闭区域Ω由分片光滑闭曲面Σ所围成. 若函数$P(x,y,z)$，$Q(x,y,z)$，$R(x,y,z)$在Ω上具有连续偏导数，则有高斯公式

$$\iiint\limits_{\Omega}\left(\frac{\partial P}{\partial x}+\frac{\partial Q}{\partial y}+\frac{\partial R}{\partial z}\right)\mathrm{d}v$$
$$=\oiint\limits_{\Sigma}P(x,y,z)\mathrm{d}y\mathrm{d}z+Q(x,y,z)\mathrm{d}z\mathrm{d}x+R(x,y,z)\mathrm{d}x\mathrm{d}y \tag{10.22}$$

或

$$\iiint\limits_{\Omega}\left(\frac{\partial P}{\partial x}+\frac{\partial Q}{\partial y}+\frac{\partial R}{\partial z}\right)\mathrm{d}v$$
$$=\oiint\limits_{\Sigma}[P(x,y,z)\cos\alpha+Q(x,y,z)\cos\beta+R(x,y,z)\cos\gamma]\mathrm{d}S \tag{10.23}$$

成立，这里 Σ 是 Ω 的整个边界曲面的外侧，$\cos\alpha,\cos\beta,\cos\gamma$ 为 Σ 上点 (x,y,z) 处的法向量的方向余弦.

证明从略.

例 1　计算曲面积分

$$I=\oiint\limits_{\Sigma}3(x-y)\mathrm{d}x\mathrm{d}y+(y-z)x\mathrm{d}y\mathrm{d}z,$$

其中 Σ 是平面 $z=0,z=3$ 与柱面 $x^2+y^2-1=0$ 所围成空间闭区域 Ω 的整个边界曲面的外侧.

解　这里 $P(x,y,z)=(y-z)x,Q(x,y,z)=0,R(x,y,z)=3(x-y)$，则

$$\frac{\partial P}{\partial x}+\frac{\partial Q}{\partial y}+\frac{\partial R}{\partial z}=(y-z)+0+0=y-z.$$

利用高斯公式(10.22)将所要计算的曲面积分化为三重积分，再用柱面坐标进行计算，得

$$\begin{aligned}I&=\iiint\limits_{\Omega}(y-z)\mathrm{d}v=\iiint\limits_{\Omega}(\rho\sin\theta-z)\rho\mathrm{d}\rho\mathrm{d}\theta\mathrm{d}z\\&=\int_0^{2\pi}\mathrm{d}\theta\int_0^1\rho\mathrm{d}\rho\int_0^3(\rho\sin\theta-z)\mathrm{d}z=\int_0^{2\pi}\mathrm{d}\theta\int_0^1\rho\left(\rho\sin\theta\cdot z-\frac{z^2}{2}\right)\Big|_0^3\mathrm{d}\rho\\&=\int_0^{2\pi}\mathrm{d}\theta\int_0^1\left(3\rho^2\sin\theta-\frac{9}{2}\rho\right)\mathrm{d}\rho=\int_0^{2\pi}\left(\rho^3\sin\theta-\frac{9}{4}\rho^2\right)\Big|_0^1\mathrm{d}\theta\\&=\int_0^{2\pi}\left(\sin\theta-\frac{9}{4}\right)\mathrm{d}\theta=-\frac{9}{2}\pi.\end{aligned}$$

二、通量与散度

定义　设向量场

$$\boldsymbol{A}=P(x,y,z)\boldsymbol{i}+Q(x,y,z)\boldsymbol{j}+R(x,y,z)\boldsymbol{k},$$

其中函数 $P(x,y,z),Q(x,y,z),R(x,y,z)$ 均具有连续偏导数，又设 Σ 为该向量场内一有向曲面，$\boldsymbol{n}$ 为 Σ 上点 (x,y,z) 处的单位法向量，称

曲面积分

$$\iint_{\Sigma}\boldsymbol{A}\cdot\boldsymbol{n}\mathrm{d}S=\iint_{\Sigma}P(x,y,z)\mathrm{d}y\mathrm{d}z+Q(x,y,z)\mathrm{d}z\mathrm{d}x+R(x,y,z)\mathrm{d}x\mathrm{d}y$$

为向量场 $\boldsymbol{A}$ 穿过曲面 Σ 流向指定侧的通量（或流量）；称

$$\frac{\partial P}{\partial x}+\frac{\partial Q}{\partial y}+\frac{\partial R}{\partial z}$$

为向量场 $\boldsymbol{A}$ 的散度，记作 $\operatorname{div}\boldsymbol{A}$，即

$$\operatorname{div}\boldsymbol{A}=\frac{\partial P}{\partial x}+\frac{\partial Q}{\partial y}+\frac{\partial R}{\partial z}.$$

例 2 求向量场 $\boldsymbol{A}=P(x,y,z)\boldsymbol{i}+Q(x,y,z)\boldsymbol{j}+R(x,y,z)\boldsymbol{k}$ 的散度 $\operatorname{div}\boldsymbol{A}$，其中

$$P(x,y,z)=(y-z)x,\quad Q(x,y,z)=0,\quad R(x,y,z)=3(x-y).$$

解 $\operatorname{div}\boldsymbol{A}=\dfrac{\partial P}{\partial x}+\dfrac{\partial Q}{\partial y}+\dfrac{\partial R}{\partial z}=(y-z)+0+0=y-z.$

例 3 求向量场 $\boldsymbol{A}$ 穿过曲面 Σ 流向指定侧的通量 Φ，其中 $\boldsymbol{A}=(2x-z)\boldsymbol{i}+x^2y\boldsymbol{j}-xz^2\boldsymbol{k}$，曲面 Σ 为立方体 Ω：$0\leqslant x\leqslant a,0\leqslant y\leqslant a,0\leqslant z\leqslant a$ 的全表面，取外侧.

解 这里 $P(x,y,z)=2x-z,Q(x,y,z)=x^2y,R(x,y,z)=-xz^2$，利用高斯公式(10.22)得

$$\begin{aligned}\Phi&=\oiint_{\Sigma}P(x,y,z)\mathrm{d}y\mathrm{d}z+Q(x,y,z)\mathrm{d}z\mathrm{d}x+R(x,y,z)\mathrm{d}x\mathrm{d}y\\&=\iiint_{\Omega}\left[\frac{\partial(2x-z)}{\partial x}+\frac{\partial(x^2y)}{\partial y}+\frac{\partial(-xz^2)}{\partial z}\right]\mathrm{d}v\\&=\iiint_{\Omega}(2+x^2-2xz)\mathrm{d}v=\int_0^a\mathrm{d}x\int_0^a\mathrm{d}y\int_0^a(2+x^2-2xz)\mathrm{d}z\\&=a\int_0^a(2a+ax^2-a^2x)\mathrm{d}x=a^3\left(2-\frac{a^2}{6}\right).\end{aligned}$$

下面我们来解释高斯公式的物理意义.

设在空间有界闭区域 Ω 上有稳定流动的不可压缩流体（设密度 $\mu=1$），其速度场由 $\boldsymbol{A}=P(x,y,z)\boldsymbol{i}+Q(x,y,z)\boldsymbol{j}+R(x,y,z)\boldsymbol{k}$ 给定，Σ 为 Ω 的边界曲面的外侧，Σ 上点 (x,y,z) 处的单位法向量为 $\boldsymbol{n}$，那么单位时间内通过 Σ 流向指定侧的流体质量为

$$\begin{aligned}\Phi&=\oiint_{\Sigma}\boldsymbol{A}\cdot\boldsymbol{n}\mathrm{d}S\\&=\oiint_{\Sigma}P(x,y,z)\mathrm{d}y\mathrm{d}z+Q(x,y,z)\mathrm{d}z\mathrm{d}x+R(x,y,z)\mathrm{d}x\mathrm{d}y.\end{aligned}$$

因此，高斯公式(10.22)右端可解释为流体在单位时间内离开 Ω 的质量. 由于假定流体是不可压缩且稳定的，因此在流体离开 Ω 的同时，Ω 内必须有流体的“源头”产生同样多的流体来补充. 因此，高斯公式(10.22)左端可解释为 Ω 内的“源头”在单位时间内产生的流体质量.

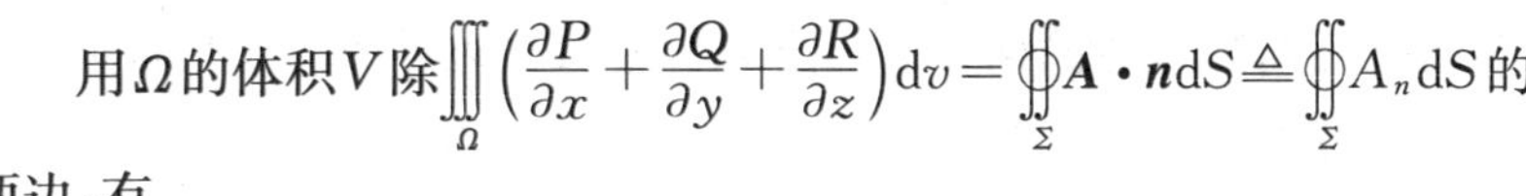

用Ω的体积V除$\iiint\limits_{\Omega}\left(\frac{\partial P}{\partial x}+\frac{\partial Q}{\partial y}+\frac{\partial R}{\partial z}\right)\mathrm{d}v=\oiint\limits_{\Sigma}\boldsymbol{A}\cdot\boldsymbol{n}\mathrm{d}S\triangleq\oiint\limits_{\Sigma}A_n\mathrm{d}S$的两边，有

$$\frac{1}{V}\iiint\limits_{\Omega}\left(\frac{\partial P}{\partial x}+\frac{\partial Q}{\partial y}+\frac{\partial R}{\partial z}\right)\mathrm{d}v=\frac{1}{V}\oiint\limits_{\Sigma}A_n\mathrm{d}S.$$

将积分中值定理应用于上式左端，有

$$\left(\frac{\partial P}{\partial x}+\frac{\partial Q}{\partial y}+\frac{\partial R}{\partial z}\right)\bigg|_{(\xi,\eta,\zeta)}=\frac{1}{V}\oiint\limits_{\Sigma}A_n\mathrm{d}S,$$

其中(ξ,η,ζ)为Ω内某一点. 令Ω缩于一点$M(x,y,z)$，取上式极限，得

$$\frac{\partial P}{\partial x}+\frac{\partial Q}{\partial y}+\frac{\partial R}{\partial z}=\lim_{\Omega\to M}\frac{1}{V}\oiint\limits_{\Sigma}A_n\mathrm{d}S.$$

上式左端即为$\operatorname{div}\boldsymbol{A}$. $\operatorname{div}\boldsymbol{A}$在这里可看作稳定流动的不可压缩流体在点$M(x,y,z)$处的源头强度(在单位时间内所产生的流体质量). 若$\operatorname{div}\boldsymbol{A}$为负的，则表示点$M(x,y,z)$处流体在流失.

习　题　10.6

1. 计算下列曲面积分：

(1) $\oiint\limits_{\Sigma}x\mathrm{d}y\mathrm{d}z+y\mathrm{d}z\mathrm{d}x+z\mathrm{d}x\mathrm{d}y$，其中$\Sigma$是圆柱面$x^2+y^2=9$介于平面$z=0$与$z=3$之间部分的外侧；

(2) $\oiint\limits_{\Sigma}4xz\mathrm{d}y\mathrm{d}z-y^2\mathrm{d}z\mathrm{d}x+yz\mathrm{d}x\mathrm{d}y$，其中$\Sigma$是平面$x=0,y=0,z=0,x=1,y=1,z=1$所围成立方体的整个表面的外侧.

2. 计算曲面积分$\oiint\limits_{\Sigma}x^3\mathrm{d}y\mathrm{d}z+y^3\mathrm{d}z\mathrm{d}x+z^3\mathrm{d}x\mathrm{d}y$，其中$\Sigma$是球面$x^2+y^2+z^2=R^2(R>0)$的外侧.

3. 求向量场$\boldsymbol{A}=x^3\boldsymbol{i}+y^3\boldsymbol{j}+z^3\boldsymbol{k}$的散度$\operatorname{div}\boldsymbol{A}$.

§10.7 斯托克斯公式 旋度与环流量

斯托克斯(Stokes)公式是格林公式的推广. 格林公式阐述了平面区域D上的二重积分与其边界曲线L上的曲线积分之间的关系，

而斯托克斯公式将曲面Σ上的曲面积分与其边界曲线Γ上的曲线积分联系起来.

一、斯托克斯公式

数学家简介

定理 设Γ是空间有向分段光滑闭曲线,Σ是以Γ为边界的有向分片光滑曲面.若函数$P(x,y,z),Q(x,y,z),R(x,y,z)$在曲面$\Sigma$上具有连续偏导数,则有**斯托克斯公式**

$$\iint_{\Sigma}\left(\frac{\partial R}{\partial y}-\frac{\partial Q}{\partial z}\right)\mathrm{d}y\mathrm{d}z+\left(\frac{\partial P}{\partial z}-\frac{\partial R}{\partial x}\right)\mathrm{d}z\mathrm{d}x+\left(\frac{\partial Q}{\partial x}-\frac{\partial P}{\partial y}\right)\mathrm{d}x\mathrm{d}y$$

$$=\oint_{\Gamma}P(x,y,z)\mathrm{d}x+Q(x,y,z)\mathrm{d}y+R(x,y,z)\mathrm{d}z \qquad (10.24)$$

成立,其中Γ的正向和Σ的侧满足右手法则,即当右手四指依Γ的方向转动时,大拇指所指的方向与Σ的法向量方向相同.

证明从略.

例 1 计算曲线积分$I=2\oint_{\Gamma}z\mathrm{d}x+x\mathrm{d}y+y\mathrm{d}z$,其中$\Gamma$是平面$x+y+z=1$被三个坐标平面所截得的三角形闭区域$\Sigma$的整个边界,且$\Gamma$的正向和$\Sigma$的上侧满足右手法则.

解 由斯托克斯公式(10.24)得

$$I=2\iint_{\Sigma}\mathrm{d}y\mathrm{d}z+\mathrm{d}z\mathrm{d}x+\mathrm{d}x\mathrm{d}y.$$

因为对称性和Σ上法向量的三个方向余弦均是正的,所以

$$I=6\iint_{D_{xy}}\mathrm{d}x\mathrm{d}y,$$

其中D_{xy}为Σ在xOy面上的投影区域,它是xOy面上两条坐标轴与直线$x+y-1=0$所围成的三角形闭区域.故$I=3$.

二、旋度与环流量

定义 1 设向量场

$$\boldsymbol{A}=P(x,y,z)\boldsymbol{i}+Q(x,y,z)\boldsymbol{j}+R(x,y,z)\boldsymbol{k},$$

其中函数$P(x,y,z),Q(x,y,z),R(x,y,z)$均连续,称关于$x$轴、$y$轴、$z$轴的投影分别是$\frac{\partial R}{\partial y}-\frac{\partial Q}{\partial z},\frac{\partial P}{\partial z}-\frac{\partial R}{\partial x},\frac{\partial Q}{\partial x}-\frac{\partial P}{\partial y}$的向量为$\boldsymbol{A}$的**旋度**,记作$\mathbf{rot}\,\boldsymbol{A}$,即

$$\mathbf{rot}\,\boldsymbol{A}=\left(\frac{\partial R}{\partial y}-\frac{\partial Q}{\partial z}\right)\boldsymbol{i}+\left(\frac{\partial P}{\partial z}-\frac{\partial R}{\partial x}\right)\boldsymbol{j}+\left(\frac{\partial Q}{\partial x}-\frac{\partial P}{\partial y}\right)\boldsymbol{k}.$$

为了便于记忆,也可将旋度表示为

$$\mathbf{rot}\,\boldsymbol{A}=\begin{vmatrix}\boldsymbol{i} & \boldsymbol{j} & \boldsymbol{k}\\ \dfrac{\partial}{\partial x} & \dfrac{\partial}{\partial y} & \dfrac{\partial}{\partial z}\\ P & Q & R\end{vmatrix}.$$

例 2　求向量场 $\boldsymbol{A}=P(x,y,z)\boldsymbol{i}+Q(x,y,z)\boldsymbol{j}+R(x,y,z)\boldsymbol{k}$ 的旋度 $\mathbf{rot}\,\boldsymbol{A}$,其中

$$P(x,y,z)=(y-z)x,\quad Q(x,y,z)=0,\quad R(x,y,z)=x-y.$$

解　因为

$$\frac{\partial R}{\partial y}-\frac{\partial Q}{\partial z}=-1-0=-1,$$

$$\frac{\partial P}{\partial z}-\frac{\partial R}{\partial x}=(-x)-1=-x-1,$$

$$\frac{\partial Q}{\partial x}-\frac{\partial P}{\partial y}=0-x=-x,$$

所以

$$\mathbf{rot}\,\boldsymbol{A}=-\boldsymbol{i}+(-x-1)\boldsymbol{j}+(-x)\boldsymbol{k}.$$

定义 2†　设 Γ 是定义 1 中向量场 $\boldsymbol{A}$ 内的有向分段光滑闭曲线,称曲线积分

$$\oint_\Gamma P(x,y,z)\mathrm{d}x+Q(x,y,z)\mathrm{d}y+R(x,y,z)\mathrm{d}z=\oint_\Gamma A_t\mathrm{d}s$$

为 $\boldsymbol{A}$ 沿 Γ 的环流量,其中

$$A_t=\boldsymbol{A}\cdot\boldsymbol{t},$$

$\boldsymbol{t}$ 是 Γ 在点 (x,y,z) 处的单位切向量.

例 3　求向量场 $\boldsymbol{A}$ 沿有向光滑闭曲线 Γ 的环流量,其中

$$\boldsymbol{A}=x\boldsymbol{i}+(x^3+yz)\boldsymbol{j}-3xy^2\boldsymbol{k},$$

Γ 为曲面 $z=2-\sqrt{x^2+y^2}$ 与平面 $z=0$ 的交线,且从 z 轴正向看,Γ 取逆时针方向.

解　易知,Γ 为 xOy 面上的圆 $x^2+y^2=4$(取逆时针方向),它的参数方程为

$$x=2\cos\theta,\quad y=2\sin\theta,\quad z=0\quad(0\leqslant\theta\leqslant 2\pi).$$

这里 $P(x,y,z)=x,Q(x,y,z)=x^3+yz,R(x,y,z)=-3xy^2$,故所求的环流量为

$$\begin{aligned}&\oint_\Gamma P(x,y,z)\mathrm{d}x+Q(x,y,z)\mathrm{d}y+R(x,y,z)\mathrm{d}z\\ &=\oint_\Gamma x\mathrm{d}x+(x^3+yz)\mathrm{d}y-3xy^2\mathrm{d}z\\ &=\int_0^{2\pi}[2\cos\theta\cdot(-2\sin\theta)+8\cos^3\theta\cdot 2\cos\theta]\mathrm{d}\theta\\ &=-4\int_0^{2\pi}\sin\theta\cos\theta\mathrm{d}\theta+16\int_0^{2\pi}\cos^4\theta\mathrm{d}\theta=12\pi.\end{aligned}$$

习　题　10.7

计算曲线积分$\oint_{\Gamma} y\mathrm{d}x + z\mathrm{d}y + x\mathrm{d}z$，其中$\Gamma$是平面$x+y+z=0$截球面$x^2+y^2+z^2=R^2$ $(R>0)$的截痕，且从x轴正向看，Γ取逆时针方向.

综合练习十

1. 选择题：

(1) 设L为圆$x^2+y^2=R^2$的右半部分，L_1为L在第一象限的部分，则曲线积分$\int_L (x^2y+xy^2)\mathrm{d}s$等于(　　)；

A. $2\int_{L_1} x^2y\mathrm{d}s$　　B. $2\int_{L_1} xy^2\mathrm{d}s$

C. 0　　D. $2\int_{L_1}(x^2y+xy^2)\mathrm{d}s$

(2) 下列选项中，(　　)是某个二元函数$u(x,y)$的全微分；

A. $(x+y^2)\mathrm{d}x+(2xy-8)\mathrm{d}y$　　B. $(x-y^2)\mathrm{d}x+(2xy-8)\mathrm{d}y$

C. $(x-y^2)\mathrm{d}x+(2xy+8)\mathrm{d}y$　　D. $(x+y^2)\mathrm{d}x-(2xy-8)\mathrm{d}y$

(3) 设曲线积分$I=\int_L \frac{x\mathrm{d}y-y\mathrm{d}x}{x^2+y^2}$，其中$L$为单连通区域$G=\{(x,y)\mid x>0\}$内的光滑曲线，这里$P(x,y)=\frac{-y}{x^2+y^2}$，$Q(x,y)=\frac{x}{x^2+y^2}$，则下列选项中错误的是(　　)；

A. 在G内，沿任一有向光滑闭曲线C，有$\oint_C P(x,y)\mathrm{d}x+Q(x,y)\mathrm{d}y=0$

B. 在G内，$\frac{\partial P}{\partial y}=\frac{\partial Q}{\partial x}$，所以曲线积分$I$与路径无关

C. 在G内，$P(x,y)\mathrm{d}x+Q(x,y)\mathrm{d}y$必是某个二元函数$u(x,y)$的全微分

D. 因$\mathrm{d}\left(\operatorname{arccot}\frac{x}{y}\right)=\frac{x\mathrm{d}y-y\mathrm{d}x}{x^2+y^2}$，故在$G$内$P(x,y)\mathrm{d}x+Q(x,y)\mathrm{d}y$是函数$\operatorname{arccot}\frac{x}{y}$的全微分

(4) 已知Σ是空间有向光滑曲面，Γ是Σ的正向边界曲线，则由斯托克斯公式得

$$\oint_{\Gamma}(2xz+y)\mathrm{d}x+(xy+z^2)\mathrm{d}y+(z+x^2)\mathrm{d}z$$

等于(　　).

A. $\iint_{\Sigma} 2z\mathrm{d}y\mathrm{d}z+xz\mathrm{d}z\mathrm{d}x+\mathrm{d}x\mathrm{d}y$

B. $\iint\limits_{\Sigma}(2xz+y)\mathrm{d}y\mathrm{d}z+(xy+z^2)\mathrm{d}z\mathrm{d}x+(z+x^2)\mathrm{d}x\mathrm{d}y$

C. $\iint\limits_{\Sigma}(2z+x+1)\mathrm{d}S$

D. $\iint\limits_{\Sigma}-2z\mathrm{d}y\mathrm{d}z+(y-1)\mathrm{d}x\mathrm{d}y$

2. 填空题：

(1) 已知一质点在变力 $\boldsymbol{F}=(-yz,xz,z)$ 的作用下，沿螺旋线 Γ：$x=2\cos t,y=2\sin t,z=t$ 从点 $M(2,0,0)$ 运动到点 $N(-2,0,\pi)$，则变力 $\boldsymbol{F}$ 所做的功 $W=$______；

(2) 设 L 为连接 $(1,0)$，$(0,1)$ 两点的线段，则曲线积分 $\int_L(x+y)\mathrm{d}s=$______.

3. 计算曲线积分 $\oint_L(x^2+y^2)\mathrm{d}s$，其中 L 为圆 $x^2+y^2=a^2(a>0)$.

4. 计算曲面积分 $\iint\limits_{\Sigma}(x^2+y^2)\mathrm{d}S$，其中 Σ 是圆锥面 $z=\sqrt{x^2+y^2}$ 被平面 $z=1$ 所截得的下面部分.

5. 计算下列曲线积分：

(1) $\int_L y\mathrm{d}x+x\mathrm{d}y$，其中 L 是圆 $x=R\cos t,y=R\sin t(R>0)$ 上相应于 t 从 0 到 $\frac{\pi}{2}$ 的圆弧，取逆时针方向；

(2) $\oint_L\frac{y\mathrm{d}x-x\mathrm{d}y}{2(x^2+y^2)}$，其中 L 是圆 $(x-1)^2+y^2=2$，取逆时针方向；

(3) $\int_L(x^2y+3xe^x)\mathrm{d}x+\left(\frac{x^3}{3}-y\sin y\right)\mathrm{d}y$，其中 L 是摆线 $x=t-\sin t,y=1-\cos t$ 上从点 $O(0,0)$ 到点 $A(\pi,2)$ 的有向曲线弧.

6. 计算下列曲面积分：

(1) $\oiint\limits_{\Sigma}xy^2\mathrm{d}y\mathrm{d}z+(y-z)\mathrm{d}z\mathrm{d}x+x^2z\mathrm{d}x\mathrm{d}y$，其中 Σ 是柱面 $x^2+y^2=1$ 与平面 $z=0$，$z=3$ 所围成空间闭区域的整个边界曲面的外侧；

(2) $\oiint\limits_{\Sigma}x^2\mathrm{d}y\mathrm{d}z+y^2\mathrm{d}z\mathrm{d}x+z^2\mathrm{d}x\mathrm{d}y$，其中 Σ 是平面 $x=0,y=0,z=0,x=a,y=a,z=a$ 所围成立方体的整个表面的外侧；

(3) $\iint\limits_{\Sigma}x^2\mathrm{d}y\mathrm{d}z+y^2\mathrm{d}z\mathrm{d}x+z^2\mathrm{d}x\mathrm{d}y$，其中 Σ 是圆锥面 $z=\sqrt{x^2+y^2}$ 介于平面 $z=0$ 和 $z=h(h>0)$ 之间部分的下侧；

(4) $\oiint\limits_{\Sigma}(x+y)\mathrm{d}y\mathrm{d}z+(y+z)\mathrm{d}z\mathrm{d}x+(z+x)\mathrm{d}x\mathrm{d}y$，其中 Σ 是以原点为中心、边长为 2 的正方体整个表面的外侧.

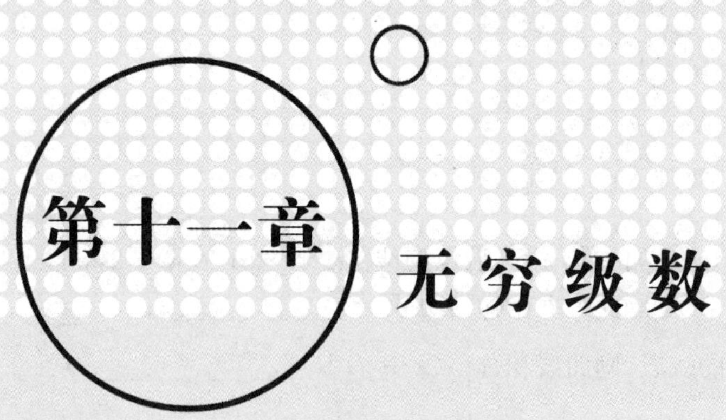

第十一章 无穷级数

无穷级数在工程技术中应用很广泛，它是表示函数、研究函数的性态和进行数值计算的一种工具. 本章先讨论常数项级数，介绍常数项级数的基本概念和敛散性问题；再讨论函数项级数，着重讨论如何将函数展开成幂级数的有关问题.

§11.1 常数项级数的概念与性质

一、常数项级数的概念

下面通过一个实际问题引入常数项级数的概念.

计算半径为 R 的圆的面积 A　作该圆的内接正六边形,记该六边形的面积为 u_1,它是圆面积 A 的一个近似值.为了得到比较精确的近似值,我们以正六边形每条边为底作顶点在圆上的等腰三角形,记这六个等腰三角形面积之和为 u_2,则 u_1+u_2(该圆的内接正十二边形的面积)是 A 的一个较好的近似值.同样,以正十二边形每条边为底继续作顶点在圆上的等腰三角形,记它们的面积之和为 u_3,则 $u_1+u_2+u_3$(该圆的内接正二十四边形的面积)是 A 的一个更好的近似值.如此继续下去,得到 A 的近似值 $u_1+u_2+\cdots+u_n$(该圆的内接正 3×2^n 边形的面积),且当 n 越大时,这个和式值的近似程度越好.记

$$S_1=u_1,\quad S_2=u_1+u_2,\quad \cdots,\quad S_n=u_1+u_2+\cdots+u_n,$$

则当 $n\to\infty$ 时,S_n 的极限就是 A 的值,即 $\lim\limits_{n\to\infty}S_n=A$.

定义 1　设 $u_1,u_2,\cdots,u_n,\cdots$ 是任一数列,称这个数列构成的表达式

$$u_1+u_2+\cdots+u_n+\cdots$$

为无穷级数(简称级数),记作 $\sum\limits_{n=1}^{\infty}u_n$,即

$$\sum_{n=1}^{\infty}u_n=u_1+u_2+\cdots+u_n+\cdots, \tag{11.1}$$

其中 u_n 称为该级数的一般项(或通项).

因为 $u_1,u_2,\cdots,u_n,\cdots$ 为常数,所以级数(11.1)也称为常数项级数(简称数项级数).

若给出一个级数的一般项,则可以写出这个无穷级数.例如:

(1) $\sum\limits_{n=1}^{\infty}\dfrac{1}{2^n}=\dfrac{1}{2}+\dfrac{1}{2^2}+\cdots+\dfrac{1}{2^n}+\cdots$;

(2) $\sum\limits_{n=1}^{\infty}\dfrac{1}{n}=1+\dfrac{1}{2}+\cdots+\dfrac{1}{n}+\cdots$;

(3) $\sum\limits_{n=1}^{\infty}(-1)^{n-1}n=1-2+3-4+\cdots+(-1)^{n-1}n+\cdots$;

(4) $\sum\limits_{n=1}^{\infty}(-1)^{n-1}=1-1+1-1+\cdots+(-1)^{n-1}+\cdots$;

(5) $\sum_{n=1}^{\infty} n = 1 + 2 + \cdots + n + \cdots$.

级数(11.1)的前 n 项之和称为该级数的部分和，记作 S_n，即

$$S_n = u_1 + u_2 + \cdots + u_n.$$

显然，级数(11.1)的所有部分和 $S_n(n=1,2,\cdots)$ 构成一个数列 $\{S_n\}$，称此数列为级数(11.1)的部分和数列. 而从级数(11.1)第 $n+1$ 项起的后面各项之和称为该级数的余项，记作 R_n，即

$$R_n = u_{n+1} + u_{n+2} + \cdots,$$

则

$$\sum_{n=1}^{\infty} u_n = S_n + R_n.$$

在怎样的情况下，级数有确定的值呢？下面就来回答此问题.

定义 2 若级数 $\sum_{n=1}^{\infty} u_n$ 的部分和数列 $\{S_n\}$ 收敛于 S，即

$$\lim_{n\to\infty} S_n = S,$$

则称级数 $\sum_{n=1}^{\infty} u_n$ 收敛且收敛于 S. 这时，称极限值 S 为该级数的和，记为

$$S = \sum_{n=1}^{\infty} u_n = u_1 + u_2 + \cdots + u_n + \cdots.$$

若部分和数列 $\{S_n\}$ 没有极限，则称级数 $\sum_{n=1}^{\infty} u_n$ 发散.

对于级数 $\sum_{n=1}^{\infty} u_n$，下列三种说法是等价的：

(1) 级数 $\sum_{n=1}^{\infty} u_n$ 有确定的和；

(2) 级数 $\sum_{n=1}^{\infty} u_n$ 的部分和数列 $\{S_n\}$ 收敛；

(3) 级数 $\sum_{n=1}^{\infty} u_n$ 的余项 R_n 当 $n\to\infty$ 时的极限为零.

例 1 级数

$$\sum_{n=0}^{\infty} aq^n = a + aq + \cdots + aq^n + \cdots \quad (a \neq 0) \tag{11.2}$$

称为等比级数（又称为几何级数），其中 q 称为公比. 试讨论级数(11.2)的敛散性.

解 当 $q \neq 1$ 时，级数(11.2)的部分和为

$$S_n = a + aq + \cdots + aq^{n-1} = \frac{a(1-q^n)}{1-q} = \frac{a}{1-q} - \frac{aq^n}{1-q}.$$

若 $|q| < 1$，则 $\lim_{n\to\infty} q^n = 0$，故 $\lim_{n\to\infty} S_n = \frac{a}{1-q}$. 这时，级数(11.2)收敛，其和为 $\frac{a}{1-q}$.

若 $|q| > 1$，则 $\lim_{n\to\infty} q^n = \infty$，故 $\lim_{n\to\infty} S_n = \infty$. 这时，级数(11.2)发散.

当$|q|=1$时，若$q=1$，则$S_n=na\to\infty$，级数(11.2)发散；若$q=-1$，则级数(11.2)成为$a-a+a-a+\cdots$，即$S_n=a$或0，从而S_n的极限不存在，级数(11.2)发散.

综上所述，若$|q|<1$，则级数(11.2)收敛；若$|q|\geqslant 1$，则级数(11.2)发散.

例 2　判定级数

$$\sum_{n=1}^{\infty}\frac{1}{n(n+1)}=\frac{1}{1\times 2}+\frac{1}{2\times 3}+\cdots+\frac{1}{n(n+1)}+\cdots$$

的敛散性.

解　由于

$$u_n=\frac{1}{n(n+1)}=\frac{1}{n}-\frac{1}{n+1},$$

从而

$$\begin{aligned}S_n&=\frac{1}{1\times 2}+\frac{1}{2\times 3}+\cdots+\frac{1}{n(n+1)}\\&=\left(1-\frac{1}{2}\right)+\left(\frac{1}{2}-\frac{1}{3}\right)+\cdots+\left(\frac{1}{n}-\frac{1}{n+1}\right)\\&=1-\frac{1}{n+1},\end{aligned}$$

因此

$$\lim_{n\to\infty}S_n=\lim_{n\to\infty}\left(1-\frac{1}{n+1}\right)=1.$$

故级数$\sum\limits_{n=1}^{\infty}\frac{1}{n(n+1)}$收敛.

例 3　讨论调和级数$\sum\limits_{n=1}^{\infty}\frac{1}{n}$的敛散性.

解　调和级数的部分和为$S_n=1+\frac{1}{2}+\cdots+\frac{1}{n}$. 下面求$S_n$当$n\to\infty$时的极限.

考虑到不等式$x>\ln(1+x)(x>0)$，我们有

$$\begin{aligned}S_n&=1+\frac{1}{2}+\cdots+\frac{1}{n}>\ln(1+1)+\ln\left(1+\frac{1}{2}\right)+\cdots+\ln\left(1+\frac{1}{n}\right)\\&=\ln\left(2\cdot\frac{3}{2}\cdot\cdots\cdot\frac{n+1}{n}\right)=\ln(n+1).\end{aligned}$$

因此，当$n\to\infty$时，$S_n\to\infty$，即S_n当$n\to\infty$时的极限不存在，得调和级数$\sum\limits_{n=1}^{\infty}\frac{1}{n}$发散.

二、常数项级数的基本性质

根据级数收敛的定义和极限的运算法则，容易证明以下性质成立：

性质 1　若级数$\sum\limits_{n=1}^{\infty}u_n$收敛于$S$，则级数$\sum\limits_{n=1}^{\infty}ku_n$($k$为常数)也收敛，且其和为$kS$，即

$$\sum_{n=1}^{\infty} ku_n = k\sum_{n=1}^{\infty} u_n.$$

注　无穷级数的每一项同时乘以一个不为零的常数后,其敛散性不变.

性质 2　如果级数 $\sum_{n=1}^{\infty} u_n$, $\sum_{n=1}^{\infty} v_n$ 分别收敛于 S,σ, 那么级数 $\sum_{n=1}^{\infty}(u_n \pm v_n)$ 也收敛,且其和为 $S\pm\sigma$, 即

$$\sum_{n=1}^{\infty}(u_n \pm v_n) = \sum_{n=1}^{\infty} u_n \pm \sum_{n=1}^{\infty} v_n.$$

注　性质 2 说明,两个收敛级数可逐项相加或相减. 性质 2 的结论可推广到有限个收敛级数的情形.

性质 3　在级数中去掉、增加或改变有限项,不改变该级数的敛散性.

证　不妨只考虑在级数中去掉一项的情形.

设在级数 $\sum_{n=1}^{\infty} u_n$ 中去掉第 k 项 u_k,得到新级数

$$u_1 + u_2 + \cdots + u_{k-1} + u_{k+1} + \cdots + u_n + \cdots,$$

则新级数的部分和 S_n' 与原级数的部分和 S_n 之间有如下关系:

$$S_n' = \begin{cases} S_n, & n \leqslant k-1, \\ S_{n+1} - u_k, & n \geqslant k, \end{cases}$$

从而部分和数列 $\{S_n'\}$ 与 $\{S_n\}$ 具有相同的敛散性.

性质 4　如果级数 $\sum_{n=1}^{\infty} u_n$ 收敛,那么对该级数的项任意加括号后所构成的级数仍收敛,且其和不变.

注　(1) 若加括号后所构成的级数发散,则原来的级数也发散.

(2) 若加括号后所构成的级数收敛,则不能断定原来的级数也收敛. 例如,级数

$$(1-1)+(1-1)+\cdots$$

收敛于零,但级数

$$1-1+1-1+\cdots$$

却是发散的.

三、级数收敛的必要条件

定理　若级数 $\sum_{n=1}^{\infty} u_n$ 收敛,则它的一般项 u_n 当 $n\to\infty$ 时的极限为零,即

$$\lim_{n\to\infty} u_n = 0.$$

证　设级数$\sum_{n=1}^{\infty} u_n$收敛于S，则

$$\lim_{n\to\infty} u_n = \lim_{n\to\infty}(S_n - S_{n-1}) = \lim_{n\to\infty} S_n - \lim_{n\to\infty} S_{n-1} = S - S = 0.$$

注　(1) 若级数$\sum_{n=1}^{\infty} u_n$的一般项u_n当$n\to\infty$时的极限不等于零，则该级数发散. 例如，级数$\sum_{n=1}^{\infty} \frac{n}{n+1}$的一般项$u_n=\frac{n}{n+1}$当$n\to\infty$时的极限不等于零，故该级数发散.

(2) 上述定理的逆命题不一定成立，如例 3，故此定理的结论是必要条件，而不是充分条件.

例 4　判定级数$\sum_{n=1}^{\infty} \sin\frac{n\pi}{2}$的敛散性.

解　级数$\sum_{n=1}^{\infty} \sin\frac{n\pi}{2}$的一般项为$u_n = \sin\frac{n\pi}{2}$，当$n\to\infty$时，其极限不存在，所以该级数发散.

习　题　11.1

1. 已知下列级数的一般项，写出它们的前三项：

(1) $u_n = \frac{2n-1}{n!}$；　　(2) $u_n = \frac{2n+1}{3n}$；

(3) $u_n = (-1)^{n-1}\frac{1}{n(n+1)}$.

2. 写出下列级数的部分和S_1及S_n：

(1) $-1-1-1-1-\cdots$；

(2) $\ln\frac{2}{1}+\ln\frac{3}{2}+\cdots+\ln\frac{n+1}{n}+\cdots$.

3. 判定下列级数的敛散性：

(1) $\sum_{n=1}^{\infty}(\sqrt{n+1}-\sqrt{n})$；　　(2) $\sum_{n=1}^{\infty}\frac{1}{(2n-1)(2n+1)}$；

(3) $\sum_{n=1}^{\infty}(-1)^n\cdot 2$；　　(4) $\sum_{n=1}^{\infty}\ln\frac{n}{n+1}$；

(5) $\sum_{n=1}^{\infty}\frac{n+1}{n}$；　　(6) $\sum_{n=1}^{\infty}\frac{(-1)^n n}{2n+1}$.

4. 一皮球从距离地面 6 m 处垂直下落，假设每次从地面反弹后所达到的高度是前一次的$\frac{1}{3}$，求该皮球所经过路程的总和.

§11.2 常数项级数的敛散性判别法

在研究级数时,主要问题是判定级数的敛散性.在通常情况下,直接根据定义来判定级数的敛散性是比较困难的,因此需要借助一些判别法.本节将介绍一些常用的级数敛散性判别法.

一、正项级数及其敛散性

若级数 $\sum_{n=1}^{\infty} u_n$ 的各项都是非负数,即 $u_n \geqslant 0(n=1,2,\cdots)$,则称级数 $\sum_{n=1}^{\infty} u_n$ 为正项级数.

正项级数特别重要,以后遇到的许多级数的敛散性问题都可以归结为这种级数的敛散性问题.

定理 1 正项级数 $\sum_{n=1}^{\infty} u_n$ 收敛的充要条件是它的部分和数列 $\{S_n\}$ 有界.

证 充分性 易知,正项级数 $\sum_{n=1}^{\infty} u_n$ 的部分和数列 $\{S_n\}$ 是一个单调增加数列,即

$$S_1 \leqslant S_2 \leqslant \cdots \leqslant S_n \leqslant \cdots.$$

若 $\{S_n\}$ 有上界 $M(M \geqslant 0)$,则根据"单调有界数列必有极限"可知,级数 $\sum_{n=1}^{\infty} u_n$ 收敛于某个常数 S.

必要性 若正项级数 $\sum_{n=1}^{\infty} u_n$ 收敛于 S,即 $\lim\limits_{n\to\infty} S_n = S$,则根据收敛数列有界的性质可知,部分和数列 $\{S_n\}$ 有界.

直接应用定理 1 来判定正项级数是否收敛往往不太方便,但由定理 1 可以得到几个常用的正项级数敛散性判别法.

定理 2(比较判别法) 设 $\sum_{n=1}^{\infty} u_n$ 和 $\sum_{n=1}^{\infty} v_n$ 都是正项级数,且 $u_n \leqslant v_n(n=1,2,\cdots)$.若级数 $\sum_{n=1}^{\infty} v_n$ 收敛,则级数 $\sum_{n=1}^{\infty} u_n$ 也收敛;若级数 $\sum_{n=1}^{\infty} u_n$ 发散,则级数 $\sum_{n=1}^{\infty} v_n$ 也发散.

证 设级数 $\sum_{n=1}^{\infty} v_n$ 收敛于 σ,并记其部分和为 σ_n.因为 $u_n \leqslant v_n$

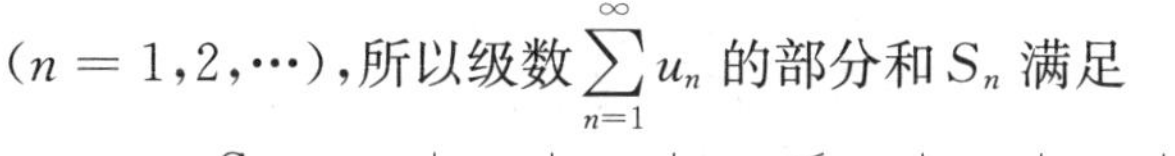

$(n=1,2,\cdots)$，所以级数 $\sum\limits_{n=1}^{\infty} u_n$ 的部分和 S_n 满足

$$S_n = u_1 + u_2 + \cdots + u_n \leqslant v_1 + v_2 + \cdots + v_n = \sigma_n.$$

故由数列 $\{\sigma_n\}$ 有界可知，数列 $\{S_n\}$ 有界. 因此，由定理 1 得级数 $\sum\limits_{n=1}^{\infty} u_n$ 收敛.

若级数 $\sum\limits_{n=1}^{\infty} u_n$ 发散，则其部分和 $S_n \to +\infty\ (n\to\infty)$. 因为 $u_n \leqslant v_n\ (n=1,2,\cdots)$，所以

$$\sigma_n = v_1 + v_2 + \cdots + v_n \geqslant u_1 + u_2 + \cdots + u_n = S_n,$$

从而

$$\sigma_n \to +\infty \quad (n\to\infty),$$

即数列 $\{\sigma_n\}$ 不是有界数列. 故级数 $\sum\limits_{n=1}^{\infty} v_n$ 发散.

例 1　判定级数

$$\frac{1}{2+1} + \frac{1}{2^2+1} + \cdots + \frac{1}{2^n+1} + \cdots$$

的敛散性.

解　所给级数的一般项为 $u_n = \dfrac{1}{2^n+1}$. 取等比级数

$$\sum_{n=1}^{\infty} \frac{1}{2^n} = \frac{1}{2} + \frac{1}{2^2} + \cdots + \frac{1}{2^n} + \cdots \quad \left(公比\ q = \frac{1}{2}\right),$$

显然级数 $\sum\limits_{n=1}^{\infty} \dfrac{1}{2^n}$ 收敛. 而

$$u_n = \frac{1}{2^n+1} < \frac{1}{2^n} \quad (n=1,2,\cdots),$$

故由定理 2 得所给的级数收敛.

例 2　判定级数

$$\frac{1}{3} + \left(\frac{2}{5}\right)^2 + \left(\frac{3}{7}\right)^3 + \left(\frac{4}{9}\right)^4 + \cdots$$

的敛散性.

解　所给级数的一般项为 $u_n = \left(\dfrac{n}{2n+1}\right)^n$，且有

$$u_n = \left(\frac{n}{2n+1}\right)^n < \left(\frac{1}{2}\right)^n \quad (n=1,2,\cdots).$$

因为级数 $\sum\limits_{n=1}^{\infty} \left(\dfrac{1}{2}\right)^n$ 收敛，所以由定理 2 得所给的级数收敛.

例 3　设常数 $p>0$，试讨论 p 级数

$$\sum_{n=1}^{\infty} \frac{1}{n^p} = 1 + \frac{1}{2^p} + \frac{1}{3^p} + \cdots + \frac{1}{n^p} + \cdots \tag{11.3}$$

的敛散性.

解　当 $0<p\leqslant 1$ 时，$\frac{1}{n^p}\geqslant\frac{1}{n}(n=1,2,\cdots)$，而级数 $\sum_{n=1}^{\infty}\frac{1}{n}$ 发散，故由定理 2 得级数 (11.3) 发散.

当 $p>1$ 时，从第一项开始，将级数(11.3) 的一项、两项、四项 …… 分别括在一起，有

$$
\begin{aligned}
&1+\left(\frac{1}{2^p}+\frac{1}{3^p}\right)+\left(\frac{1}{4^p}+\frac{1}{5^p}+\frac{1}{6^p}+\frac{1}{7^p}\right)+\left(\frac{1}{8^p}+\frac{1}{9^p}+\cdots+\frac{1}{15^p}\right)+\cdots\\
&<1+\left(\frac{1}{2^p}+\frac{1}{2^p}\right)+\left(\frac{1}{4^p}+\frac{1}{4^p}+\frac{1}{4^p}+\frac{1}{4^p}\right)+\left(\frac{1}{8^p}+\frac{1}{8^p}+\cdots+\frac{1}{8^p}\right)+\cdots\\
&=1+\frac{1}{2^{p-1}}+\left(\frac{1}{2^{p-1}}\right)^2+\left(\frac{1}{2^{p-1}}\right)^3+\cdots.
\end{aligned}
$$

而上式等号右端的级数是公比为 $q=\frac{1}{2^{p-1}}<1$ 的等比级数，必收敛，故由定理 2 得级数(11.3) 收敛.

综上所述，p 级数 $\sum_{n=1}^{\infty}\frac{1}{n^p}$ 当 $0<p\leqslant 1$ 时发散，当 $p>1$ 时收敛.

例如，当 $p=\frac{1}{2}$ 时，级数 $\sum_{n=1}^{\infty}\frac{1}{\sqrt{n}}$ 发散.

注　比较判别法是判定正项级数敛散性的一个重要方法，在使用此方法时，需要通过观察给定的正项级数，找到另一个已知敛散性的正项级数进行比较. 常用的已知敛散性的级数有等比级数、调和级数和 p 级数等.

推论 1　设 $\sum_{n=1}^{\infty}u_n$ 和 $\sum_{n=1}^{\infty}v_n$ 都是正项级数，且存在正数 k，使得从某一项起，如从第 $N+1$ 项起，即当 $n>N$ 时，有 $u_n\leqslant kv_n$ 成立. 若级数 $\sum_{n=1}^{\infty}v_n$ 收敛，则级数 $\sum_{n=1}^{\infty}u_n$ 也收敛；若级数 $\sum_{n=1}^{\infty}u_n$ 发散，则级数 $\sum_{n=1}^{\infty}v_n$ 也发散.

用比较判别法来判定正项级数的敛散性，必须找到一个关于已知敛散性正项级数与所给正项级数的一般项的不等式，但有时这并非易事. 为了应用方便，给出如下比较判别法的极限形式：

推论 2　设 $\sum_{n=1}^{\infty}u_n$ 和 $\sum_{n=1}^{\infty}v_n$ 都是正项级数，且满足

$$\lim_{n\to\infty}\frac{u_n}{v_n}=\rho.$$

(1) 当 $0<\rho<+\infty$ 时，级数 $\sum_{n=1}^{\infty}u_n$ 和 $\sum_{n=1}^{\infty}v_n$ 的敛散性相同；

(2) 当 $\rho=0$ 时，若级数 $\sum_{n=1}^{\infty}v_n$ 收敛，则级数 $\sum_{n=1}^{\infty}u_n$ 也收敛；

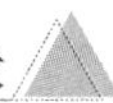

(3) 当 $\rho=+\infty$ 时，若级数 $\sum_{n=1}^{\infty} v_n$ 发散，则级数 $\sum_{n=1}^{\infty} u_n$ 也发散.

证　以(1)为例来证明.

由 $\lim_{n\to\infty}\frac{u_n}{v_n}=\rho$ 可知，当 $0<\rho<+\infty$ 时，取 $\varepsilon=\frac{\rho}{2}>0$，则存在正整数 N，使得当 $n>N$ 时，有

$$\left|\frac{u_n}{v_n}-\rho\right|<\frac{\rho}{2},\quad 即\quad \frac{\rho}{2}v_n<u_n<\frac{3\rho}{2}v_n.$$

由推论 1 可知结论成立.

例 4　判定级数 $\sum_{n=1}^{\infty}\frac{1}{\sqrt{n(n^2+1)}}$ 的敛散性.

解　因为

$$\lim_{n\to\infty}\frac{\frac{1}{\sqrt{n(n^2+1)}}}{\frac{1}{n^{\frac{3}{2}}}}=\lim_{n\to\infty}\frac{\sqrt{n^3}}{\sqrt{n(n^2+1)}}=\lim_{n\to\infty}\frac{1}{\sqrt{1+\frac{1}{n^2}}}=1,$$

而 p 级数 $\sum_{n=1}^{\infty}\frac{1}{n^{\frac{3}{2}}}$ 收敛，所以由推论 2 知级数 $\sum_{n=1}^{\infty}\frac{1}{\sqrt{n(n^2+1)}}$ 收敛.

由比较判别法的极限形式，容易得到下面的比值判别法.

定理 3(比值判别法)　设 $\sum_{n=1}^{\infty} u_n$ 为正项级数，且有

$$\lim_{n\to\infty}\frac{u_{n+1}}{u_n}=\rho.$$

(1) 若 $\rho<1$，则级数 $\sum_{n=1}^{\infty} u_n$ 收敛；

(2) 若 $\rho>1$(包括 $\rho=+\infty$)，则级数 $\sum_{n=1}^{\infty} u_n$ 发散；

(3) 若 $\rho=1$，则级数 $\sum_{n=1}^{\infty} u_n$ 可能收敛，也可能发散.

证　以(1)为例来证明.

当 $\rho<1$ 时，可在 ρ 和 1 之间指定一个正数 q，即 $\rho<q<1$. 根据极限的定义，存在正整数 N，使得当 $n\geqslant N$ 时，有

$$\frac{u_{n+1}}{u_n}<q,$$

即

$$u_{N+1}<qu_N,$$
$$u_{N+2}<qu_{N+1}<q^2u_N,$$

$$u_{N+3} < qu_{N+2} < q^2u_{N+1} < q^3u_N,$$
$$\cdots\cdots$$

由此可得

$$u_{N+1} + u_{N+2} + u_{N+3} + \cdots < u_N(q + q^2 + q^3 + \cdots).$$

而上式右端的等比级数是收敛的(公比 $q < 1$),所以级数 $\sum\limits_{n=1}^{\infty} u_{N+n}$ 也收敛. 因级数 $\sum\limits_{n=1}^{\infty} u_n$ 只比级数 $\sum\limits_{n=1}^{\infty} u_{N+n}$ 多前 N 项,故级数 $\sum\limits_{n=1}^{\infty} u_n$ 也收敛.

例 5 判定级数 $\sum\limits_{n=1}^{\infty} \frac{1}{n!}$ 的敛散性.

解 这里 $u_n = \frac{1}{n!}, u_{n+1} = \frac{1}{(n+1)!}$,所以

$$\lim_{n\to\infty} \frac{u_{n+1}}{u_n} = \lim_{n\to\infty} \frac{1}{n+1} = 0 < 1.$$

故由比值判别法得级数 $\sum\limits_{n=1}^{\infty} \frac{1}{n!}$ 收敛.

例 6 判定级数 $\sum\limits_{n=1}^{\infty} \frac{n}{\alpha^n} (\alpha > 1)$ 的敛散性.

解 这里 $u_n = \frac{n}{\alpha^n}, u_{n+1} = \frac{n+1}{\alpha^{n+1}}$,所以

$$\lim_{n\to\infty} \frac{u_{n+1}}{u_n} = \lim_{n\to\infty} \frac{1}{\alpha} \frac{n+1}{n} = \frac{1}{\alpha} < 1 \quad (因\ \alpha > 1).$$

故由比值判别法得级数 $\sum\limits_{n=1}^{\infty} \frac{n}{\alpha^n}$ 收敛.

例 7 判定级数 $\sum\limits_{n=1}^{\infty} \frac{2^n}{2n-1}$ 的敛散性.

解 这里 $u_n = \frac{2^n}{2n-1}, u_{n+1} = \frac{2^{n+1}}{2n+1}$,所以

$$\lim_{n\to\infty} \frac{u_{n+1}}{u_n} = \lim_{n\to\infty}\left(2 \cdot \frac{2n-1}{2n+1}\right) = 2 > 1.$$

故由比值判别法得级数 $\sum\limits_{n=1}^{\infty} \frac{2^n}{2n-1}$ 发散.

二、交错级数及其敛散性

如果一个级数的各项正、负交错,即形如

$$\sum_{n=1}^{\infty}(-1)^{n-1}u_n = u_1 - u_2 + \cdots + (-1)^{n-1}u_n + \cdots \quad (11.4)$$

或

$$\sum_{n=1}^{\infty}(-1)^{n}u_n = -u_1 + u_2 - \cdots + (-1)^{n}u_n + \cdots, \quad (11.5)$$

其中 $u_n > 0(n = 1,2,\cdots)$，则称此级数为**交错级数**.

显然，级数(11.4)与级数(11.5)具有相同的敛散性.下面主要讨论形如级数(11.4)的交错级数.

定理 4(莱布尼茨定理)　若交错级数 $\sum_{n=1}^{\infty}(-1)^{n-1}u_n$ 满足下面两个条件：

(1) 数列 $\{u_n\}$ 单调减少，即

$$u_1 \geqslant u_2 \geqslant \cdots \geqslant u_n \geqslant \cdots;$$

(2) $\lim_{n\to\infty} u_n = 0$，

则级数 $\sum_{n=1}^{\infty}(-1)^{n-1}u_n$ 收敛，且其和 $S \leqslant u_1$，余项 R_n 满足

$$|R_n| \leqslant u_{n+1}.$$

证　先证明 $\lim_{n\to\infty} S_{2n}$ 存在. S_{2n} 可写成如下两种形式：

$$S_{2n} = (u_1 - u_2) + (u_3 - u_4) + \cdots + (u_{2n-1} - u_{2n})$$

及

$$S_{2n} = u_1 - (u_2 - u_3) - \cdots - (u_{2n-2} - u_{2n-1}) - u_{2n}.$$

这两种形式括号内的值均非负，且由第一种形式可知数列 $\{S_{2n}\}$ 单调增加，由第二种形式可知 $S_{2n} < u_1$. 因此，由"单调有界数列必有极限"可知，$\lim_{n\to\infty} S_{2n}$ 存在，记作 S，即有

$$\lim_{n\to\infty} S_{2n} = S \leqslant u_1.$$

再证明 $\lim_{n\to\infty} S_{2n+1} = S$. 这里 $S_{2n+1} = S_{2n} + u_{2n+1}$，由条件(2)有

$$\lim_{n\to\infty} u_{2n+1} = 0,$$

故

$$\lim_{n\to\infty} S_{2n+1} = \lim_{n\to\infty}(S_{2n} + u_{2n+1}) = S.$$

综上所述，级数 $\sum_{n=1}^{\infty}(-1)^{n-1}u_n$ 收敛于 S，且 $S \leqslant u_1$.

因为

$$R_n = (-1)^n(u_{n+1} - u_{n+2} + \cdots),$$

即

$$|R_n| = u_{n+1} - u_{n+2} + \cdots,$$

而上式右端也是一个满足定理条件的交错级数，所以由上面的证明同理可知

$$|R_n| \leqslant u_{n+1}.$$

例 8 判定级数

$$1-\frac{1}{2}+\frac{1}{3}-\frac{1}{4}+\cdots+(-1)^{n-1}\frac{1}{n}+\cdots$$

的敛散性.

解 该级数满足条件：(1) $u_n=\frac{1}{n}>\frac{1}{n+1}=u_{n+1}(n=1,2,\cdots)$，即数列$\{u_n\}$单调减少；(2) $\lim\limits_{n\to\infty}u_n=\lim\limits_{n\to\infty}\frac{1}{n}=0$. 由定理 4 知该级数收敛.

注 在例 8 中，若取所给级数的前 n 项之和

$$S_n=1-\frac{1}{2}+\cdots+(-1)^{n-1}\frac{1}{n}$$

作为此级数的和 S 的近似值，则所产生的误差为

$$|R_n|\leqslant\frac{1}{n+1}=u_{n+1}.$$

例 9 判定级数 $\sum\limits_{n=1}^{\infty}(-1)^{n-1}\frac{1}{2^{n-1}}$ 的敛散性.

解 该级数满足条件：(1) $u_n=\frac{1}{2^{n-1}}>\frac{1}{2^n}=u_{n+1}(n=1,2,\cdots)$，即数列$\{u_n\}$单调减少；(2) $\lim\limits_{n\to\infty}u_n=\lim\limits_{n\to\infty}\frac{1}{2^{n-1}}=0$. 由定理 4 知该级数收敛.

注 对于例 9 中所给的级数，若取前 n 项之和

$$S_n=1-\frac{1}{2}+\cdots+(-1)^{n-1}\frac{1}{2^{n-1}}$$

作为其和 S 的近似值，则所产生的误差为

$$|R_n|\leqslant\frac{1}{2^n}=u_{n+1}.$$

三、绝对收敛与条件收敛

如果级数 $\sum\limits_{n=1}^{\infty}u_n$ 各项的绝对值所构成的正项级数 $\sum\limits_{n=1}^{\infty}|u_n|$ 收敛，则称级数 $\sum\limits_{n=1}^{\infty}u_n$ 绝对收敛；如果级数 $\sum\limits_{n=1}^{\infty}u_n$ 收敛，而正项级数 $\sum\limits_{n=1}^{\infty}|u_n|$ 发散，则称级数 $\sum\limits_{n=1}^{\infty}u_n$ 条件收敛.

例如，将例 9 中收敛交错级数 $\sum\limits_{n=1}^{\infty}(-1)^{n-1}\frac{1}{2^{n-1}}$ 的每项取绝对值，可得到正项级数 $\sum\limits_{n=1}^{\infty}\frac{1}{2^{n-1}}$$\left(\text{公比为 } q=\frac{1}{2} \text{ 的等比级数}\right)$，它是收敛的，所以级数 $\sum\limits_{n=1}^{\infty}(-1)^{n-1}\frac{1}{2^{n-1}}$ 是绝对收敛的；而将例 8 中收敛交错级数 $\sum\limits_{n=1}^{\infty}(-1)^{n-1}\frac{1}{n}$ 的每项取绝对值，可得到正项级数 $\sum\limits_{n=1}^{\infty}\frac{1}{n}$（调和级数），它是发散的，所以级数 $\sum\limits_{n=1}^{\infty}(-1)^{n-1}\frac{1}{n}$ 是条件收敛的.

定理 5　若级数 $\sum\limits_{n=1}^{\infty}u_n$ 绝对收敛，则级数 $\sum\limits_{n=1}^{\infty}u_n$ 必定收敛.

证　令

$$v_n=\frac{1}{2}(u_n+|u_n|)\quad(n=1,2,\cdots),$$

则

$$0\leqslant v_n\leqslant|u_n|\quad(n=1,2,\cdots).$$

因为级数 $\sum\limits_{n=1}^{\infty}|u_n|$ 收敛，所以由比较判别法知级数 $\sum\limits_{n=1}^{\infty}v_n$ 收敛，从而级数 $\sum\limits_{n=1}^{\infty}2v_n$ 也收敛. 又因为 $u_n=2v_n-|u_n|$，所以级数

$$\sum_{n=1}^{\infty}u_n=\sum_{n=1}^{\infty}(2v_n-|u_n|)$$

可由两个收敛级数逐项相减得到. 因此，由常数项级数的性质 2 知级数 $\sum\limits_{n=1}^{\infty}u_n$ 收敛.

例 10　判定级数 $\sum\limits_{n=1}^{\infty}\frac{x_0^n}{n!}$（$x_0$ 是可正可负的实数）的敛散性.

解　先考虑由所给级数各项的绝对值构成的正项级数 $\sum\limits_{n=1}^{\infty}\frac{|x_0|^n}{n!}$ 的敛散性. 对于这个级数，有

$$u_n=\frac{|x_0|^n}{n!},\quad u_{n+1}=\frac{|x_0|^{n+1}}{(n+1)!},$$

于是

$$\lim_{n\to\infty}\frac{u_{n+1}}{u_n}=\lim_{n\to\infty}\frac{|x_0|}{n+1}=0<1.$$

故由比值判别法知级数 $\sum\limits_{n=1}^{\infty}\frac{|x_0|^n}{n!}$ 收敛. 因此，由定理 5 知级数 $\sum\limits_{n=1}^{\infty}\frac{x_0^n}{n!}$ 收敛.

习 题 11.2

1. 用比较判别法判定下列级数的敛散性:

(1) $\sum\limits_{n=1}^{\infty}\frac{1}{2n-1}$; (2) $\sum\limits_{n=1}^{\infty}\frac{1}{(n+1)(n+4)}$;

(3) $\sum\limits_{n=1}^{\infty}\sin\left(\frac{\pi}{n}\right)^2$; (4) $\sum\limits_{n=1}^{\infty}\ln\left(1+\frac{1}{2^n}\right)$.

2. 用比值判别法判定下列级数的敛散性:

(1) $\sum\limits_{n=1}^{\infty}\frac{n^2}{3^n}$; (2) $\sum\limits_{n=1}^{\infty}\sin\frac{\pi}{2^n}$;

(3) $\sum\limits_{n=1}^{\infty}\frac{n^4}{n!}$; (4) $\sum\limits_{n=1}^{\infty}\frac{2^n n!}{n^n}$.

3. 判定下列级数是否收敛,若收敛,指出是绝对收敛还是条件收敛:

(1) $\sum\limits_{n=1}^{\infty}(-1)^{n-1}\frac{1}{\sqrt{n+1}}$; (2) $\sum\limits_{n=1}^{\infty}(-1)^{n-1}\frac{n+1}{5^n}$;

(3) $\sum\limits_{n=1}^{\infty}(-1)^{n-1}\frac{1}{(n+2)(2n+3)}$; (4) $\sum\limits_{n=1}^{\infty}(-1)^{n-1}\frac{1}{\ln n}$.

§11.3 幂 级 数

一、函数项级数

前面两节给出了常数项级数的概念、性质以及判定其敛散性的方法,接下来我们讨论应用更为广泛的函数项级数.

定义1 若$\{u_n(x)\}(n=1,2,\cdots)$为定义在区间I上的一个函数列,则称由这一函数列构成的表达式

$$u_1(x)+u_2(x)+\cdots+u_n(x)+\cdots=\sum_{n=1}^{\infty}u_n(x)$$

为定义在I上的**函数项级数**(简称**级数**),其中$u_n(x)$称为该函数项级数的**一般项**.

在函数项级数$\sum\limits_{n=1}^{\infty}u_n(x)$中,当$x$取定义区间$I$中某一确定值$x_0$时,得到一个常数项级数

$$\sum_{n=1}^{\infty} u_n(x_0) = u_1(x_0) + u_2(x_0) + \cdots + u_n(x_0) + \cdots.$$

若常数项级数 $\sum_{n=1}^{\infty} u_n(x_0)$ 收敛，则称 x_0 是函数项级数 $\sum_{n=1}^{\infty} u_n(x)$ 的一个**收敛点**. 若常数项级数 $\sum_{n=1}^{\infty} u_n(x_0)$ 发散，则称 x_0 是函数项级数 $\sum_{n=1}^{\infty} u_n(x)$ 的一个**发散点**. 函数项级数收敛点的全体组成的集合称为函数项级数的**收敛域**.

设 x_0 是函数项级数 $\sum_{n=1}^{\infty} u_n(x)$ 的收敛域内的任一点，则必有一个和 $S(x_0)$ 与之对应，即

$$S(x_0) = \sum_{n=1}^{\infty} u_n(x_0) = u_1(x_0) + u_2(x_0) + \cdots + u_n(x_0) + \cdots.$$

当点 x_0 在收敛域内变动时，由对应关系就得到一个定义在收敛域上的函数 $S(x)$，使得

$$S(x) = \sum_{n=1}^{\infty} u_n(x) = u_1(x) + u_2(x) + \cdots + u_n(x) + \cdots.$$

通常称 $S(x)$ 为函数项级数 $\sum_{n=1}^{\infty} u_n(x)$ 的**和函数**.

类似于常数项级数的情形，将函数项级数 $\sum_{n=1}^{\infty} u_n(x)$ 的前 n 项和记作 $S_n(x)$（称为**部分和函数**），即

$$S_n(x) = \sum_{n=1}^{\infty} u_n(x) = u_1(x) + u_2(x) + \cdots + u_n(x),$$

那么在函数项级数 $\sum_{n=1}^{\infty} u_n(x)$ 的收敛域内，有

$$\lim_{n\to\infty} S_n(x) = S(x).$$

记

$$R_n(x) = S(x) - S_n(x),$$

称之为函数项级数 $\sum_{n=1}^{\infty} u_n(x)$ 的**余项**，则在收敛域内有

$$\lim_{n\to\infty} R_n(x) = 0.$$

在函数项级数中，比较常见的是幂级数和三角级数. 以下我们先讨论幂级数.

二、幂级数及其敛散性

定义 2　一般项是 x 的幂函数 $a_n x^n$ 的函数项级数称为**幂级数**，其形式为

$$\sum_{n=0}^{\infty} a_n x^n = a_0 + a_1 x + a_2 x^2 + \cdots + a_n x^n + \cdots, \tag{11.6}$$

其中常数 $a_0, a_1, a_2, \cdots, a_n, \cdots$ 称为**幂级数的系数**.

注　一般项是 $x-x_0$ 的幂函数 $a_n(x-x_0)^n$ 的函数项级数也称为幂级数，其形式为

$$\sum_{n=0}^{\infty} a_n (x-x_0)^n = a_0 + a_1(x-x_0) + a_2(x-x_0)^2 + \cdots + a_n(x-x_0)^n + \cdots. \tag{11.7}$$

若 $x_0 \neq 0$，令 $y = x - x_0$，则 $x - x_0$ 的幂级数(11.7)就变成 y 的幂级数，它具有(11.6)式的形式. 因此，我们只需讨论幂级数(11.6)的敛散性即可.

对于幂级数的敛散性，我们可以证明如下重要的定理：

定理 1　若幂级数 $\sum\limits_{n=0}^{\infty} a_n x^n$ 在点 $x = x_0(x_0 \neq 0)$ 处收敛，则对于满足不等式 $|x| < |x_0|$ 的一切点 x，该幂级数绝对收敛；反之，若幂级数 $\sum\limits_{n=0}^{\infty} a_n x^n$ 在点 $x = x_0$ 处发散，则对于满足不等式 $|x| > |x_0|$ 的一切点 x，该幂级数发散.

证　先证明定理的第一部分. 设 x_0 是幂级数 $\sum\limits_{n=0}^{\infty} a_n x^n$ 的收敛点，则由级数收敛的必要条件得 $\lim\limits_{n\to\infty} a_n x_0^n = 0$. 根据极限的性质，存在一个常数 $M(M>0)$，使得

$$|a_n x_0^n| < M \quad (n = 0, 1, 2, \cdots).$$

这时幂级数 $\sum\limits_{n=0}^{\infty} a_n x^n$ 的一般项的绝对值为

$$|a_n x^n| = \left|a_n x_0^n \frac{x^n}{x_0^n}\right| = |a_n x_0^n| \left|\frac{x^n}{x_0^n}\right| \leqslant M \left|\frac{x}{x_0}\right|^n.$$

因为当 $|x| < |x_0|$ 时，等比级数 $\sum\limits_{n=0}^{\infty} M\left|\frac{x}{x_0}\right|^n$ 收敛 $\left(公比 \left|\frac{x}{x_0}\right| < 1\right)$，所以由比较判别法知幂级数 $\sum\limits_{n=0}^{\infty} a_n x^n$ 绝对收敛.

用反证法证明定理的第二部分. 假设幂级数 $\sum\limits_{n=0}^{\infty} a_n x^n$ 在点 $x = x_0$ 处发散，有一点 x_1 满足 $|x_1| > |x_0|$，且使得幂级数 $\sum\limits_{n=0}^{\infty} a_n x^n$ 在点 $x = x_1$ 处收敛，那么由定理的第一部分知该幂级数在点 $x = x_0$ 处应收敛. 这和假设矛盾，于是定理得证.

若幂级数 $\sum\limits_{n=0}^{\infty} a_n x^n$ 不是仅在点 $x = 0$ 处收敛，也不是在区间

$(-\infty,+\infty)$ 上收敛，则必然存在常数 $R(R>0)$，使得

当 $|x|<R$ 时，幂级数 $\sum_{n=0}^{\infty}a_nx^n$ 绝对收敛；

当 $|x|>R$ 时，幂级数 $\sum_{n=0}^{\infty}a_nx^n$ 发散；

当 $x=\pm R$ 时，幂级数 $\sum_{n=0}^{\infty}a_nx^n$ 可能收敛，也可能发散.

我们称上述的常数 R 为幂级数 $\sum_{n=0}^{\infty}a_nx^n$ 的**收敛半径**，且称开区间 $(-R,R)$ 为该幂级数的**收敛区间**. 幂级数 $\sum_{n=0}^{\infty}a_nx^n$ 在点 $x=\pm R$ 处的敛散性需根据具体情况讨论得到，故它的**收敛域**只可能是下面四个区间之一：

$$(-R,R),\quad [-R,R),\quad (-R,R],\quad [-R,R].$$

若幂级数 $\sum_{n=0}^{\infty}a_nx^n$ 仅在点 $x=0$ 处收敛，则规定 $R=0$；若该幂级数对一切点 x 均收敛，则规定 $R=+\infty$，这时收敛区间是 $(-\infty,+\infty)$.

现在介绍幂级数 $\sum_{n=0}^{\infty}a_nx^n$ 的收敛半径 R 的求法.

定理 2　设 R 是幂级数 $\sum_{n=0}^{\infty}a_nx^n$ 的收敛半径，且该幂级数的系数满足

$$\lim_{n\to\infty}\left|\frac{a_{n+1}}{a_n}\right|=A,$$

则

$$R=\begin{cases}\dfrac{1}{A}, & A\neq 0,+\infty,\\ +\infty, & A=0,\\ 0, & A=+\infty.\end{cases}$$

证　幂级数 $\sum_{n=0}^{\infty}a_nx^n$ 各项取绝对值后构成的级数为

$$|a_0|+|a_1x|+|a_2x^2|+\cdots+|a_nx^n|+\cdots,$$

且有

$$\left|\frac{a_{n+1}x^{n+1}}{a_nx^n}\right|=\left|\frac{a_{n+1}}{a_n}\right||x|\to A|x|\quad (n\to\infty).$$

若 $A\neq 0,+\infty$，则由比值判别法知，当 $A|x|<1$，即 $|x|<\dfrac{1}{A}$ 时，幂级数 $\sum_{n=0}^{\infty}a_nx^n$ 绝对收敛；当 $A|x|>1$，即 $|x|>\dfrac{1}{A}$ 时，幂级数 $\sum_{n=0}^{\infty}|a_nx^n|$ 发散，且从某一项开始有

$$|a_{n+1}x^{n+1}|>|a_nx^n|,$$

因此当 $n\to\infty$ 时，其一般项 $|a_nx^n|$ 不趋于零，从而 a_nx^n 也不趋于零，即幂级数 $\sum\limits_{n=0}^{\infty}a_nx^n$ 发散. 于是，幂级数 $\sum\limits_{n=0}^{\infty}a_nx^n$ 的收敛半径为 $R=\dfrac{1}{A}$.

若 $A=0$，则对于一切点 x，有

$$\left|\frac{a_{n+1}x^{n+1}}{a_nx^n}\right|\to 0\quad(n\to\infty).$$

故幂级数 $\sum\limits_{n=0}^{\infty}a_nx^n$ 在区间 $(-\infty,+\infty)$ 上收敛，于是 $R=+\infty$.

若 $A=+\infty$，则对于除点 $x=0$ 外的一切点 x，有

$$\lim_{n\to\infty}\left|\frac{a_{n+1}x^{n+1}}{a_nx^n}\right|=\lim_{n\to\infty}\left|\frac{a_{n+1}}{a_n}\right||x|=+\infty.$$

所以，对于一切点 $x\neq 0$，当 $n\to\infty$ 时，a_nx^n 不趋于零，从而幂级数 $\sum\limits_{n=0}^{\infty}a_nx^n$ 发散. 于是 $R=0$.

例 1 求幂级数 $1+\sum\limits_{n=1}^{\infty}\dfrac{x^n}{n}$ 的收敛域.

解 这里当 $n\geqslant 1$ 时，$a_n=\dfrac{1}{n}$，$a_{n+1}=\dfrac{1}{n+1}$，所以

$$A=\lim_{n\to\infty}\left|\frac{a_{n+1}}{a_n}\right|=\lim_{n\to\infty}\frac{n}{n+1}=1.$$

故该幂级数的收敛半径为

$$R=\frac{1}{A}=\frac{1}{1}=1.$$

当 $x=1$ 时，该幂级数成为常数项级数 $1+\sum\limits_{n=1}^{\infty}\dfrac{1}{n}$，则由调和级数发散知该幂级数在点 $x=1$ 处发散.

当 $x=-1$ 时，该幂级数成为交错级数

$$1-1+\frac{1}{2}-\frac{1}{3}+\cdots,\tag{11.8}$$

则由莱布尼茨定理知级数(11.8)收敛.

综上可知，该幂级数的收敛域是 $[-1,1)$.

例 2 求幂级数 $\sum\limits_{n=0}^{\infty}\dfrac{x^n}{n!}$（规定 $0!=1$）的收敛域.

解 这里 $a_n=\dfrac{1}{n!}$，$a_{n+1}=\dfrac{1}{(n+1)!}$，所以

$$A=\lim_{n\to\infty}\left|\frac{a_{n+1}}{a_n}\right|=\lim_{n\to\infty}\frac{1}{n+1}=0.$$

故该幂级数的收敛半径为 $R=+\infty$，从而收敛域是 $(-\infty,+\infty)$.

例 3 求幂级数 $\sum\limits_{n=0}^{\infty}n!x^n$ 的收敛域.

解　这里 $a_n = n!, a_{n+1} = (n+1)!$，所以

$$A = \lim_{n\to\infty}\left|\frac{a_{n+1}}{a_n}\right| = \lim_{n\to\infty}(n+1) = +\infty.$$

故该幂级数的收敛半径为 $R=0$，从而该幂级数仅在点 $x=0$ 处收敛.

例 4　求幂级数 $\sum_{n=1}^{\infty}\frac{2n!}{(n!)^2}x^{2n}$ 的收敛半径 R.

解　此幂级数缺奇次幂项，故不能直接使用定理 2. 下面利用比值判别法来求 R.

这里 $u_n = \frac{2n!}{(n!)^2}x^{2n}, u_{n+1} = \frac{2(n+1)!}{[(n+1)!]^2}x^{2(n+1)}$. 因为

$$\lim_{n\to\infty}\left|\frac{u_{n+1}}{u_n}\right| = \lim_{n\to\infty}\left|\frac{\frac{2(n+1)!}{[(n+1)!]^2}x^{2(n+1)}}{\frac{2n!}{(n!)^2}x^{2n}}\right| = 4x^2,$$

所以当 $4x^2<1$，即 $|x|<\frac{1}{2}$ 时，该幂级数收敛；当 $4x^2>1$，即 $|x|>\frac{1}{2}$ 时，该幂级数发散. 故 $R=\frac{1}{2}$.

三、幂级数的运算与性质

性质 1　设有两个幂级数 $\sum_{n=0}^{\infty}a_nx^n$ 和 $\sum_{n=0}^{\infty}b_nx^n$，其收敛半径分别为 R_1, R_2，则它们可进行下列四则运算：

(1) 加法、减法：

$$\begin{aligned}
&\sum_{n=0}^{\infty}a_nx^n \pm \sum_{n=0}^{\infty}b_nx^n \\
&\quad = (a_0+a_1x+a_2x^2+\cdots+a_nx^n+\cdots) \\
&\qquad \pm(b_0+b_1x+b_2x^2+\cdots+b_nx^n+\cdots) \\
&\quad = (a_0\pm b_0)+(a_1\pm b_1)x+(a_2\pm b_2)x^2 \\
&\qquad +\cdots+(a_n\pm b_n)x^n+\cdots,
\end{aligned}$$

其中第二个等号右端幂级数的收敛半径为 $R=\min\{R_1,R_2\}$.

(2) 乘法：

$$\begin{aligned}
&\sum_{n=0}^{\infty}a_nx^n \cdot \sum_{n=0}^{\infty}b_nx^n \\
&\quad = (a_0+a_1x+a_2x^2+\cdots+a_nx^n+\cdots) \\
&\qquad \cdot(b_0+b_1x+b_2x^2+\cdots+b_nx^n+\cdots) \\
&\quad = a_0b_0+(a_0b_1+a_1b_0)x+(a_0b_2+a_1b_1+a_2b_0)x^2+\cdots \\
&\qquad +(a_0b_n+a_1b_{n-1}+\cdots+a_nb_0)x^n+\cdots,
\end{aligned}$$

其中第二个等号右端幂级数的收敛半径为 $R=\min\{R_1,R_2\}$.

性质 2　幂级数的和函数在其收敛域内是连续的.

性质 3 设幂级数 $\sum_{n=0}^{\infty} a_n x^n$ 的收敛半径为 R,和函数为 $S(x)$,则

(1) $S(x)$ 在收敛区间 $(-R,R)$ 内可导,且有逐项求导公式

$$S'(x) = \left(\sum_{n=0}^{\infty} a_n x^n\right)' = \sum_{n=0}^{\infty} (a_n x^n)' = \sum_{n=1}^{\infty} a_n n x^{n-1}; \quad (11.9)$$

(2) $S(x)$ 在收敛区间 $(-R,R)$ 内可积,且有逐项积分公式

$$\int_0^x S(t)\mathrm{d}t = \int_0^x \left(\sum_{n=0}^{\infty} a_n t^n\right)\mathrm{d}t = \sum_{n=0}^{\infty} \int_0^x a_n t^n \mathrm{d}t$$

$$= \sum_{n=0}^{\infty} \frac{a_n}{n+1} x^{n+1}. \quad (11.10)$$

逐项求导或逐项积分后得到的幂级数与原幂级数有相同的收敛半径.

注 若(11.9),(11.10)两式最后一个等号右端的幂级数在点 $x=\pm R$ 处收敛,则这两式在点 $x=\pm R$ 处亦成立.

例 5 对幂级数

$$\frac{1}{1+x} = 1 - x + \cdots + (-1)^n x^n + \cdots \quad (-1 < x < 1)$$

逐项求导、逐项积分.

解 对所给的幂级数逐项求导,得

$$\frac{-1}{(1+x)^2} = -1 + 2x - \cdots + (-1)^n n x^{n-1} + \cdots \quad (-1 < x < 1);$$

对所给的幂级数逐项积分,得

$$\ln(1+x) = x - \frac{1}{2}x^2 + \cdots + \frac{(-1)^n}{n+1} x^{n+1} + \cdots \quad (-1 < x < 1),$$

且上式在点 $x=1$ 处也成立,因为其右端的幂级数在点 $x=1$ 处收敛.

例 6 求幂级数 $\sum_{n=1}^{\infty} \frac{x^n}{n}$ 的和函数.

解 由例1知,幂级数 $\sum_{n=1}^{\infty} \frac{x^n}{n}$ 的收敛半径为 $R=1$,收敛域为 $[-1,1)$. 设幂级数 $\sum_{n=1}^{\infty} \frac{x^n}{n}$ 的和函数为 $S(x)$,即 $S(x) = \sum_{n=1}^{\infty} \frac{x^n}{n}$. 在收敛域 $[-1,1)$ 内利用和函数 $S(x)$ 的可导性并逐项求导,得

$$S'(x) = \sum_{n=1}^{\infty} \left(\frac{x^n}{n}\right)' = \sum_{n=1}^{\infty} x^{n-1} = \frac{1}{1-x}.$$

再对 $S'(x)$ 积分,得

$$S(x) = -\ln(1-x) + C,$$

其中 C 为待定常数. 显然,当 $x=0$ 时,由 $S(x) = \sum_{n=1}^{\infty} \frac{x^n}{n}$ 知 $S(0)=0$,从而可解得 $C=0$,于是有

$$S(x) = -\ln(1-x) \quad (-1 \leqslant x < 1).$$

习　题　11.3

1. 求下列幂级数的收敛域：

(1) $\sum\limits_{n=1}^{\infty} nx^n$；　　(2) $\sum\limits_{n=1}^{\infty} \dfrac{n!}{n^n}x^n$；

(3) $\sum\limits_{n=1}^{\infty} \dfrac{x^n}{2^n n^2}$；　　(4) $\sum\limits_{n=1}^{\infty} (-1)^{n-1}\dfrac{x^{2n-1}}{2n-1}$；

(5) $\sum\limits_{n=1}^{\infty} \dfrac{(x+2)^n}{2^n n}$；　　(6) $\sum\limits_{n=1}^{\infty} \dfrac{2^n}{n}(x-1)^n$.

2. 已知幂级数 $\sum\limits_{n=0}^{\infty} x^n = \dfrac{1}{1-x}(-1<x<1)$，利用逐项求导或逐项积分，求下列幂级数在收敛区间内的和函数：

(1) $\sum\limits_{n=0}^{\infty}(n+1)x^n \quad (-1<x<1)$；　　(2) $\sum\limits_{n=0}^{\infty} \dfrac{1}{4n+1}x^{4n+1} \quad (-1<x<1)$.

§11.4 函数展开成幂级数

在 §11.3 中，我们讨论了幂级数的敛散性. 我们知道，在收敛域内，幂级数收敛于它的和函数；对于一些简单的幂级数，可以借助逐项求导或逐项积分的方法，求出其和函数. 但在实际应用中，我们常常会遇到相反的问题：对于给定的函数 $f(x)$，是否可以在一个给定的区间上展开成幂级数？即是否能找到这样一个幂级数，它在某区间内收敛，且其和函数恰好就是 $f(x)$？

一、泰勒公式

由拉格朗日中值定理可知，若函数 $f(x)$ 在点 x_0 的某一邻域 $U(x_0)$ 内可导，那么对于任一 $x\in U(x_0)$，有

$$f(x)=f(x_0)+f'(\xi)(x-x_0)\quad(\xi\text{ 在 }x_0\text{ 与 }x\text{ 之间}).$$

若用 $f(x_0)$ 近似表示 $f(x)$，即 $f(x)\approx f(x_0)$，并将这样所引起的误差记作 R_0，则

$$R_0(x)=f'(\xi)(x-x_0)\quad(\xi\text{ 在 }x_0\text{ 与 }x\text{ 之间}).$$

如果函数 $f(x)$ 在点 x_0 的某一邻域 $U(x_0)$ 内具有二阶导数，那么对于任一 $x\in U(x_0)$，用

$$f(x_0)+\frac{f'(x_0)}{1!}(x-x_0)$$

近似表示 $f(x)$，即

$$f(x)\approx f(x_0)+\frac{f'(x_0)}{1!}(x-x_0),$$

并将这样所引起的误差记作 R_1，则可以得到

$$R_1(x)=\frac{1}{2!}f''(\xi)(x-x_0)^2\quad(\xi\text{ 在 }x_0\text{ 与 }x\text{ 之间}).$$

这时

$$f(x)=f(x_0)+\frac{f'(x_0)}{1!}(x-x_0)+R_1(x).$$

继续下去，可得如下定理：

定理 1［泰勒(Taylor)中值定理］ 如果函数 $f(x)$ 在点 x_0 的某一邻域 $U(x_0)$ 内具有 $n+1$ 阶导数，那么对于任一 $x\in U(x_0)$，有

$$f(x)=f(x_0)+\frac{f'(x_0)}{1!}(x-x_0)+\frac{f''(x_0)}{2!}(x-x_0)^2+\cdots+\frac{f^{(n)}(x_0)}{n!}(x-x_0)^n+R_n(x),\tag{11.11}$$

其中

$$R_n(x)=\frac{1}{(n+1)!}f^{(n+1)}(\xi)(x-x_0)^{n+1}\quad(\xi\text{ 在 }x_0\text{ 与 }x\text{ 之间}).\tag{11.12}$$

多项式

$$f(x_0)+\frac{f'(x_0)}{1!}(x-x_0)+\frac{f''(x_0)}{2!}(x-x_0)^2+\cdots+\frac{f^{(n)}(x_0)}{n!}(x-x_0)^n\tag{11.13}$$

称为函数 $f(x)$ 在点 x_0 处的 n 次泰勒多项式.(11.12) 式给出的 $R_n(x)$ 称为拉格朗日余项，(11.11) 式称为函数 $f(x)$ 在点 x_0 处的带有拉格朗日余项的 n 阶泰勒公式(或 n 阶泰勒展开式).

若 $x_0=0$，则(11.11) 式成为

$$f(x)=f(0)+\frac{f'(0)}{1!}x+\frac{f''(0)}{2!}x^2+\cdots+\frac{f^{(n)}(0)}{n!}x^n+R_n(x),\tag{11.14}$$

拉格朗日余项的表达式(11.12) 成为

$$R_n(x)=\frac{f^{(n+1)}(\xi)}{(n+1)!}x^{n+1}\quad(\xi\text{ 在 }0\text{ 与 }x\text{ 之间})\tag{11.15}$$

或

$$R_n(x)=\frac{f^{(n+1)}(\theta x)}{(n+1)!}x^{n+1}\quad(0<\theta<1).\tag{11.16}$$

如果存在常数 $M(M>0)$，使得 $|f^{(n+1)}(\theta x)|\leqslant M$，则有误差估计式

$$|R_n(x)|\leqslant\frac{M}{(n+1)!}|x|^{n+1}.\tag{11.17}$$

(11.14) 式称为函数 $f(x)$ 的 n 阶麦克劳林(Maclaurin) 公式.

例 1　求函数 $f(x)=\mathrm{e}^x$ 的 n 阶麦克劳林公式.

解　因为

$$f'(x)=\mathrm{e}^x,\quad f^{(n)}(x)=\mathrm{e}^x\quad(n=2,3,\cdots),$$

所以

$$f(0)=1,\quad f'(0)=1,\quad f''(0)=1,\quad \cdots,\quad f^{(n)}(0)=1,\quad f^{(n+1)}(\theta x)=\mathrm{e}^{\theta x}.$$

因此,由(11.14) 式得 e^x 的 n 阶麦克劳林公式

$$\mathrm{e}^x=1+\frac{x}{1!}+\frac{x^2}{2!}+\cdots+\frac{x^n}{n!}+\frac{\mathrm{e}^{\theta x}}{(n+1)!}x^{n+1}\quad(0<\theta<1).$$

由例 1 可得到 e^x 的近似表达式

$$\mathrm{e}^x\approx 1+\frac{x}{1!}+\frac{x^2}{2!}+\cdots+\frac{x^n}{n!},$$

这时误差 $R_n(x)$ 满足

$$|R_n(x)|=\left|\frac{\mathrm{e}^{\theta x}}{(n+1)!}x^{n+1}\right|<\frac{\mathrm{e}^x}{(n+1)!}x^{n+1}\quad(0<\theta<1).$$

若取 $x=1$,则 e 的近似值为

$$\mathrm{e}\approx 1+\frac{1}{1!}+\frac{1}{2!}+\cdots+\frac{1}{n!},$$

这时误差为 $R_n(1)$,且有

$$|R_n(1)|<\frac{\mathrm{e}}{(n+1)!}<\frac{3}{(n+1)!}.$$

例 2　求函数 $f(x)=\sin x$ 的 n 阶麦克劳林公式.

解　因为

$$f'(x)=\cos x,\quad f''(x)=-\sin x,\quad f'''(x)=-\cos x,$$

$$f^{(4)}(x)=\sin x,\quad \cdots,\quad f^{(n)}(x)=\sin\left(x+\frac{n\pi}{2}\right),$$

所以

$$f(0)=0,\quad f'(0)=1,\quad f''(0)=0,\quad f'''(0)=-1,$$

$$f^{(4)}(0)=0,\quad \cdots,\quad f^{(n)}(0)=\sin\frac{n\pi}{2}.$$

因此,由(11.14) 式得 $\sin x$ 的 n 阶麦克劳林公式

$$\sin x=\frac{x}{1!}-\frac{x^3}{3!}+\frac{x^5}{5!}-\cdots+(-1)^{m-1}\frac{x^{2m-1}}{(2m-1)!}+R_{2m}(x),$$

其中

$$R_{2m}(x)=\frac{\sin\left[\theta x+(2m+1)\dfrac{\pi}{2}\right]}{(2m+1)!}x^{2m+1}\quad(0<\theta<1).$$

二、泰勒级数

定义 若函数 $f(x)$ 在点 x_0 处存在各阶导数,则幂级数

$$f(x_0)+\frac{f'(x_0)}{1!}(x-x_0)+\frac{f''(x_0)}{2!}(x-x_0)^2+\cdots+\frac{f^{(n)}(x_0)}{n!}(x-x_0)^n+\cdots, \tag{11.18}$$

称为函数 $f(x)$ 在点 x_0 处的泰勒级数.

当 $x_0=0$ 时,幂级数(11.18)成为

$$f(0)+\frac{f'(0)}{1!}x+\frac{f''(0)}{2!}x^2\cdots+\frac{f^{(n)}(0)}{n!}x^n+\cdots. \tag{11.19}$$

我们称幂级数(11.19)为函数 $f(x)$ 的麦克劳林级数.

定理 2 设函数 $f(x)$ 在点 x_0 的某一邻域 $U(x_0)$ 内具有任意阶导数,则函数 $f(x)$ 在点 x_0 处的泰勒级数在邻域 $U(x_0)$ 内收敛于函数 $f(x)$ 的充要条件是,泰勒公式中的余项 $R_n(x)$ 当 $n\to\infty$ 时的极限为零,即

$$\lim_{n\to\infty}R_n(x)=0.$$

证 充分性 因为函数 $f(x)$ 在点 x_0 处的泰勒公式(11.11)可写为

$$f(x)-S_{n+1}(x)=R_n(x),$$

其中

$$S_{n+1}(x)=f(x_0)+\frac{f'(x_0)}{1!}(x-x_0)+\frac{f''(x_0)}{2!}(x-x_0)^2+\cdots+\frac{f^{(n)}(x_0)}{n!}(x-x_0)^n,$$

所以由条件知

$$\lim_{n\to\infty}[f(x)-S_{n+1}(x)]=\lim_{n\to\infty}R_n(x)=0,$$

即

$$f(x)=\lim_{n\to\infty}S_{n+1}(x).$$

这表明,函数 $f(x)$ 在点 x_0 处的泰勒级数收敛,且以 $f(x)$ 为和函数.

必要性 设函数 $f(x)$ 在点 x_0 的某一邻域 $U(x_0)$ 内具有任意阶导数,且在点 x_0 处的泰勒级数(11.18)收敛于函数 $f(x)$,则

$$\lim_{n\to\infty}S_{n+1}(x)=f(x).$$

故

$$\lim_{n\to\infty}R_n(x)=\lim_{n\to\infty}[f(x)-S_{n+1}(x)]=f(x)-f(x)=0.$$

由前面的讨论,我们可以总结出把函数 $f(x)$ 展开成 x 的幂级数的一般步骤:

(1) 求出函数 $f(x)$ 的各阶导数

$$f'(x),\quad f''(x),\quad \cdots,\quad f^{(n)}(x),\quad \cdots.$$

(2) 求出函数 $f(x)$ 及其各阶导数在点 $x=0$ 处的值：

$$f(0),\quad f'(0),\quad f''(0),\quad \cdots,\quad f^{(n)}(0),\quad \cdots.$$

(3) 写出幂级数

$$f(0)+\frac{f'(0)}{1!}x+\frac{f''(0)}{2!}x^2+\cdots+\frac{f^{(n)}(0)}{n!}x^n+\cdots,$$

并求出其收敛半径 R.

(4) 考察余项

$$R_n(x)=\frac{f^{(n+1)}(\xi)}{(n+1)!}x^{n+1}\quad(\xi\text{ 在 }0\text{ 与 }x\text{ 之间})$$

在区间 $(-R,R)$ 内当 $n\to\infty$ 时的极限是否为零. 若 $\lim\limits_{n\to\infty}R_n(x)=0$，则函数 $f(x)$ 在点 $x=0$ 处的幂级数展开式为

$$f(x)=f(0)+\frac{f'(0)}{1!}x+\frac{f''(0)}{2!}x^2+\cdots+\frac{f^{(n)}(0)}{n!}x^n+\cdots\quad(-R<x<R).$$

类似地，也可以按照上述步骤把函数 $f(x)$ 展开成 $x-x_0$ 的幂级数. 这种将函数展开成幂级数的方法称为直接展开法.

例 3　将函数 $f(x)=\mathrm{e}^x$ 展开成 x 的幂级数.

解　(1) $f^{(n)}(x)=\mathrm{e}^x\ (n=1,2,\cdots)$；

(2) $f(0)=1, f^{(n)}(0)=1\ (n=1,2,\cdots)$；

(3) 幂函数 $1+\frac{x}{1!}+\frac{x^2}{2!}+\cdots+\frac{x^n}{n!}+\cdots$ 的收敛半径为 $R=+\infty$；

(4) 易知

$$|R_n(x)|=\left|\frac{\mathrm{e}^{\theta x}}{(n+1)!}x^{n+1}\right|<\mathrm{e}^{|x|}\frac{|x|^{n+1}}{(n+1)!}\quad(0<\theta<1).$$

因为对于任意取定的 x，$\mathrm{e}^{|x|}$ 有界，而 $\frac{|x|^{n+1}}{(n+1)!}$ 是收敛级数 $\sum\limits_{n=1}^{\infty}\frac{|x|^{n+1}}{(n+1)!}$ 的一般项，所以

$$\lim_{n\to\infty}\mathrm{e}^{|x|}\frac{|x|^{n+1}}{(n+1)!}=0.$$

故

$$\lim_{n\to\infty}|R_n(x)|=0,\quad \lim_{n\to\infty}R_n(x)=0.$$

因此，我们得到展开式

$$\mathrm{e}^x=1+\frac{x}{1!}+\frac{x^2}{2!}+\cdots+\frac{x^n}{n!}+\cdots\quad(-\infty<x<+\infty).$$

例 4　将函数 $f(x)=(1+x)^m$ 展开成 x 的幂级数(m 为任意常数).

解　(1) $f'(x)=m(1+x)^{m-1}$,

$$f''(x)=m(m-1)(1+x)^{m-2},$$

$$f'''(x)=m(m-1)(m-2)(1+x)^{m-3},$$

$$\cdots\cdots$$

$$f^{(n)}(x)=m(m-1)(m-2)\cdots(m-n+1)(1+x)^{m-n},$$

$$\cdots\cdots$$

(2) $f(0)=1$,

$f'(0)=m$,

$f''(0)=m(m-1)$,

$f'''(0)=m(m-1)(m-2)$,

$\cdots\cdots$

$f^{(n)}(0)=m(m-1)(m-2)\cdots(m-n+1)$,

$\cdots\cdots$

(3) 根据比值判别法,可计算得到幂级数

$$1+\frac{m}{1!}x+\frac{m(m-1)}{2!}x^2+\frac{m(m-1)(m-2)}{3!}x^3+\cdots+\frac{m(m-1)\cdots(m-n+1)}{n!}x^n+\cdots$$

的收敛半径 $R=1$,即该幂级数在区间 $(-1,1)$ 内收敛;

(4) 可以证明 $\lim\limits_{n\to\infty}R_n(x)=0$. 因此,我们得到展开式

$$(1+x)^m=1+\frac{m}{1!}x+\frac{m(m-1)}{2!}x^2+\frac{m(m-1)(m-2)}{3!}x^3+\cdots+\frac{m(m-1)\cdots(m-n+1)}{n!}x^n+\cdots\quad(-1<x<1).\tag{11.20}$$

在区间的端点 $x=\pm1$ 处,展开式(11.20)是否成立要看 m 的数值而定.

特别地,当 $m=\frac{1}{2}$ 时,有

$$\sqrt{1+x}=1+\frac{1}{2}x-\frac{1}{2\cdot4}x^2+\frac{1\cdot3}{2\cdot4\cdot6}x^3-\frac{1\cdot3\cdot5}{2\cdot4\cdot6\cdot8}x^4+\cdots\quad(-1\leqslant x\leqslant1);$$

当 $m=-\frac{1}{2}$ 时,有

$$\frac{1}{\sqrt{1+x}}=1-\frac{1}{2}x+\frac{1\cdot3}{2\cdot4}x^2-\frac{1\cdot3\cdot5}{2\cdot4\cdot6}x^3+\frac{1\cdot3\cdot5\cdot7}{2\cdot4\cdot6\cdot8}x^4+\cdots\quad(-1<x\leqslant1).$$

展开式(11.20)称为二项展开式.

三、间接展开法

一般利用直接展开法将函数展开成幂级数的计算量较大,且考察余项 $R_n(x)$ 当 $n\to\infty$ 时是否趋于零也不是件容易的事情. 而利用一些已知的函数幂级数展开式以及幂级数的性质与运算将函数进行展开较为简便. 这种将函数展开成幂级数的方法称为间接展开法.

例 5　将函数 $f(x)=\cos x$ 展开成 x 的幂级数.

解　已知 $\sin x$ 的麦克劳林级数为

$$\sin x=\frac{x}{1!}-\frac{x^3}{3!}+\frac{x^5}{5!}-\cdots+(-1)^{m-1}\frac{x^{2m-1}}{(2m-1)!}+\cdots\quad(-\infty<x<+\infty),$$

对它逐项求导,得

$$\cos x=\left[\sum_{m=1}^{\infty}(-1)^{m-1}\frac{x^{2m-1}}{(2m-1)!}\right]'$$

$$=1-\frac{x^2}{2!}+\frac{x^4}{4!}-\cdots+(-1)^m\frac{x^{2m}}{(2m)!}+\cdots\quad(-\infty<x<+\infty).$$

例 6　将函数 $f(x)=\ln(1+x)$ 展开成 x 的幂级数.

解　易知 $f'(x)=\dfrac{1}{1+x}$,它是收敛的等比级数

$$\sum_{n=0}^{\infty}(-1)^n x^n\quad(-1<x<1)$$

的和函数,即

$$\frac{1}{1+x}=1-x+x^2-\cdots+(-1)^n x^n+\cdots\quad(-1<x<1).$$

故对该幂级数从 0 到 x 逐项积分,得

$$\ln(1+x)=x-\frac{x^2}{2}+\frac{x^3}{3}-\cdots+(-1)^n\frac{x^{n+1}}{n+1}+\cdots\quad(-1<x<1).$$

显然,上式在点 $x=1$ 处也成立.

例 7　将函数 $f(x)=\sin x$ 展开成 $x-\dfrac{\pi}{4}$ 的幂级数.

解　因为

$$\sin x=\sin\left[\frac{\pi}{4}+\left(x-\frac{\pi}{4}\right)\right]=\sin\frac{\pi}{4}\cos\left(x-\frac{\pi}{4}\right)+\cos\frac{\pi}{4}\sin\left(x-\frac{\pi}{4}\right)$$

$$=\frac{\sqrt{2}}{2}\left[\cos\left(x-\frac{\pi}{4}\right)+\sin\left(x-\frac{\pi}{4}\right)\right],$$

又

$$\sin\left(x-\frac{\pi}{4}\right)=\left(x-\frac{\pi}{4}\right)-\frac{1}{3!}\left(x-\frac{\pi}{4}\right)^3+\frac{1}{5!}\left(x-\frac{\pi}{4}\right)^5-\cdots\quad(-\infty<x<+\infty),$$

$$\cos\left(x-\frac{\pi}{4}\right)=1-\frac{1}{2!}\left(x-\frac{\pi}{4}\right)^2+\frac{1}{4!}\left(x-\frac{\pi}{4}\right)^4-\cdots\quad(-\infty<x<+\infty),$$

所以

$$\sin x=\frac{\sqrt{2}}{2}\left[1+\left(x-\frac{\pi}{4}\right)-\frac{1}{2!}\left(x-\frac{\pi}{4}\right)^2-\frac{1}{3!}\left(x-\frac{\pi}{4}\right)^3\right.$$

$$\left.+\frac{1}{4!}\left(x-\frac{\pi}{4}\right)^4+\frac{1}{5!}\left(x-\frac{\pi}{4}\right)^5-\cdots\right]\quad(-\infty<x<+\infty).$$

习 题 11.4

将下列函数展开成 x 的幂级数,并求其收敛域:

(1) $\operatorname{sh} x$; (2) $\ln(a+x)\ (a>0)$;

(3) $a^x\ (a>0)$; (4) $\sin\dfrac{x}{2}$;

(5) $\sin^2 x$; (6) $(1+x)\ln(1+x)$;

(7) $\arcsin x$; (8) $\dfrac{x}{\sqrt{1+x^2}}$.

§11.5 函数的幂级数展开式在近似计算中的应用

有了函数的幂级数展开式,就可以根据精度要求取幂级数前面有限项之和作为函数的近似表达式,把函数值近似地计算出来.

例 1 计算 $e^{\frac{1}{2}}$ 的近似值,要求误差不超过 10^{-4}.

解 由§11.4 中的例 3 可知 $e^x=\sum\limits_{n=0}^{\infty}\dfrac{x^n}{n!}$,将 $x=\dfrac{1}{2}$ 代入,有

$$e^{\frac{1}{2}}=1+\frac{1}{2}+\frac{1}{2}\left(\frac{1}{2}\right)^2+\frac{1}{6}\left(\frac{1}{2}\right)^3+\frac{1}{24}\left(\frac{1}{2}\right)^4+\frac{1}{120}\left(\frac{1}{2}\right)^5+\cdots.$$

取该级数的前 $n+1$ 项之和作为 $e^{\frac{1}{2}}$ 的近似值,误差为

$$\begin{aligned}
R_{n+1}&=\frac{1}{(n+1)!}\left(\frac{1}{2}\right)^{n+1}+\frac{1}{(n+2)!}\left(\frac{1}{2}\right)^{n+2}+\cdots\\
&=\frac{1}{(n+1)!}\left(\frac{1}{2}\right)^{n+1}\left[1+\frac{1}{n+2}\cdot\frac{1}{2}+\frac{1}{(n+2)(n+3)}\left(\frac{1}{2}\right)^2+\cdots\right]\\
&<\frac{1}{(n+1)!}\left(\frac{1}{2}\right)^{n+1}\left[1+\frac{1}{n+2}+\frac{1}{(n+2)(n+3)}+\cdots\right]\\
&<\frac{1}{(n+1)!}\left(\frac{1}{2}\right)^{n+1}\left[1+\frac{1}{n+1}+\frac{1}{(n+1)^2}+\cdots\right]\\
&=\frac{1}{(n+1)!}\left(\frac{1}{2}\right)^{n+1}\cdot\frac{1}{1-\dfrac{1}{n+1}}\\
&=\frac{1}{n\cdot n!}\left(\frac{1}{2}\right)^{n+1}.
\end{aligned}$$

计算得

$$\frac{1}{4\cdot 4!}\left(\frac{1}{2}\right)^5=\frac{1}{3\,072}>10^{-4},\quad \frac{1}{5\cdot 5!}\left(\frac{1}{2}\right)^6=\frac{1}{38\,400}<10^{-4},$$

故取 $n=5$，即取上述级数的前六项之和作为 $e^{\frac{1}{2}}$ 的近似值，得

$$e^{\frac{1}{2}}\approx 1+\frac{1}{2}+\frac{1}{2}\left(\frac{1}{2}\right)^2+\frac{1}{6}\left(\frac{1}{2}\right)^3+\frac{1}{24}\left(\frac{1}{2}\right)^4+\frac{1}{120}\left(\frac{1}{2}\right)^5\approx 1.648\,7.$$

例 2　计算 $\sin 9^\circ$ 的近似值，要求误差不超过 10^{-5}.

解　先将角度化为弧度：$9^\circ=\frac{\pi}{180}\times 9=\frac{\pi}{20}$，再由 $\sin x$ 的幂级数展开式得

$$\sin 9^\circ=\sin\frac{\pi}{20}=\frac{\pi}{20}-\frac{1}{3!}\left(\frac{\pi}{20}\right)^3+\frac{1}{5!}\left(\frac{\pi}{20}\right)^5-\cdots.$$

由莱布尼茨定理知，若取上式右端级数前两项之和作为 $\sin 9^\circ$ 的近似值，则误差是

$$|R_2|\leqslant\frac{1}{5!}\left(\frac{\pi}{20}\right)^5<\frac{1}{120}\times 0.2^5<\frac{1}{300\,000}<10^{-5}.$$

因此，用六位小数来近似，则有

$$\sin 9^\circ\approx\frac{\pi}{20}-\frac{1}{3!}\left(\frac{\pi}{20}\right)^3\approx 0.156\,434.$$

例 3　计算 $\sqrt[3]{65}$ 的近似值，要求误差不超过 10^{-3}.

解　因为

$$\sqrt[3]{65}=\sqrt[3]{64+1}=\sqrt[3]{1+\frac{1}{64}}\times 4=4\left(1+\frac{1}{64}\right)^{\frac{1}{3}},$$

所以可先考虑二项展开式(11.20)中 $x=\frac{1}{64}, m=\frac{1}{3}$ 时的情形，得到 $\left(1+\frac{1}{64}\right)^{\frac{1}{3}}$ 的展开式，取其前三项：

第一项：1；

第二项：$\frac{1}{3}\times\frac{1}{64}=\frac{1}{192}\approx 0.005\,2$；

第三项：$\frac{1}{3}\times\left(-\frac{2}{3}\right)\times\frac{1}{2}\times\left(\frac{1}{64}\right)^2=-\frac{1}{36\,864}\approx -0.000\,027.$

由于 $4\times\frac{1}{36\,864}<\frac{1}{1\,000}=10^{-3}$，因此由莱布尼茨定理知，可取

$$\sqrt[3]{65}=4\left(1+\frac{1}{64}\right)^{\frac{1}{3}}\approx 4(1+0.005\,2)=4.020\,8.$$

例 4　计算 $\ln 1.01$ 的近似值，要求误差不超过 10^{-5}.

解　由§11.4中的例6可知

$$\ln(1+x)=\sum_{n=0}^{\infty}\frac{(-1)^n}{n+1}x^{n+1}\quad(-1<x\leqslant 1).$$

将 $x=0.01$ 代入上式，得

$$\ln 1.01=\ln(1+0.01)=0.01-\frac{1}{2}\times 0.01^2+\frac{1}{3}\times 0.01^3-\cdots.$$

根据莱布尼茨定理，取上式第二个等号右端前两项之和作为 $\ln 1.01$ 的近似值时，误差不超过 $\frac{1}{3}\times 0.01^3 < 10^{-5}$，所以有

$$\ln 1.01 \approx 0.01 - \frac{1}{2}\times 0.0001 = 0.00995.$$

例 5 计算 $\int_0^1 \mathrm{e}^{-t^2}\mathrm{d}t$ 的近似值，要求误差不超过 10^{-3}.

解 将 $x=-t^2$ 代入 $\mathrm{e}^x=\sum_{n=0}^{\infty}\frac{x^n}{n!}$，得

$$\begin{aligned}\int_0^1 \mathrm{e}^{-t^2}\mathrm{d}t &= \int_0^1\left(1-\frac{1}{1!}t^2+\frac{1}{2!}t^4-\frac{1}{3!}t^6+\frac{1}{4!}t^8-\cdots\right)\mathrm{d}t\\ &= \left(t-\frac{t^3}{3}+\frac{1}{2!}\cdot\frac{t^5}{5}-\frac{1}{3!}\cdot\frac{t^7}{7}+\frac{1}{4!}\cdot\frac{t^9}{9}-\cdots\right)\Big|_0^1\\ &= 1-\frac{1}{3}+\frac{1}{2!}\cdot\frac{1}{5}-\frac{1}{3!}\cdot\frac{1}{7}+\frac{1}{4!}\cdot\frac{1}{9}-\frac{1}{5!}\cdot\frac{1}{11}+\cdots.\end{aligned}$$

由莱布尼茨定理知，取上式右端前五项之和作为 $\int_0^1 \mathrm{e}^{-t^2}\mathrm{d}t$ 的近似值，则误差不超过 $\frac{1}{5!}\cdot\frac{1}{11}=\frac{1}{1\,320}<\frac{1}{1\,000}=10^{-3}$，所以有

$$\begin{aligned}\int_0^1 \mathrm{e}^{-t^2}\mathrm{d}t &\approx 1-\frac{1}{3}+\frac{1}{2!}\cdot\frac{1}{5}-\frac{1}{3!}\cdot\frac{1}{7}+\frac{1}{4!}\cdot\frac{1}{9}\\ &= 1-\frac{1}{3}+\frac{1}{10}-\frac{1}{42}+\frac{1}{216}\approx 0.7475.\end{aligned}$$

习 题 11.5

求下列各数的近似值：

(1) $\cos 2^\circ$（误差不超过 10^{-6}）； (2) $\int_0^{0.5}\frac{\mathrm{d}x}{1+x^4}$（误差不超过 10^{-3}）.

§11.6 傅里叶级数

本节讨论由三角函数组成的函数项级数，即三角级数，并研究如何把函数展开成三角级数.

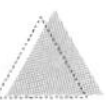

一、三角级数 三角函数系的正交性

在实际应用中，我们经常需要将周期函数 $f(t)\left(\text{周期 } T=\dfrac{2\pi}{\omega}\right)$展开成一系列三角函数

$$A_n\sin(n\omega t+\varphi_n)\quad (n=1,2,\cdots)$$

之和，即

$$f(t)=A_0+\sum_{n=1}^{\infty}A_n\sin(n\omega t+\varphi_n),\tag{11.21}$$

其中 $A_0,A_n,\varphi_n(n=1,2,\cdots)$ 均是常数. 本节就讨论这样的问题.

根据三角函数公式，得

$$A_n\sin(n\omega t+\varphi_n)=A_n\sin\varphi_n\cos n\omega t+A_n\cos\varphi_n\sin n\omega t.$$

令

$$\frac{a_0}{2}=A_0,\quad a_n=A_n\sin\varphi_n,\quad b_n=A_n\cos\varphi_n,\quad x=\omega t,$$

则(11.21)式可改写为

$$f(x)=\frac{a_0}{2}+\sum_{n=1}^{\infty}(a_n\cos nx+b_n\sin nx).\tag{11.22}$$

形如(11.22)式右端的级数称为三角级数，其中 $a_0,a_n,b_n(n=1,2,\cdots)$ 均为常数，称为三角级数的系数.

定理 1　三角函数系

$$1,\cos x,\sin x,\cos 2x,\sin 2x,\cdots,\cos nx,\sin nx,\cdots\tag{11.23}$$

在区间$[-\pi,\pi]$上**正交**. 也就是说，在三角函数系(11.23)中任何两个不同函数的乘积在区间$[-\pi,\pi]$上的积分均等于零，即

(1) $\displaystyle\int_{-\pi}^{\pi}\cos nx\,\mathrm{d}x=0\quad(n=1,2,\cdots)$;

(2) $\displaystyle\int_{-\pi}^{\pi}\sin nx\,\mathrm{d}x=0\quad(n=1,2,\cdots)$;

(3) $\displaystyle\int_{-\pi}^{\pi}\sin kx\cos nx\,\mathrm{d}x=0\quad(k,n=1,2,\cdots)$;

(4) $\displaystyle\int_{-\pi}^{\pi}\cos kx\cos nx\,\mathrm{d}x=0\quad(k,n=1,2,\cdots;k\neq n)$;

(5) $\displaystyle\int_{-\pi}^{\pi}\sin kx\sin nx\,\mathrm{d}x=0\quad(k,n=1,2,\cdots;k\neq n)$.

证　以(4)为例来证明.

由三角函数的积化和差公式得

$$\cos kx\cos nx=\frac{1}{2}[\cos(k+n)x+\cos(k-n)x].$$

当 $k\neq n(k,n=1,2,\cdots)$ 时，有

$$\int_{-\pi}^{\pi}\cos kx\cos nx\,\mathrm{d}x=\frac{1}{2}\int_{-\pi}^{\pi}[\cos(k+n)x+\cos(k-n)x]\mathrm{d}x$$

$$= \frac{1}{2}\left[\frac{\sin(k+n)x}{k+n} + \frac{\sin(k-n)x}{k-n}\right]\Bigg|_{-\pi}^{\pi} = 0.$$

二、函数展开成傅里叶级数

设 $f(x)$ 是周期为 2π 的周期函数，且可展开成三角级数，即

$$f(x) = \frac{a_0}{2} + \sum_{n=1}^{\infty}(a_n \cos nx + b_n \sin nx). \tag{11.24}$$

试问：如何利用函数 $f(x)$ 将系数 $a_0, a_n, b_n (n = 1, 2, \cdots)$ 表示出来？

先求 a_0. 因为

$$\int_{-\pi}^{\pi} f(x)\mathrm{d}x = \int_{-\pi}^{\pi} \frac{a_0}{2}\mathrm{d}x + \sum_{n=1}^{\infty}\left(a_n \int_{-\pi}^{\pi} \cos nx\,\mathrm{d}x + b_n \int_{-\pi}^{\pi} \sin nx\,\mathrm{d}x\right)$$

$$= \frac{a_0}{2} \cdot 2\pi + 0 = \pi a_0,$$

所以

$$a_0 = \frac{1}{\pi}\int_{-\pi}^{\pi} f(x)\mathrm{d}x.$$

再求 $a_n (n = 1, 2, \cdots)$. 用 $\cos kx$（k 是任一正整数）同时乘以(11.24)式两边，再对其从 $-\pi$ 到 π 逐项积分，得

$$\int_{-\pi}^{\pi} f(x)\cos kx\,\mathrm{d}x$$

$$= \frac{a_0}{2}\int_{-\pi}^{\pi}\cos kx\,\mathrm{d}x + \sum_{n=1}^{\infty}\left(a_n \int_{-\pi}^{\pi}\cos nx \cos kx\,\mathrm{d}x + b_n \int_{-\pi}^{\pi}\sin nx \cos kx\,\mathrm{d}x\right).$$

那么，由三角函数系的正交性可知，上式右端除 $k = n$ 的一项外，其余各项均为零，故

$$\int_{-\pi}^{\pi} f(x)\cos kx\,\mathrm{d}x = a_k \int_{-\pi}^{\pi}\cos^2 kx\,\mathrm{d}x = \frac{a_k}{2}\int_{-\pi}^{\pi}(1 + \cos 2kx)\mathrm{d}x$$

$$= \frac{a_k}{2} \cdot 2\pi = a_k \pi,$$

从而 $a_k = \frac{1}{\pi}\int_{-\pi}^{\pi} f(x)\cos kx\,\mathrm{d}x$. 于是，我们有

$$a_n = \frac{1}{\pi}\int_{-\pi}^{\pi} f(x)\cos nx\,\mathrm{d}x \quad (n = 1, 2, \cdots).$$

最后求 $b_n (n = 1, 2, \cdots)$. 用 $\sin kx$ 同时乘以(11.24)式两边，再对其从 $-\pi$ 到 π 逐项积分，同理可得

$$b_n = \frac{1}{\pi}\int_{-\pi}^{\pi} f(x)\sin nx\,\mathrm{d}x \quad (n = 1, 2, \cdots).$$

因为当 $n = 0$ 时，由 a_n 的表达式可给出 a_0，所以可合并，从而有

$$\begin{cases} a_n = \dfrac{1}{\pi}\displaystyle\int_{-\pi}^{\pi} f(x)\cos nx\,\mathrm{d}x \quad (n = 0, 1, 2, \cdots), \\ b_n = \dfrac{1}{\pi}\displaystyle\int_{-\pi}^{\pi} f(x)\sin nx\,\mathrm{d}x \quad (n = 1, 2, \cdots). \end{cases} \tag{11.25}$$

定义 由(11.25)式所确定的系数 $a_0, a_n, b_n (n=1,2,\cdots)$ 称为函数 $f(x)$ 的傅里叶(Fourier)系数,所得的三角级数

$$\frac{a_0}{2}+\sum_{n=1}^{\infty}(a_n\cos nx+b_n\sin nx)$$

称为函数 $f(x)$ 的傅里叶级数.

那么,试问:函数 $f(x)$ 满足什么条件时,它可展开成傅里叶级数?下面将要叙述的收敛定理对该问题给出了回答.

定理 2[收敛定理,狄利克雷(Dirichlet)定理] 设 $f(x)$ 是周期为 2π 的周期函数. 如果 $f(x)$ 满足条件:在一个周期内连续或只有有限个第一类间断点,且一个周期内至多有有限个极值点,则

(1) $f(x)$ 的傅里叶级数收敛;

(2) 当 x 为连续点时,$f(x)$ 的傅里叶级数收敛于 $f(x)$;

(3) 当 x 为间断点时,$f(x)$ 的傅里叶级数收敛于

$$\frac{f(x-0)+f(x+0)}{2}.$$

证明从略.

注　定理 2 中函数 $f(x)$ 在一个周期内所满足的条件称为狄利克雷条件. 函数 $f(x)$ 展开成幂级数的条件比展开成傅里叶级数的条件强得多.

例 1 设 $f(x)$ 是周期为 2π 的周期函数,其在 $[-\pi,\pi)$ 上的表达式是

$$f(x)=\begin{cases}-1, & -\pi\leqslant x<0,\\ 1, & 0\leqslant x<\pi,\end{cases}$$

将 $f(x)$ 展开成傅里叶级数.

解　因函数 $f(x)$ 满足狄利克雷条件,故它的傅里叶级数收敛,且当 $x=k\pi(k\in \mathbf{Z})$ 时,该傅里叶级数收敛于

$$\frac{-1+1}{2}=\frac{1+(-1)}{2}=0;$$

当 $x\neq k\pi(k\in\mathbf{Z})$ 时,该傅里叶级数收敛于 $f(x)$. 又由(11.25)式有

$$\begin{aligned}a_n&=\frac{1}{\pi}\int_{-\pi}^{\pi}f(x)\cos nx\,\mathrm{d}x=\frac{1}{\pi}\left[\int_{-\pi}^{0}(-1)\cos nx\,\mathrm{d}x+\int_{0}^{\pi}1\cdot\cos nx\,\mathrm{d}x\right]\\&=0\quad(n=0,1,2,\cdots),\\ b_n&=\frac{1}{\pi}\int_{-\pi}^{\pi}f(x)\sin nx\,\mathrm{d}x=\frac{1}{\pi}\left[\int_{-\pi}^{0}(-1)\sin nx\,\mathrm{d}x+\int_{0}^{\pi}1\cdot\sin nx\,\mathrm{d}x\right]\\&=\frac{1}{\pi}\left[\frac{\cos nx}{n}\Big|_{-\pi}^{0}+\left(-\frac{\cos nx}{n}\right)\Big|_{0}^{\pi}\right]=\frac{1}{n\pi}(1-\cos n\pi-\cos n\pi+1)\\&=\frac{2}{n\pi}[1-(-1)^n]=\begin{cases}\dfrac{4}{n\pi}, & n=1,3,5,\cdots,\\ 0, & n=2,4,6,\cdots,\end{cases}\end{aligned}$$

因此 $f(x)$ 的傅里叶级数展开式为

$$f(x)=\frac{4}{\pi}\left[\sin x+\frac{1}{3}\sin 3x+\cdots+\frac{1}{2k-1}\sin(2k-1)x+\cdots\right]$$

$$(-\infty<x<+\infty;x\neq 0,\pm\pi,\pm 2\pi,\cdots).$$

例 2 设 $f(x)$ 是周期为 2π 的周期函数,其在$[-\pi,\pi]$上的表达式是

$$f(x)=\begin{cases}-x, & -\pi\leqslant x<0,\\ x, & 0\leqslant x\leqslant\pi,\end{cases}$$

试将 $f(x)$ 展开成傅里叶级数.

解 因函数 $f(x)$ 满足狄利克雷条件,且它在任一点 x 处均连续,故 $f(x)$ 的傅里叶级数在$(-\infty,+\infty)$上收敛于 $f(x)$. 又由(11.25)式有

$$\begin{aligned}a_0&=\frac{1}{\pi}\int_{-\pi}^{\pi}f(x)\mathrm{d}x=\frac{1}{\pi}\left[\int_{-\pi}^{0}(-x)\mathrm{d}x+\int_{0}^{\pi}x\mathrm{d}x\right]\\&=\frac{1}{\pi}\left(-\frac{x^2}{2}\Big|_{-\pi}^{0}+\frac{x^2}{2}\Big|_{0}^{\pi}\right)=\pi,\\a_n&=\frac{1}{\pi}\int_{-\pi}^{\pi}f(x)\cos nx\mathrm{d}x=\frac{1}{\pi}\left[\int_{-\pi}^{0}(-x)\cos nx\mathrm{d}x+\int_{0}^{\pi}x\cos nx\mathrm{d}x\right]\\&=\frac{1}{\pi}\left[\left(-\frac{x\sin nx}{n}-\frac{\cos nx}{n^2}\right)\Big|_{-\pi}^{0}+\left(\frac{x\sin nx}{n}+\frac{\cos nx}{n^2}\right)\Big|_{0}^{\pi}\right]\\&=\frac{2}{n^2\pi}(\cos n\pi-1)=\frac{2}{n^2\pi}[(-1)^n-1]=\begin{cases}-\dfrac{4}{n^2\pi}, & n=1,3,5,\cdots,\\ 0, & n=2,4,6,\cdots,\end{cases}\\b_n&=\frac{1}{\pi}\int_{-\pi}^{\pi}f(x)\sin nx\mathrm{d}x=\frac{1}{\pi}\left[\int_{-\pi}^{0}(-x)\sin nx\mathrm{d}x+\int_{0}^{\pi}x\sin nx\mathrm{d}x\right]\\&=\frac{1}{\pi}\left[\left(\frac{x\cos nx}{n}-\frac{\sin nx}{n^2}\right)\Big|_{-\pi}^{0}+\left(-\frac{x\cos nx}{n}+\frac{\sin nx}{n^2}\right)\Big|_{0}^{\pi}\right]\\&=0\quad(n=1,2,\cdots),\end{aligned}$$

因此 $f(x)$ 的傅里叶级数展开式为

$$f(x)=\frac{\pi}{2}-\frac{4}{\pi}\left[\cos x+\frac{1}{3^2}\cos 3x+\cdots+\frac{1}{(2n-1)^2}\cos(2n-1)x+\cdots\right]$$

$$(-\infty<x<+\infty).$$

三、正弦级数与余弦级数

一般来说,一个函数的傅里叶级数既含有正弦项,又含有余弦项. 但也有一些函数的傅里叶级数只含有正弦项,或者只含有常数项和余弦项,这种情况与所给函数 $f(x)$ 的奇偶性有密切关系. 由于奇函数在对称区间上的积分为零,偶函数在对称区间上的积分等于半区间上积分的两倍,而当 $f(x)$ 是周期为 2π 的奇函数时,$f(x)\cos nx$ 是奇函数,$f(x)\sin nx$ 是偶函数,因此将 $f(x)$ 展开成傅里叶级数时由(11.25)式

知傅里叶系数为

$$\begin{cases} a_n = 0, & n = 0,1,2,\cdots, \\ b_n = \dfrac{2}{\pi}\displaystyle\int_0^{\pi} f(x)\sin nx\,\mathrm{d}x, & n = 1,2,\cdots, \end{cases} \tag{11.26}$$

从而可知奇函数的傅里叶级数只含有正弦项(称这种傅里叶级数为正弦级数),即

$$f(x) = \sum_{n=1}^{\infty} b_n \sin nx; \tag{11.27}$$

当 $f(x)$ 是周期为 2π 的偶函数时,$f(x)\cos nx$ 是偶函数,$f(x)\sin nx$ 是奇函数,因此将 $f(x)$ 展开成傅里叶级数时由(11.25)式知傅里叶系数为

$$\begin{cases} a_n = \dfrac{2}{\pi}\displaystyle\int_0^{\pi} f(x)\cos nx\,\mathrm{d}x, & n = 0,1,2,\cdots, \\ b_n = 0, & n = 1,2,\cdots, \end{cases} \tag{11.28}$$

从而可知偶函数的傅里叶级数只含有常数项和余弦项(称这种傅里叶级数为余弦级数),即

$$f(x) = \frac{a_0}{2} + \sum_{n=1}^{\infty} a_n \cos nx. \tag{11.29}$$

例 3　设 $f(x)$ 是周期为 2π 的周期函数,其在 $[-\pi,\pi)$ 上的表达式是 $f(x)=x$,试将 $f(x)$ 展开成傅里叶级数.

解　因为函数 $f(x)$ 满足狄利克雷条件,所以 $f(x)$ 的傅里叶级数在间断点

$$x = (2k+1)\pi \quad (k = 0, \pm 1, \pm 2, \cdots)$$

处收敛于

$$\frac{f(\pi-0)+f(-\pi+0)}{2} = \frac{\pi+(-\pi)}{2} = 0;$$

在连续点 $x \neq (2k+1)\pi$ 处收敛于 $f(x)$.

又因为 $f(x)$ 在其连续的对称区间上是奇函数,所以由公式(11.26)得

$$\begin{aligned} a_n &= 0 \quad (n = 0,1,2,\cdots), \\ b_n &= \frac{2}{\pi}\int_0^{\pi} f(x)\sin nx\,\mathrm{d}x = \frac{2}{\pi}\int_0^{\pi} x\sin nx\,\mathrm{d}x \\ &= \frac{2}{\pi}\left(-\frac{x\cos nx}{n} + \frac{\sin nx}{n^2}\right)\Bigg|_0^{\pi} = -\frac{2}{n}\cos n\pi \\ &= \frac{2}{n}(-1)^{n+1} \quad (n = 1,2,\cdots). \end{aligned}$$

因此,$f(x)$ 的傅里叶级数展开式为

$$f(x) = 2\left[\sin x - \frac{1}{2}\sin 2x + \cdots + \frac{1}{n}(-1)^{n+1}\sin nx + \cdots\right]$$
$$(-\infty < x < +\infty; x \neq \pm\pi, \pm 3\pi, \cdots).$$

四、区间$[0,\pi]$上的函数 $f(x)$ 的正弦级数或余弦级数展开

在实际应用中，有时需要把定义在区间$[0,\pi]$上的函数 $f(x)$ 展开成正弦级数或余弦级数.

设定义在区间$[0,\pi]$上的函数 $f(x)$ 满足狄利克雷条件，则可以在$(-\pi,0)$内补充 $f(x)$ 的定义，得到定义在$(-\pi,\pi]$上的函数 $F(x)$，且使得其在$(-\pi,\pi)$上成为奇（偶）函数. 这种函数定义域的拓广称为奇延拓（偶延拓）. 经过奇延拓或偶延拓，若所得函数 $F(x)$ 满足狄利克雷条件，便可将其展开成正弦级数或余弦级数，从而得到 $f(x)$ 的正弦级数或余弦级数展开式.

注　在做奇延拓时，若 $f(0)\neq 0$，则规定 $F(0)=0$.

例 4　将函数

$$f(x)=x+1\quad(0\leqslant x\leqslant\pi)$$

分别展开成正弦级数和余弦级数.

解　先展开成正弦级数. 对 $f(x)$ 进行奇延拓后，由公式(11.26)得

$$\begin{aligned}b_n&=\frac{2}{\pi}\int_0^{\pi}f(x)\sin nx\,\mathrm{d}x=\frac{2}{\pi}\int_0^{\pi}(x+1)\sin nx\,\mathrm{d}x\\&=\frac{2}{\pi}\left(-\frac{x\cos nx}{n}+\frac{\sin nx}{n^2}-\frac{\cos nx}{n}\right)\Bigg|_0^{\pi}\\&=\frac{2}{n\pi}(1-\pi\cos n\pi-\cos n\pi)=\frac{2}{n\pi}[1-(-1)^n(\pi+1)]\quad(n=1,2,\cdots).\end{aligned}$$

代入(11.27)式，得

$$x+1=\frac{2}{\pi}\left[(\pi+2)\sin x-\frac{\pi}{2}\sin 2x+\frac{1}{3}(\pi+2)\sin 3x-\frac{\pi}{4}\sin 4x+\cdots\right]\quad(0<x<\pi).$$

在点 $x=0$ 或 $x=\pi$ 处，上式右端正弦级数的和为零，它不等于 $f(0)$ 或 $f(\pi)$.

再展开成余弦级数. 对 $f(x)$ 进行偶延拓后，由公式(11.28)得

$$a_0=\frac{2}{\pi}\int_0^{\pi}(x+1)\mathrm{d}x=\frac{2}{\pi}\left(\frac{x^2}{2}+x\right)\Bigg|_0^{\pi}=\pi+2,$$

$$\begin{aligned}a_n&=\frac{2}{\pi}\int_0^{\pi}(x+1)\cos nx\,\mathrm{d}x=\frac{2}{\pi}\left(\frac{x\sin nx}{n}+\frac{\cos nx}{n^2}+\frac{\sin nx}{n}\right)\Bigg|_0^{\pi}\\&=\frac{2}{n^2\pi}(\cos n\pi-1)=\frac{2}{n^2\pi}[(-1)^n-1]=\begin{cases}0, & n=2,4,6,\cdots,\\-\dfrac{4}{n^2\pi}, & n=1,3,5,\cdots.\end{cases}\end{aligned}$$

代入(11.29)式，得

$$x+1=\frac{\pi}{2}+1-\frac{4}{\pi}\left(\cos x+\frac{1}{3^2}\cos 3x+\frac{1}{5^2}\cos 5x+\cdots\right)\quad(0\leqslant x\leqslant\pi).$$

习　题　11.6

1. 设 $f(x)$ 是周期为 2π 的周期函数，其在 $[-\pi,\pi)$ 上的表达式是 $f(x)=3x^2+1$，将 $f(x)$ 展开成傅里叶级数.

2. 设 $f(x)$ 是周期为 2π 的周期函数，其在 $[-\pi,\pi)$ 上的表达式是 $f(x)=e^{2x}$，将 $f(x)$ 展开成傅里叶级数.

3. 将函数 $f(x)=\begin{cases} e^x, & -\pi\leqslant x<0, \\ 1, & 0\leqslant x\leqslant\pi \end{cases}$ 展开成傅里叶级数.

4. 将函数 $f(x)=\cos\dfrac{x}{2}\ (-\pi\leqslant x\leqslant\pi)$ 展开成傅里叶级数.

5. 将函数 $f(x)=2x^2\ (0\leqslant x\leqslant\pi)$ 分别展开成正弦级数和余弦级数.

§11.7 一般周期函数的傅里叶级数

一、周期为 $2l$ 的周期函数的傅里叶级数

前面我们已研究了周期为 2π 的周期函数的傅里叶级数. 但在实际问题中所遇到的周期函数，其周期不一定是 2π. 因此，本节研究周期为 $2l$ 的周期函数的傅里叶级数.

定理　设 $f(x)$ 是周期为 $2l$ 的周期函数，且满足狄利克雷条件，则它在连续点 x 处的傅里叶级数展开式为

$$f(x)=\frac{a_0}{2}+\sum_{n=1}^{\infty}\left(a_n\cos\frac{n\pi x}{l}+b_n\sin\frac{n\pi x}{l}\right), \tag{11.30}$$

其中

$$a_n=\frac{1}{l}\int_{-l}^{l}f(x)\cos\frac{n\pi x}{l}dx \quad (n=0,1,2,\cdots),$$

$$b_n=\frac{1}{l}\int_{-l}^{l}f(x)\sin\frac{n\pi x}{l}dx \quad (n=1,2,\cdots).$$

若 $f(x)$ 是奇函数，则

$$f(x)=\sum_{n=1}^{\infty}b_n\sin\frac{n\pi x}{l}, \tag{11.31}$$

其中

$$b_n=\frac{2}{l}\int_{0}^{l}f(x)\sin\frac{n\pi x}{l}dx \quad (n=1,2,\cdots);$$

若 $f(x)$ 是偶函数，则

$$f(x)=\frac{a_0}{2}+\sum_{n=1}^{\infty}a_n\cos\frac{n\pi x}{l},\tag{11.32}$$

其中

$$a_n=\frac{2}{l}\int_0^l f(x)\cos\frac{n\pi x}{l}\mathrm{d}x\quad(n=0,1,2,\cdots).$$

证　令 $z=\frac{\pi x}{l}$，这时 $-l\leqslant x\leqslant l$ 变换为

$$-\pi\leqslant z\leqslant\pi.$$

设函数

$$f(x)=f\left(\frac{lz}{\pi}\right)=F(z),$$

则 $F(z)$ 是周期为 2π 的周期函数，且满足狄利克雷条件. 因此，$F(z)$ 在连续点 z 处的傅里叶级数展开式为

$$F(z)=\frac{a_0}{2}+\sum_{n=1}^{\infty}(a_n\cos nz+b_n\sin nz),$$

其中

$$a_n=\frac{1}{\pi}\int_{-\pi}^{\pi}F(z)\cos nz\,\mathrm{d}z\quad(n=0,1,2,\cdots),$$

$$b_n=\frac{1}{\pi}\int_{-\pi}^{\pi}F(z)\sin nz\,\mathrm{d}z\quad(n=1,2,\cdots).$$

把 $z=\frac{\pi x}{l}$ 代回上式，即得在连续点 x 处有

$$f(x)=\frac{a_0}{2}+\sum_{n=1}^{\infty}\left(a_n\cos\frac{n\pi x}{l}+b_n\sin\frac{n\pi x}{l}\right),$$

其中

$$a_n=\frac{1}{l}\int_{-l}^{l}f(x)\cos\frac{n\pi x}{l}\mathrm{d}x\quad(n=0,1,2,\cdots),$$

$$b_n=\frac{1}{l}\int_{-l}^{l}f(x)\sin\frac{n\pi x}{l}\mathrm{d}x\quad(n=1,2,\cdots).$$

当 $f(x)$ 是奇函数时，由于 $\cos\frac{n\pi x}{l}$ 是偶函数，$\sin\frac{n\pi x}{l}$ 是奇函数，从而 $f(x)\cos\frac{n\pi x}{l}$ 是奇函数，$f(x)\sin\frac{n\pi x}{l}$ 是偶函数，因此由定积分的性质知

$$a_n=0\quad(n=0,1,2,\cdots),$$

$$b_n=\frac{2}{l}\int_0^l f(x)\sin\frac{n\pi x}{l}\mathrm{d}x\quad(n=1,2,\cdots),$$

即(11.31) 式成立.

同理，当 $f(x)$ 为偶函数时，有(11.32) 式成立.

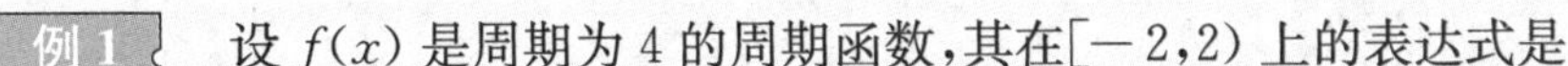

例 1 设 $f(x)$ 是周期为 4 的周期函数，其在 $[-2,2)$ 上的表达式是

$$f(x)=\begin{cases}0, & -2\leqslant x<0,\\ c, & 0\leqslant x<2,\end{cases}$$

其中 $c\neq 0$，将 $f(x)$ 展开成傅里叶级数.

解 函数 $f(x)$ 的周期为 4，即这里 $l=2$，于是 $f(x)$ 的傅里叶系数为

$$a_0=\frac{1}{2}\int_{-2}^{0}0\mathrm{d}x+\frac{1}{2}\int_{0}^{2}c\mathrm{d}x=c,$$

$$a_n=\frac{1}{2}\int_{0}^{2}c\cos\frac{n\pi x}{2}\mathrm{d}x=\frac{c}{n\pi}\sin\frac{n\pi x}{2}\Big|_0^2=0\quad(n=1,2,\cdots),$$

$$b_n=\frac{1}{2}\int_{0}^{2}c\sin\frac{n\pi x}{2}\mathrm{d}x=-\frac{c}{n\pi}\cos\frac{n\pi x}{2}\Big|_0^2=\frac{c}{n\pi}(1-\cos n\pi)=\begin{cases}\dfrac{2c}{n\pi}, & n=1,3,5,\cdots,\\ 0, & n=2,4,6,\cdots,\end{cases}$$

从而 $f(x)$ 的傅里叶级数展开式为

$$f(x)=\frac{c}{2}+\frac{2c}{\pi}\left(\sin\frac{\pi x}{2}+\frac{1}{3}\sin\frac{3\pi x}{2}+\frac{1}{5}\sin\frac{5\pi x}{2}+\cdots\right)$$

$$(-\infty<x<+\infty;x\neq 0,\pm 2,\pm 4,\cdots).$$

例 2 将函数

$$f(x)=\begin{cases}\dfrac{mx}{2}, & 0\leqslant x<\dfrac{l}{2},\\ \dfrac{m(l-x)}{2}, & \dfrac{l}{2}\leqslant x\leqslant l\end{cases}\quad(m\text{ 是常数})$$

展开成正弦级数.

解 先对 $f(x)$ 进行奇延拓，再做周期延拓，即得到一个周期为 $2l$ 的连续奇函数. 于是，$f(x)$ 的傅里叶系数为

$$\begin{aligned}b_n&=\frac{2}{l}\int_0^l f(x)\sin\frac{n\pi x}{l}\mathrm{d}x\\&=\frac{2}{l}\left[\int_0^{\frac{l}{2}}\frac{mx}{2}\sin\frac{n\pi x}{l}\mathrm{d}x+\int_{\frac{l}{2}}^{l}\frac{m(l-x)}{2}\sin\frac{n\pi x}{l}\mathrm{d}x\right]\quad(n=1,2,\cdots).\end{aligned}$$

对上式右端第二项做变量代换 $t=l-x$，得

$$\begin{aligned}b_n&=\frac{2}{l}\left[\int_0^{\frac{l}{2}}\frac{mx}{2}\sin\frac{n\pi x}{l}\mathrm{d}x+\int_{\frac{l}{2}}^{0}\frac{mt}{2}\sin\frac{n\pi(l-t)}{l}(-\mathrm{d}t)\right]\\&=\frac{2}{l}\left[\int_0^{\frac{l}{2}}\frac{mx}{2}\sin\frac{n\pi x}{l}\mathrm{d}x+(-1)^{n+1}\int_0^{\frac{l}{2}}\frac{mt}{2}\sin\frac{n\pi t}{l}\mathrm{d}t\right]\\&=\begin{cases}0, & n=2,4,6,\cdots,\\ \dfrac{2m}{l}\displaystyle\int_0^{\frac{l}{2}}x\sin\frac{n\pi x}{l}\mathrm{d}x=\frac{2ml}{n^2\pi^2}\sin\frac{n\pi}{2}=\frac{2ml}{n^2\pi^2}(-1)^{\frac{n-1}{2}}, & n=1,3,5,\cdots.\end{cases}\end{aligned}$$

最后，把所得到的 $b_n(n=1,2,\cdots)$ 代入(11.31)式，即得 $f(x)$ 的正弦级数展开式

$$f(x)=\frac{2ml}{\pi^2}\left(\sin\frac{\pi x}{l}-\frac{1}{3^2}\sin\frac{3\pi x}{l}+\frac{1}{5^2}\sin\frac{5\pi x}{l}-\cdots\right)\quad(0\leqslant x\leqslant l).$$

*二、傅里叶级数的复数形式

傅里叶级数还可以表示成复数形式. 已知周期为 $2l$ 的周期函数 $f(x)$ 的傅里叶级数展开式为

$$f(x)=\frac{a_0}{2}+\sum_{n=1}^{\infty}\left(a_n\cos\frac{n\pi x}{l}+b_n\sin\frac{n\pi x}{l}\right),$$

其中

$$a_n=\frac{1}{l}\int_{-l}^{l}f(x)\cos\frac{n\pi x}{l}\mathrm{d}x\quad(n=0,1,2,\cdots),$$

$$b_n=\frac{1}{l}\int_{-l}^{l}f(x)\sin\frac{n\pi x}{l}\mathrm{d}x\quad(n=1,2,\cdots),$$

则由欧拉公式

$$\cos t=\frac{\mathrm{e}^{\mathrm{i}t}+\mathrm{e}^{-\mathrm{i}t}}{2},\quad \sin t=\frac{\mathrm{e}^{\mathrm{i}t}-\mathrm{e}^{-\mathrm{i}t}}{2\mathrm{i}}$$

得

$$\begin{aligned}f(x)&=\frac{a_0}{2}+\sum_{n=1}^{\infty}\left[\frac{a_n}{2}(\mathrm{e}^{\mathrm{i}\frac{n\pi x}{l}}+\mathrm{e}^{-\mathrm{i}\frac{n\pi x}{l}})-\frac{\mathrm{i}b_n}{2}(\mathrm{e}^{\mathrm{i}\frac{n\pi x}{l}}-\mathrm{e}^{-\mathrm{i}\frac{n\pi x}{l}})\right]\\&=\frac{a_0}{2}+\sum_{n=1}^{\infty}\left(\frac{a_n-\mathrm{i}b_n}{2}\mathrm{e}^{\mathrm{i}\frac{n\pi x}{l}}+\frac{a_n+\mathrm{i}b_n}{2}\mathrm{e}^{-\mathrm{i}\frac{n\pi x}{l}}\right)\\&=d_0+\sum_{n=1}^{\infty}d_n\mathrm{e}^{\mathrm{i}\frac{n\pi x}{l}}+\sum_{n=1}^{\infty}d_{-n}\mathrm{e}^{-\mathrm{i}\frac{n\pi x}{l}}\\&=d_n\mathrm{e}^{\mathrm{i}\frac{n\pi x}{l}}\Big|_{n=0}+\sum_{n=1}^{\infty}d_n\mathrm{e}^{\mathrm{i}\frac{n\pi x}{l}}+\sum_{n=-\infty}^{-1}d_n\mathrm{e}^{\mathrm{i}\frac{n\pi x}{l}}\\&=\sum_{n=-\infty}^{+\infty}d_n\mathrm{e}^{\mathrm{i}\frac{n\pi x}{l}},\end{aligned}\tag{11.33}$$

其中

$$d_0=\frac{a_0}{2}=\frac{1}{2l}\int_{-l}^{l}f(x)\mathrm{d}x,$$

$$d_n=\frac{a_n-\mathrm{i}b_n}{2}=\frac{1}{2l}\int_{-l}^{l}f(x)\mathrm{e}^{-\mathrm{i}\frac{n\pi x}{l}}\mathrm{d}x\quad(n=1,2,\cdots),$$

$$d_{-n}=\frac{a_n+\mathrm{i}b_n}{2}=\frac{1}{2l}\int_{-l}^{l}f(x)\mathrm{e}^{\mathrm{i}\frac{n\pi x}{l}}\mathrm{d}x\quad(n=1,2,\cdots),$$

合并写成

$$d_n=\frac{1}{2l}\int_{-l}^{l}f(x)\mathrm{e}^{-\mathrm{i}\frac{n\pi x}{l}}\mathrm{d}x\quad(n\in\mathbf{Z}).\tag{11.34}$$

这就是 $f(x)$ 的傅里叶级数的复数形式.

注　傅里叶级数的复数形式(11.33)较为简明,且求傅里叶系数只需计算一个积分,计算公式为(11.34)式.

例 3　将函数 $f(t)$ 展开成复数形式的傅里叶级数，其中

$$f(t)=\begin{cases}0, & -\dfrac{l}{2}\leqslant t<-\dfrac{\tau}{2},\dfrac{\tau}{2}\leqslant t\leqslant\dfrac{l}{2},\\ h, & -\dfrac{\tau}{2}\leqslant t\leqslant\dfrac{\tau}{2}.\end{cases}$$

解　由(11.34)式有

$$d_0=\frac{1}{l}\int_{-\frac{l}{2}}^{\frac{l}{2}}f(t)\mathrm{d}t=\frac{1}{l}\int_{-\frac{\tau}{2}}^{\frac{\tau}{2}}h\mathrm{d}t=\frac{h\tau}{l},$$

$$d_n=\frac{1}{l}\int_{-\frac{l}{2}}^{\frac{l}{2}}f(t)\mathrm{e}^{-\mathrm{i}\frac{2n\pi t}{l}}\mathrm{d}t=\frac{1}{l}\int_{-\frac{\tau}{2}}^{\frac{\tau}{2}}h\mathrm{e}^{-\mathrm{i}\frac{2n\pi t}{l}}\mathrm{d}t=\frac{h}{l}\left(-\frac{l}{2\mathrm{i}n\pi}\mathrm{e}^{-\mathrm{i}\frac{2n\pi t}{l}}\right)\Bigg|_{-\frac{\tau}{2}}^{\frac{\tau}{2}}$$

$$=\frac{h}{n\pi}\sin\frac{n\pi\tau}{l}\quad(n=\pm1,\pm2,\cdots).$$

把所得到的 $d_n(n=0,\pm1,\pm2,\cdots)$ 代入(11.33)式，即得 $f(t)$ 的复数形式的傅里叶级数

$$f(t)=\frac{h\tau}{l}+\frac{h}{\pi}\sum_{\substack{n=-\infty\\ n\neq0}}^{+\infty}\frac{1}{n}\sin\frac{n\pi\tau}{l}\mathrm{e}^{\mathrm{i}\frac{2n\pi t}{l}}\quad\left(-\frac{l}{2}\leqslant t\leqslant\frac{l}{2},t\neq\pm\frac{\tau}{2}\right).$$

习　题　11.7

1. 设 $f(x)$ 是周期为 1 的周期函数，其在$\left[-\dfrac{1}{2},\dfrac{1}{2}\right)$上的表达式为

$$f(x)=1-x^2,$$

将 $f(x)$ 展开成傅里叶级数.

2. 设 $f(x)$ 是周期为 6 的周期函数，其在$[-3,3)$ 上的表达式为

$$f(x)=\begin{cases}2x+1, & -3\leqslant x<0,\\ 1, & 0\leqslant x<3,\end{cases}$$

将 $f(x)$ 展开成傅里叶级数.

3. 将 $f(x)=x^2(0\leqslant x\leqslant2)$ 分别展开成正弦级数和余弦级数.

*4. 设 $f(x)$ 是周期为 2 的周期函数，其在$[-1,1)$ 上的表达式为

$$f(x)=\mathrm{e}^{-x},$$

将 $f(x)$ 展开成复数形式的傅里叶级数.

综合练习十一

1. 选择题：

(1) 设级数 $\sum\limits_{n=1}^{\infty}|u_n|$ 发散，则级数 $\sum\limits_{n=1}^{\infty}u_n$(　　).

A. 绝对收敛　　B. 发散

C. 条件收敛　　D. 敛散性不能确定

(2) 设有命题:

① 若级数$\sum\limits_{n=1}^{\infty}(u_{2n-1}+u_{2n})$收敛,则级数$\sum\limits_{n=1}^{\infty}u_n$收敛;

② 若级数$\sum\limits_{n=1}^{\infty}u_n$收敛,则级数$\sum\limits_{n=1}^{\infty}u_{n+1\,000}$收敛;

③ 若$\lim\limits_{n\to\infty}\dfrac{u_{n+1}}{u_n}>1$,则级数$\sum\limits_{n=1}^{\infty}u_n$发散;

④ 若级数$\sum\limits_{n=1}^{\infty}(u_n+v_n)$收敛,则级数$\sum\limits_{n=1}^{\infty}u_n$与$\sum\limits_{n=1}^{\infty}v_n$都收敛.

以上命题中正确的是(　　).

A. ①,②　　B. ②,③

C. ③,④　　D. ①,④

(3) 若级数$\sum\limits_{n=1}^{\infty}a_n$收敛,则级数(　　).

A. $\sum\limits_{n=1}^{\infty}|a_n|$收敛　　B. $\sum\limits_{n=1}^{\infty}(-1)^n a_n$收敛

C. $\sum\limits_{n=1}^{\infty}a_n a_{n+1}$收敛　　D. $\sum\limits_{n=1}^{\infty}\dfrac{a_n+a_{n+1}}{2}$收敛

(4) 下列级数中发散的是(　　).

A. $\sum\limits_{n=1}^{\infty}\dfrac{n}{3^n}$　　B. $\sum\limits_{n=1}^{\infty}\dfrac{1}{\sqrt{n}}\ln\left(1+\dfrac{1}{n}\right)$

C. $\sum\limits_{n=2}^{\infty}\dfrac{(-1)^n+1}{\ln n}$　　D. $\sum\limits_{n=1}^{\infty}\dfrac{n!}{n^n}$

(5) 若幂级数$\sum\limits_{n=0}^{\infty}a_n x^n$在点$x=-1$处收敛,则该级数(　　).

A. 在点$x=-1$处绝对收敛　　B. 在点$x=1$处收敛

C. 在点$x=1$处发散　　D. 在区间$(-1,1)$内绝对收敛

2. 填空题:

(1) $\lim\limits_{n\to\infty}u_n=0$是级数$\sum\limits_{n=1}^{\infty}u_n$收敛的__________条件,而级数$\sum\limits_{n=1}^{\infty}u_n$收敛是$\lim\limits_{n\to\infty}u_n=0$的__________条件.

(2) 部分和数列$\{S_n\}$有界是正项级数$\sum\limits_{n=1}^{\infty}u_n$收敛的__________条件.

(3) 若级数$\sum\limits_{n=1}^{\infty}u_n$绝对收敛,则级数$\sum\limits_{n=1}^{\infty}u_n$必定________;若级数$\sum\limits_{n=1}^{\infty}u_n$条件收敛,则级数$\sum\limits_{n=1}^{\infty}|u_n|$必定________.

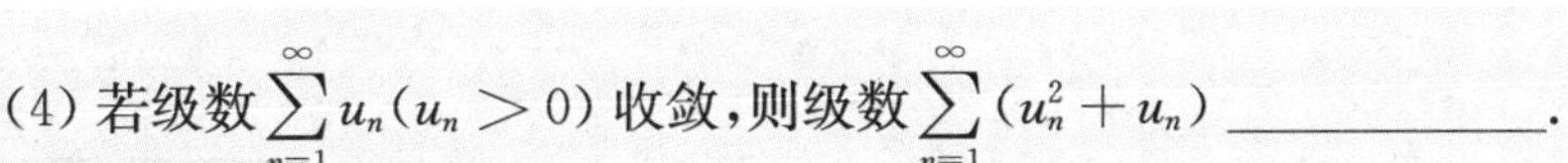

(4) 若级数 $\sum_{n=1}^{\infty} u_n (u_n > 0)$ 收敛，则级数 $\sum_{n=1}^{\infty} (u_n^2 + u_n)$ ____________.

(5) 设幂级数 $\sum_{n=0}^{\infty} a_n x^n$ 的收敛半径为 $R(0 < R < +\infty)$，则当____________时，该幂级数绝对收敛；当____________时，该幂级数发散.

3. 判定下列级数的敛散性：

(1) $\sum_{n=2}^{\infty} \frac{1}{\ln^2 n}$；　　(2) $\sum_{n=1}^{\infty} \frac{1}{n\sqrt[n]{n}}$；

(3) $\sum_{n=1}^{\infty} \left(1 - \cos\frac{2}{n}\right)$；　　(4) $\sum_{n=1}^{\infty} \frac{n^n}{(n!)^2}$.

4. 判定下列级数是否收敛，若收敛，指出是绝对收敛还是条件收敛：

(1) $\sum_{n=0}^{\infty} \frac{(-1)^n}{2^n} \sin\frac{\pi}{n+1}$；　　(2) $\sum_{n=1}^{\infty} (-1)^{n-1} \ln\frac{n+1}{n}$；

(3) $\sum_{n=1}^{\infty} (-1)^{n-1} \left(\frac{1}{n} - \frac{1}{n+1}\right)$；　　(4) $\sum_{n=1}^{\infty} (-1)^{n-1} \frac{n^{2n}}{(2n-1)!}$.

5. 求下列级数的收敛域：

(1) $\sum_{n=0}^{\infty} (2n)!\, x^n$；　　(2) $\sum_{n=1}^{\infty} \frac{3^n + 5^n}{n} x^n$；

(3) $\sum_{n=1}^{\infty} \frac{(x+4)^n}{n}$；　　(4) $\sum_{n=1}^{\infty} \frac{(-1)^n}{n^2} (x-3)^n$.

6. 求下列幂级数的收敛区间，并在收敛区间内求其和函数：

(1) $\sum_{n=0}^{\infty} \frac{2n+1}{2^n} x^{2n}$；　　(2) $\sum_{n=0}^{\infty} \frac{1}{2n+1} x^{2n+1}$；

(3) $\sum_{n=1}^{\infty} \frac{n+1}{n} x^n$；　　(4) $\sum_{n=0}^{\infty} \frac{n+1}{n!} x^n$.

7. 将下列函数展开成 x 的幂级数：

(1) 3^x；　　(2) $\ln(1 + x - 2x^2)$；

(3) $\frac{1}{(x-1)(x-2)}$；　　(4) $\int_0^x \frac{\sin t}{t} \mathrm{d}t$.

8. 设 $f(x)$ 是周期为 2π 的周期函数，其在 $[-\pi, \pi)$ 上的表达式为

$$f(x) = \begin{cases} bx, & -\pi \leqslant x < 0, \\ ax, & 0 \leqslant x < \pi \end{cases} \quad (a, b \text{ 为常数，且 } a > b > 0),$$

将 $f(x)$ 展开成傅里叶级数.

9. 将函数 $f(x) = \begin{cases} 1, & 0 \leqslant x \leqslant h, \\ 0, & h < x \leqslant \pi \end{cases}$ 分别展开成正弦级数和余弦级数.

第十二章 常微分方程

函数是客观事物的内部联系在数量方面的反映，利用函数关系可以对客观事物的规律性进行研究. 因此，如何寻求函数关系，这在实践中具有重要意义. 然而，在许多问题中，往往不能直接找出所需要的函数关系，但根据问题所提供的情况，可以列出含有要求的函数及其导数的等式，这样的等式就是所谓的微分方程. 微分方程建立以后，对其进行研究，从中求出未知函数，这就是解微分方程.

§ 12.1 微分方程的基本概念

下面我们通过两个具体问题来说明微分方程的基本概念.

一、问题提出

例 1 设有一曲线,其上任意点 $M(x,y)$ 处的切线斜率是 $3x$,且过点 $M_0(2,4)$,求该曲线的方程.

解　由导数的几何意义可知,该曲线的方程 $y=y(x)$ 满足关系式

$$\frac{\mathrm{d}y}{\mathrm{d}x}=3x. \tag{12.1}$$

此外,有已知条件:当 $x=2$ 时,$y=4$.

对(12.1)式两边同时积分,得

$$y=\int 3x\mathrm{d}x,$$

即

$$y=\frac{3}{2}x^2+C \quad (C\text{ 为任意常数}). \tag{12.2}$$

将已知条件代入上式,有 $4=\frac{3}{2}\times 2^2+C$,得 $C=-2$,故该曲线的方程为

$$y=\frac{3}{2}x^2-2. \tag{12.3}$$

例 2 设一列车制动时能获得加速度 $-0.5\ \mathrm{m/s^2}$. 现该列车在水平线上以 $30\ \mathrm{m/s}$ 的速度行驶,问:该列车开始制动后需要多长时间才能停住?该列车在这段时间里行驶了多少路程?

解　考虑该列车从开始制动($t=0$)到停住这段时间. 设该列车在时间 t(单位:s) 内的位移为 $s=s(t)$(单位:m). 由题意知,描述该列车制动阶段运动规律的位移函数 $s=s(t)$ 满足关系式

$$\frac{\mathrm{d}^2 s}{\mathrm{d}t^2}=-0.5; \tag{12.4}$$

此外,有已知条件:当 $t=0$ 时,$s=0$,$v=\frac{\mathrm{d}s}{\mathrm{d}t}=30$.

对(12.4)式两边同时积分,得

$$v=\frac{\mathrm{d}s}{\mathrm{d}t}=-0.5t+C_1 \quad (C_1\text{ 为任意常数}). \tag{12.5}$$

再对(12.5)式两边同时积分,得

$$s=-0.25t^2+C_1t+C_2 \quad (C_2\text{ 为任意常数}). \tag{12.6}$$

将已知条件 $t=0, v=30$ 代入(12.5)式,得 $C_1=30$;将已知条件 $t=0, s=0$ 代入(12.6)式,得 $C_2=0$.

把 C_1, C_2 的值代入(12.5),(12.6)两式,有

$$v=-0.5t+30, \tag{12.7}$$

$$s=-0.25t^2+30t. \tag{12.8}$$

在(12.7)式中,令 $v=0$,即得该列车从开始制动到完全停住所需要的时间

$$t=\frac{30}{0.5}=60(\text{单位:s}).$$

因此,由(12.8)式得该列车在制动这段时间内的位移

$$s=-0.25\times 60^2+30\times 60=900(\text{单位:m}).$$

这也就是该列车在制动这段时间里行驶的路程.

二、微分方程的基本概念

例1和例2中的关系式(12.1)和(12.4)都含有未知函数的导数,它们均是微分方程.

一般地,我们把含有自变量、未知函数、未知函数的导数(或微分)的方程称为**微分方程**.

注　在微分方程中,函数自变量、未知函数可不显示,但未知函数的导数(或微分)必须显示.

在一个微分方程中,若未知函数是一元函数,则称该微分方程为**常微分方程**;若未知函数是多元函数,则称该微分方程为**偏微分方程**.本书主要讨论常微分方程.

微分方程中所出现未知函数的最高阶导数的阶数称为**微分方程的阶**.

例如,方程(12.1)是一阶微分方程;方程(12.4)是二阶微分方程.

三、微分方程的解

如果将函数 $y=y(x)$ 代入一个微分方程能使该微分方程成为恒

等式,则称函数 $y=y(x)$ 为该微分方程的解.

例如,函数(12.2),(12.3)均是微分方程(12.1)的解;函数(12.6),(12.8)均是微分方程(12.4)的解.

如果微分方程的解中所含相互独立的任意常数的个数与微分方程的阶数相同,则称这样的解为微分方程的通解(或一般解).

例如,函数(12.2)是微分方程(12.1)的通解;函数(12.6)是微分方程(12.4)的通解.

用于确定通解中任意常数的值的条件称为定解条件.

例如,例1中的已知条件“当 $x=2$ 时,$y=4$”和例2中的已知条件“当 $t=0$ 时,$s=0,v=\frac{\mathrm{d}s}{\mathrm{d}t}=30$”都是定解条件,它们又可分别记作

$$“y\Big|_{x=2}=4” \quad 和 \quad “s\Big|_{t=0}=0,\frac{\mathrm{d}s}{\mathrm{d}t}\Big|_{t=0}=30”.$$

能写成这种形式的定解条件也称为初始条件.

按已知的定解条件将通解中任意常数确定后得到的解称为微分方程的特解.

例如,函数(12.3)和(12.8)分别是微分方程(12.1)和(12.4)的特解.

微分方程的解所对应的几何图形称为微分方程的积分曲线.通解的几何图形是一族积分曲线,称为积分曲线族;特解的几何图形是一条积分曲线.

习　题　12.1

1. 指出下列微分方程的阶数:

(1) $xy'^2-2yy'+x=0$;

(2) $x^2y''-xy'+y=0$;

(3) $(7x-6y)\mathrm{d}x+(x+y)\mathrm{d}y=0$;

(4) $L\frac{\mathrm{d}^2Q}{\mathrm{d}t^2}+R\frac{\mathrm{d}Q}{\mathrm{d}t}+\frac{1}{C}Q=0$($L,R,C$ 为常数,且 $L,C\neq 0$).

2. 验证下列函数是给定微分方程的解:

(1) $y=-\frac{x^2}{4},y''+xy'-y=0$;

(2) $x=A\sin(\omega t+\varphi)$($A,\omega,\varphi$ 为常数),$x''+\omega^2x=0$.

§12.2 可分离变量的微分方程

对于§12.1例1中的一阶微分方程

$$\frac{\mathrm{d}y}{\mathrm{d}x}=3x,$$

两边同时积分,就得到这个微分方程的通解

$$y=\frac{3}{2}x^2+C.$$

但并非所有的一阶微分方程都能这样求解,如一阶微分方程

$$\frac{\mathrm{d}y}{\mathrm{d}x}=2xy^2,$$

就不能通过直接两边同时积分求出它的通解.下面我们介绍一些常见的微分方程及其解法.

一、可分离变量的微分方程

一阶微分方程的一般形式为

$$F(x,y,y')=0$$

或

$$y'=F(x,y).$$

若一个一阶微分方程可化为

$$g(y)\mathrm{d}y=f(x)\mathrm{d}x \tag{12.9}$$

的形式,则称该微分方程为可分离变量的微分方程.

求解可分离变量的微分方程的步骤如下:

(1) 分离变量,即将原微分方程化为形如(12.9)式的微分方程;

(2) 对分离变量后的微分方程(12.9)两边同时积分,得

$$\int g(y)\mathrm{d}y=\int f(x)\mathrm{d}x,$$

从而可求得微分方程(12.9)的通解,即得原微分方程的通解.

这种求解一阶微分方程的方法称为分离变量法.

例1 求微分方程 $y'=\dfrac{1+y^2}{1+x^2}$ 的通解.

解 这是可分离变量的微分方程.分离变量,得

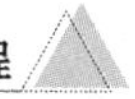

$$\frac{\mathrm{d}y}{1+y^2}=\frac{\mathrm{d}x}{1+x^2};$$

两边同时积分，得

$$\arctan y=\arctan x+\arctan C,\quad 即\quad \arctan y-\arctan x=\arctan C$$

(这里将任意常数 C 写成 $\arctan C$ 的形式是为了便于化简，后面会采用类似的做法，如将任意常数 C 写成 $\ln C$ 的形式)；两边同时取正切，得

$$\tan(\arctan y-\arctan x)=\tan(\arctan C).$$

因此，由三角公式

$$\tan(A-B)=\frac{\tan A-\tan B}{1+\tan A\tan B}$$

得通解为

$$\frac{y-x}{1+xy}=C.$$

例 2 求微分方程 $(\mathrm{e}^{x+y}-\mathrm{e}^x)\mathrm{d}x+(\mathrm{e}^{x+y}+\mathrm{e}^y)\mathrm{d}y=0$ 的通解.

解 这是可分离变量的微分方程，可化为

$$\mathrm{e}^x(\mathrm{e}^y-1)\mathrm{d}x+\mathrm{e}^y(\mathrm{e}^x+1)\mathrm{d}y=0.$$

当 $\mathrm{e}^y-1\neq 0$ 时，上式两边同时除以 $(\mathrm{e}^y-1)(\mathrm{e}^x+1)$，得

$$\frac{\mathrm{e}^x}{\mathrm{e}^x+1}\mathrm{d}x+\frac{\mathrm{e}^y}{\mathrm{e}^y-1}\mathrm{d}y=0;$$

两边同时积分，得

$$\ln(\mathrm{e}^x+1)+\ln(\mathrm{e}^y-1)=\ln C,$$

化简得通解

$$(\mathrm{e}^x+1)(\mathrm{e}^y-1)=C.$$

显然，$\mathrm{e}^y-1=0$ 即 $y=0$，它也是该微分方程的解，且包含在上述通解中.

注 由例 2 可以看到，在对可分离变量的微分方程分离变量时，可能会出现丢解的情形. 如果求通解，通常忽略这种情形.

例 3 求微分方程 $\frac{\mathrm{d}y}{\mathrm{d}x}=-\frac{y}{x}$ 的通解和在初始条件“当 $x=1$ 时，$y=1$”下的特解.

解 这是可分离变量的微分方程. 分离变量，得

$$\frac{\mathrm{d}y}{y}=-\frac{\mathrm{d}x}{x};$$

两边同时积分，得

$$\ln y=-\ln x+\ln C,\quad 即\quad \ln y+\ln x=\ln C,$$

化简得通解

$$xy=C.$$

又由初始条件得 $1\times 1=C$，即 $C=1$，故 $xy=1$ 是所给初始条件下的特解.

若所给微分方程不是可分离变量的微分方程，有时可以根据微分方程的特点，做适当的变换，将其化为可分离变量的微分方程.

二、齐次方程

如果一个一阶微分方程可化为

$$\frac{\mathrm{d}y}{\mathrm{d}x}=\varphi\left(\frac{y}{x}\right) \tag{12.10}$$

的形式，则称该微分方程为齐次方程.

求解齐次方程(12.10)的步骤如下：

(1) 做变换 $u=\frac{y}{x}$，即 $y=ux$，则 $\frac{\mathrm{d}y}{\mathrm{d}x}=u+x\frac{\mathrm{d}u}{\mathrm{d}x}$. 这时，齐次方程(12.10)变为

$$u+x\frac{\mathrm{d}u}{\mathrm{d}x}=\varphi(u).$$

(2) 对(1)中变换后的微分方程分离变量，得

$$\frac{\mathrm{d}u}{\varphi(u)-u}=\frac{\mathrm{d}x}{x};$$

两边同时积分，得

$$\int\frac{\mathrm{d}u}{\varphi(u)-u}=\int\frac{\mathrm{d}x}{x}.$$

(3) 求出上式中的积分后，再回代

$$u=\frac{y}{x},$$

便可得到齐次方程(12.10)的通解.

例 4 求微分方程 $\frac{\mathrm{d}y}{\mathrm{d}x}=\frac{y}{x}+\tan\frac{y}{x}$ 的通解.

解　此微分方程为齐次方程. 做变换 $u=\frac{y}{x}$，即 $y=ux$，则

$$\frac{\mathrm{d}y}{\mathrm{d}x}=u+x\frac{\mathrm{d}u}{\mathrm{d}x}.$$

代入原微分方程，得

$$u+x\frac{\mathrm{d}u}{\mathrm{d}x}=u+\tan u,\quad 即\quad x\frac{\mathrm{d}u}{\mathrm{d}x}=\tan u.$$

分离变量，得

$$\cot u\,\mathrm{d}u=\frac{\mathrm{d}x}{x};$$

两边同时积分，得

$$\ln\sin u=\ln x+\ln C,\quad 即\quad \sin u=Cx.$$

回代 $u=\frac{y}{x}$，有

$$\sin\frac{y}{x}=Cx.$$

这就是原微分方程的通解.

习　题　12.2

求下列微分方程的通解：

(1) $y\ln x\mathrm{d}x+x\ln y\mathrm{d}y=0$；　　(2) $y'+\sqrt{\frac{1-y^2}{1-x^2}}=0$；

(3) $\sin x\cos^2 y\mathrm{d}x+\cos^2 x\mathrm{d}y=0$；　　(4) $y'-10^{x+y}=0$.

§12.3 一阶线性微分方程

形如

$$y'+P(x)y=Q(x) \tag{12.11}$$

的微分方程称为一阶线性微分方程，其中 $P(x)$，$Q(x)$ 均为 x 的连续函数. 若 $Q(x)\equiv 0$，微分方程(12.11) 成为

$$y'+P(x)y=0,$$

称之为对应于微分方程(12.11) 的一阶齐次线性微分方程；若 $Q(x)\not\equiv 0$，则称微分方程(12.11) 为一阶非齐次线性微分方程，其中 $Q(x)$ 称为自由项或干扰项.

求一阶非齐次线性微分方程(12.11) 的通解，通常按以下三个步骤进行：

(1) 求微分方程(12.11) 对应的一阶齐次线性微分方程

$$\frac{\mathrm{d}y}{\mathrm{d}x}+P(x)y=0 \tag{12.12}$$

的通解. 分离变量，得 $\frac{\mathrm{d}y}{y}=-P(x)\mathrm{d}x$；两边同时积分，得

$$\ln y=-\int P(x)\mathrm{d}x+C_1$$

$\left(\text{取}\int P(x)\mathrm{d}x\text{ 为 }P(x)\text{ 的一个原函数}\right)$，化简得

$$y=\mathrm{e}^{-\int P(x)\mathrm{d}x+C_1}=\mathrm{e}^{C_1}\mathrm{e}^{-\int P(x)\mathrm{d}x}=C_2\mathrm{e}^{-\int P(x)\mathrm{d}x}, \tag{12.13}$$

此即为微分方程(12.12)的通解，其中 $C_2=e^{C_1}$.

(2) 将(12.13)式中的常数 C_2 看作函数 $\varphi(x)$，并假设

$$y=\varphi(x)e^{-\int P(x)dx}$$

为微分方程(12.11)的通解. 将此通解及

$$y'=\varphi(x)\left[e^{-\int P(x)dx}\right]'+\varphi'(x)e^{-\int P(x)dx}$$

$$=\varphi(x)\left[-P(x)e^{-\int P(x)dx}\right]+\varphi'(x)e^{-\int P(x)dx}$$

代入微分方程(12.11)，得

$$\varphi'(x)e^{-\int P(x)dx}-\varphi(x)P(x)e^{-\int P(x)dx}+P(x)\varphi(x)e^{-\int P(x)dx}=Q(x),$$

化简得

$$\varphi'(x)=Q(x)e^{\int P(x)dx}.$$

分离变量，得 $d\varphi(x)=Q(x)e^{\int P(x)dx}dx$；两边同时积分，得

$$\varphi(x)=\int Q(x)e^{\int P(x)dx}dx+C. \tag{12.14}$$

(3) 把(12.13)式中的常数 C_2 替换成函数(12.14)，得

$$y=e^{-\int P(x)dx}\left[\int Q(x)e^{\int P(x)dx}dx+C\right]. \tag{12.15}$$

这就是微分方程(12.11)的通解.

上述把(12.13)式中的常数 C_2 改为函数 $\varphi(x)$，从而求得通解(12.15)的过程称为**常数变易法**.

注 令通解(12.15)中的常数 $C=0$，可得到一阶非齐次线性微分方程(12.11)的一个特解. 于是，通解(12.15)可看作微分方程(12.11)的一个特解与对应的一阶齐次线性微分方程的通解(12.13)之和，即一阶非齐次线性微分方程的通解等于其自身的一个特解与对应的一阶齐次线性微分方程的通解之和.

例 1 求微分方程 $xy'-y=x^2\cos x$ 的通解.

解 把原微分方程写成

$$y'-\frac{1}{x}y=x\cos x. \tag{12.16}$$

这是一阶非齐次线性微分方程.

(1) 求对应的一阶齐次线性微分方程 $y'-\frac{1}{x}y=0$ 的通解. 将它化为

$$\frac{dy}{dx}-\frac{1}{x}y=0.$$

分离变量，得

$$\frac{dy}{y}=\frac{dx}{x};$$

两边同时积分，得

$$\ln y = \ln x + \ln C_1, \quad 即 \quad \ln y = \ln(C_1 x),$$

化简得

$$y = C_1 x.$$

(2) 令 $C_1 = \varphi(x)$，假设 $y = x\varphi(x)$ 是微分方程(12.16)的通解. 将 $y = x\varphi(x)$ 及 $y' = \varphi(x) + x\varphi'(x)$ 代入微分方程(12.16)，得

$$\varphi(x) + x\varphi'(x) - \frac{1}{x} \cdot x\varphi(x) = x\cos x.$$

约去公因式，并化简得

$$\frac{\mathrm{d}\varphi(x)}{\mathrm{d}x} = \cos x,$$

解得

$$\varphi(x) = \int \cos x \, \mathrm{d}x = \sin x + C.$$

(3) 将上式代入 $y = x\varphi(x)$，得原微分方程的通解

$$y = (\sin x + C)x = x\sin x + Cx.$$

例 2　利用公式(12.15)求微分方程 $y' - \dfrac{2}{x+1}y = (x+1)^3$ 的通解.

解　这里

$$P(x) = -\frac{2}{x+1}, \quad Q(x) = (x+1)^3.$$

代入公式(12.15)，即得所求的通解

$$\begin{aligned}
y &= \mathrm{e}^{-\int P(x)\mathrm{d}x}\left[\int Q(x)\mathrm{e}^{\int P(x)\mathrm{d}x}\mathrm{d}x + C\right] = \mathrm{e}^{\int \frac{2}{x+1}\mathrm{d}x}\left[\int (x+1)^3 \mathrm{e}^{-\int \frac{2}{x+1}\mathrm{d}x}\mathrm{d}x + C\right] \\
&= (x+1)^2\left[\int (x+1)^3 \cdot \frac{1}{(x+1)^2}\mathrm{d}x + C\right] \\
&= (x+1)^2\left[\int (x+1)\mathrm{d}x + C\right] \\
&= (x+1)^2\left[\frac{1}{2}(x+1)^2 + C\right] \\
&= \frac{1}{2}(x+1)^4 + C(x+1)^2.
\end{aligned}$$

例 3　设 xOy 面内一曲线通过原点，且其上任一点 (x, y) 处的切线斜率为 $2x + y$，求该曲线的方程.

解　设所求的曲线方程为 $y = y(x)$，则由题设知它满足以下微分方程及初始条件：

$$y' = 2x + y, \quad y\Big|_{x=0} = 0.$$

将此微分方程写成

$$y' - y = 2x.$$

不难看出，这是一阶非齐次线性微分方程，且这里

$$P(x) = -1, \quad Q(x) = 2x.$$

代入公式(12.15)，即得上述微分方程的通解

$$y = e^{-\int P(x)dx}\left[\int Q(x)e^{\int P(x)dx}dx + C\right] = e^{\int dx}\left(\int 2xe^{-\int dx}dx + C\right)$$
$$= e^{x}\left(\int 2xe^{-x}dx + C\right) = e^{x}\left(2\int xe^{-x}dx + C\right)$$
$$= e^{x}[2(-xe^{-x} - e^{-x}) + C] = -2x - 2 + Ce^{x}.$$

又由 $y\Big|_{x=0} = 0$ 有 $0 = 0 - 2 + Ce^{0}$，即 $C = 2$，于是所求的曲线方程为

$$y = 2(-x - 1 + e^{x}).$$

习　题　12.3

1. 求下列微分方程的通解：

(1) $\dfrac{dy}{dx} + y = e^{-x}$；

(2) $y' + y\cos x = e^{-\sin x}$；

(3) $(x^2 - 1)y' + 2xy - \cos x = 0$；

(4) $(x^2 - 6y)dx + 2xdy = 0$；

(5) $\dfrac{dy}{dx} = \dfrac{y}{y - x}$ $\left(提示：\dfrac{dx}{dy} = \dfrac{y - x}{y}\right)$.

2. 求下列微分方程满足所给初始条件的特解：

(1) $y'\cos x + y\sin x = 1, y\Big|_{x=0} = 0$；

(2) $y' + \dfrac{y}{x} = \dfrac{\sin x}{x}, y\Big|_{x=\pi} = 1$.

§12.4 可降阶的高阶微分方程

二阶及二阶以上的微分方程统称为高阶微分方程.

这里仅介绍三种可降阶的高阶微分方程的解法.

一、$y^{(n)} = f(x)$ 型的微分方程

微分方程

$$y^{(n)} = f(x) \tag{12.17}$$

的解法为：连续积分 n 次，便得到微分方程(12.17)的含有 n 个任意常数的通解.

例 1 求微分方程 $y'' = \sin x$ 的通解.

解 对所给的微分方程连续积分两次，有

$$y' = -\cos x + C_1,$$

$$y=-\sin x+C_1x+C_2.$$

这就是所求的通解.

例 2　求微分方程 $y'''=\mathrm{e}^{3x}$ 的通解.

解　对所给的微分方程连续积分三次,有

$$y''=\frac{1}{3}\mathrm{e}^{3x}+C_1,$$

$$y'=\frac{1}{9}\mathrm{e}^{3x}+C_1x+C_2,$$

$$y=\frac{1}{27}\mathrm{e}^{3x}+\frac{C_1}{2}x^2+C_2x+C_3.$$

这就是所求的通解.

二、$y''=f(x,y')$ 型的微分方程

微分方程

$$y''=f(x,y') \tag{12.18}$$

的右端不显含未知函数 y,这种类型微分方程的解法如下:

令 $y'=P(x)$,则

$$y''=\frac{\mathrm{d}P(x)}{\mathrm{d}x}=P'(x).$$

这时微分方程(12.18)化为

$$P'(x)=f[x,P(x)].$$

它是关于变量 $x,P(x)$ 的一阶微分方程,设其通解为 $P(x)=\varphi(x,C_1)$. 因为 $y'=P(x)$,所以

$$y'=\varphi(x,C_1).$$

对上式两边同时积分,即得微分方程(12.18)的通解

$$y=\int\varphi(x,C_1)\mathrm{d}x+C_2.$$

例 3　求微分方程 $y''=y'+x$ 的通解.

解　令 $y'=P(x)$,则原微分方程化为

$$\frac{\mathrm{d}P(x)}{\mathrm{d}x}=P(x)+x,\quad 即\quad \frac{\mathrm{d}P(x)}{\mathrm{d}x}-P(x)=x.$$

不难看出,这是关于变量 $x,P(x)$ 的一阶非齐次线性微分方程,故由公式(12.15)可得其通解

$$P(x)=\frac{\mathrm{d}y}{\mathrm{d}x}=\mathrm{e}^x\left(\int x\mathrm{e}^{-x}\mathrm{d}x+C_1\right)=\mathrm{e}^x(-x\mathrm{e}^{-x}-\mathrm{e}^{-x}+C_1)$$
$$=-x-1+C_1\mathrm{e}^x.$$

再对上式两边同时积分,得原微分方程的通解

$$y=\int(-x-1+C_1\mathrm{e}^x)\mathrm{d}x=-\frac{x^2}{2}-x+C_1\mathrm{e}^x+C_2.$$

三、$y''=f(y,y')$ 型的微分方程

微分方程

$$y''=f(y,y') \tag{12.19}$$

的右端不显含自变量 x,这种类型微分方程的解法如下:

令 $y'=P(y)$,则

$$y''=\frac{\mathrm{d}y'}{\mathrm{d}x}=\frac{\mathrm{d}P(y)}{\mathrm{d}x}=\frac{\mathrm{d}P(y)}{\mathrm{d}y}\frac{\mathrm{d}y}{\mathrm{d}x}=P(y)\frac{\mathrm{d}P(y)}{\mathrm{d}y}.$$

这时微分方程(12.19)化为

$$P(y)\frac{\mathrm{d}P(y)}{\mathrm{d}y}=f[y,P(y)].$$

它是关于变量 $y,P(y)$ 的一阶微分方程,设其通解为 $P(y)=\varphi(y,C_1)$. 因为 $y'=P(y)$,所以

$$y'=\varphi(y,C_1),\quad 即\quad \frac{\mathrm{d}y}{\varphi(y,C_1)}=\mathrm{d}x.$$

对上式两边同时积分,即得方程(12.19)的通解

$$\int\frac{\mathrm{d}y}{\varphi(y,C_1)}=x+C_2.$$

例 4 求微分方程 $2y'^2=y''(y-1)$ 满足初始条件

$$y\Big|_{x=1}=2,\quad y'\Big|_{x=1}=-1$$

的特解.

解 令 $y'=P(y)$,则 $y''=P(y)\dfrac{\mathrm{d}P(y)}{\mathrm{d}y}$. 故原微分方程可化为

$$2P^2(y)=P(y)\frac{\mathrm{d}P(y)}{\mathrm{d}y}(y-1).$$

化简并分离变量,得

$$\frac{\mathrm{d}P(y)}{P(y)}=\frac{2\mathrm{d}y}{y-1};$$

两边同时积分,得

$$\ln P(y)=2\ln(y-1)+\ln C_1=\ln(y-1)^2+\ln C_1,$$

即

$$P(y)=C_1(y-1)^2.$$

将初始条件

$$y\Big|_{x=1}=2,\quad y'\Big|_{x=1}=-1$$

代入上式,得

$$-1=C_1(2-1)^2,\quad 即\quad C_1=-1,$$

故

$$P(y)=-(y-1)^2.$$

将 $P(y)=\frac{\mathrm{d}y}{\mathrm{d}x}$ 代入上式，并分离变量，得

$$-\frac{\mathrm{d}y}{(y-1)^2}=\mathrm{d}x;$$

两边同时积分，得

$$\frac{1}{y-1}=x+C_2.$$

又由初始条件 $y\Big|_{x=1}=2$ 得

$$\frac{1}{2-1}=1+C_2,\quad 即\quad C_2=0,$$

故所求的特解为

$$\frac{1}{y-1}=x,\quad 即\quad y=\frac{1}{x}+1.$$

习　题　12.4

求下列微分方程的通解或满足给定初始条件的特解：

(1) $y''=5x^2+3x+2$；　(2) $y'''=x\mathrm{e}^x$；

(3) $y''=1+y'^2$；　(4) $2y'^2=y''(y-1),y\Big|_{x=1}=2,y'\Big|_{x=1}=-1$.

§12.5 线性微分方程解的结构

形如

$$y''+P(x)y'+Q(x)y=f(x)\tag{12.20}$$

的微分方程称为**二阶线性微分方程**，其中 $P(x),Q(x),f(x)$ 均为 x 的连续函数. 若 $f(x)\equiv 0$，微分方程(12.20) 成为

$$y''+P(x)y'+Q(x)y=0,\tag{12.21}$$

称之为对应于微分方程(12.20) 的**二阶齐次线性微分方程**；若 $f(x)\not\equiv 0$，则称微分方程(12.20) 为**二阶非齐次线性微分方程**，其中 $f(x)$ 称为**自由项**或**干扰项**.

下面先研究二阶齐次线性微分方程(12.21) 的解的结构.

定理 1　若函数 $y_1=y_1(x)$ 和 $y_2=y_2(x)$ 是微分方程(12.21) 的两个解，则

$$y=C_1y_1(x)+C_2y_2(x) \tag{12.22}$$

也是微分方程(12.21)的解，其中 C_1,C_2 是任意常数.

证　将(12.22)式代入微分方程(12.21)的左端，有

$$\begin{aligned}&(C_1y_1''+C_2y_2'')+P(x)(C_1y_1'+C_2y_2')+Q(x)(C_1y_1+C_2y_2)\\&\quad=C_1[y_1''+P(x)y_1'+Q(x)y_1]+C_2[y_2''+P(x)y_2'+Q(x)y_2]\\&\quad=C_1\cdot 0+C_2\cdot 0=0,\end{aligned}$$

即定理得证.

注　定理1表明，二阶齐次线性微分方程的解满足叠加原理.

定义　设 $y_1(x),y_2(x),\cdots,y_n(x)$ 是定义在区间 (a,b) 内的 n 个函数. 如果存在 n 个不全为零的常数 $k_1,k_2,\cdots,k_n$，使得对于任意的 $x\in(a,b)$，恒有等式

$$k_1y_1(x)+k_2y_2(x)+\cdots+k_ny_n(x)=0$$

成立，则称这 n 个函数在 (a,b) 内**线性相关**；否则，称它们在 (a,b) 内**线性无关**.

例1　证明：函数 $y_1=1,y_2=\cos^2x,y_3=\sin^2x$ 在 $(-\infty,+\infty)$ 内线性相关.

证　易知，$k_1=1,k_2=-1,k_3=-1$ 这三个常数使得

$$k_1y_1+k_2y_2+k_3y_3=1-\cos^2x-\sin^2x=0$$

在 $(-\infty,+\infty)$ 内恒成立. 因此，函数 $y_1=1,y_2=\cos^2x,y_3=\sin^2x$ 在 $(-\infty,+\infty)$ 内线性相关.

例2　证明：函数 $y_1=1,y_2=x,y_3=x^2$ 在任何区间 (a,b) 内线性无关.

证　若 k_1,k_2,k_3 不全为零，则在 $(-\infty,+\infty)$ 内至多只有两个 x 值使得

$$k_1y_1+k_2y_2+k_3y_3=k_1+k_2x+k_3x^2=0$$

成立. 因此，要使它在区间 (a,b) 内恒成立，则 k_1,k_2,k_3 全为零. 故函数 $y_1=1,y_2=x,y_3=x^2$ 线性无关.

由定义可知，对于两个函数的情况，它们线性相关与否，只要看它们的比是否恒为常数：若比恒为常数，则它们线性相关；若比不恒为常数，则它们线性无关.

有了线性相关性的概念后，关于二阶齐次线性微分方程(12.21)的通解，我们有如下解的结构定理：

定理2　若函数 $y_1=y_1(x)$ 和 $y_2=y_2(x)$ 是微分方程(12.21)的两个线性无关的特解，则

$$y=C_1y_1(x)+C_2y_2(x)$$

是微分方程(12.21)的通解，其中 C_1,C_2 为任意常数.

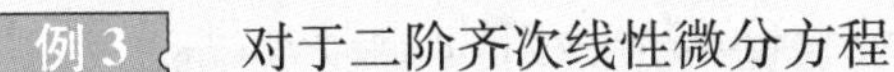

例 3　对于二阶齐次线性微分方程

$$(x-1)y''-xy'+y=0,$$

易证 $y_1=x, y_2=\mathrm{e}^x$ 是它的两个特解，并且 $\dfrac{y_1}{y_2}=\dfrac{x}{\mathrm{e}^x}\neq$ 常数（线性无关）. 因此，由定理 2 可知，此微分方程的通解为

$$y=C_1x+C_2\mathrm{e}^x.$$

注　在§12.3 中，我们知道一阶非齐次线性微分方程的通解等于它本身的一个特解与对应的一阶齐次线性微分方程的通解之和. 实际上，不仅一阶非齐次线性微分方程的通解有此结构，而且二阶（或更高阶）非齐次线性微分方程的通解亦有此结构.

定理 3　设函数 $y^*=y^*(x)$ 是二阶非齐次线性微分方程(12.20)的一个特解，$Y=Y(x)$ 是微分方程(12.20)对应的齐次线性微分方程(12.21)的通解，则

$$y=Y(x)+y^*(x) \tag{12.23}$$

是微分方程(12.20)的通解.

证　将(12.23)式代入微分方程(12.20)的左端，有

$$\begin{aligned}&(Y''+y^{*\prime\prime})+P(x)(Y'+y^{*\prime})+Q(x)(Y+y^*)\\&=[Y''+P(x)Y'+Q(x)Y]+[y^{*\prime\prime}+P(x)y^{*\prime}+Q(x)y^*]\\&=0+f(x)=f(x),\end{aligned}$$

即定理得证.

例 4　求二阶非齐次线性微分方程 $y''+y=1$ 的通解.

解　显然，$y_1=\cos x, y_2=\sin x$ 是所给微分方程对应的二阶齐次线性微分方程 $y''+y=0$ 的两个线性无关的特解，从而

$$Y=C_1\cos x+C_2\sin x$$

是微分方程 $y''+y=0$ 的通解. 又易证 $y^*=1$ 是所给微分方程的一个特解，故所求的通解是

$$y=Y+y^*=C_1\cos x+C_2\sin x+1.$$

定理 4　设函数 $y_1^*=y_1^*(x)$ 和 $y_2^*=y_2^*(x)$ 分别是微分方程

$$y''+P(x)y'+Q(x)y=f_1(x)$$

和

$$y''+P(x)y'+Q(x)y=f_2(x)$$

的解，则 $y^*=y_1^*(x)+y_2^*(x)$ 是微分方程

$$y''+P(x)y'+Q(x)y=f_1(x)+f_2(x)$$

的解.

事实上，只要将 $y^*=y_1^*(x)+y_2^*(x)$ 代入微分方程

$$y''+P(x)y'+Q(x)y=f_1(x)+f_2(x),$$

即可证明定理4的结论成立.

习　题　12.5

1. 验证 $y_1=\cos\omega x$(ω为常数)及 $y_2=\sin\omega x$ 都是微分方程 $y''+\omega^2y=0$ 的解,并求出该微分方程的通解.

2. 验证 $y=C_1x^2+C_2x^2\ln x$(C_1,C_2 为任意常数)是微分方程 $x^2y''-3xy'+4y=0$ 的通解.

§12.6 常系数齐次线性微分方程

先讨论二阶常系数齐次线性微分方程的解法,再把二阶常系数齐次线性微分方程的解法推广到 n 阶常系数齐次线性微分方程.

形如

$$y''+py'+qy=0 \tag{12.24}$$

的微分方程称为**二阶常系数齐次线性微分方程**,其中 p,q 为常数.

由§12.5中的定理2可知,要求微分方程(12.24)的通解,可先求出它的两个线性无关的特解 y_1,y_2,即 $\frac{y_2}{y_1}\neq$常数,则微分方程(12.24)的通解为

$$y=C_1y_1+C_2y_2.$$

当 r 为常数时,指数函数 $y=\mathrm{e}^{rx}$ 和它的各阶导数都只相差一个常数因子.由此特点,我们用 $y=\mathrm{e}^{rx}$ 来尝试,看能否选取适当的常数 r,使得 $y=\mathrm{e}^{rx}$ 满足微分方程(12.24).

对函数 $y=\mathrm{e}^{rx}$ 求导数,有 $y'=r\mathrm{e}^{rx}$,$y''=r^2\mathrm{e}^{rx}$.再把 y,y',y'' 代入微分方程(12.24),得

$$(r^2+pr+q)\mathrm{e}^{rx}=0.$$

因为 $\mathrm{e}^{rx}\neq0$,所以

$$r^2+pr+q=0. \tag{12.25}$$

由此可见,只要 r 满足代数方程(12.25),函数 $y=\mathrm{e}^{rx}$ 就是微分方程(12.24)的一个特解.

代数方程(12.25)称为微分方程(12.24)的**特征方程**,其根称为

微分方程(12.24)的特征根.

下面按照特征方程(12.25)的根的三种情况,分别讨论微分方程(12.24)的通解.

(1) 当 $p^2-4q>0$ 时,特征方程(12.25)有两个不相等的实根

$$r_1=\frac{-p+\sqrt{p^2-4q}}{2},\quad r_2=\frac{-p-\sqrt{p^2-4q}}{2}.$$

这时,$y_1=e^{r_1x}$,$y_2=e^{r_2x}$ 是微分方程(12.24)的两个特解,且

$$\frac{y_2}{y_1}=\frac{e^{r_2x}}{e^{r_1x}}=e^{(r_2-r_1)x}\neq 常数,$$

故微分方程(12.24)的通解为

$$y=C_1e^{r_1x}+C_2e^{r_2x}.$$

(2) 当 $p^2-4q=0$ 时,特征方程(12.25)有两个相等的实根

$$r_1=r_2=-\frac{p}{2}.$$

这时,微分方程(12.24)的一个特解是 $y=e^{r_1x}$.现在为了求另一个特解 y_2,且满足 $\frac{y_2}{y_1}\neq$ 常数,设

$$\frac{y_2}{y_1}=u(x),\quad 即\quad y_2=e^{r_1x}u(x).$$

下面来求函数 $u=u(x)$.求 y_2 的一阶、二阶导数,有

$$y_2'=e^{r_1x}(u'+r_1u),\quad y_2''=e^{r_1x}(u''+2r_1u'+r_1^2u).$$

再把 y_2,y_2',y_2''代入微分方程(12.24),有

$$e^{r_1x}[(u''+2r_1u'+r_1^2u)+p(u'+r_1u)+qu]=0.$$

约去 e^{r_1x},将 u'',u',u 合并同类项,有

$$u''+(2r_1+p)u'+(r_1^2+pr_1+q)u=0.$$

由于 r_1 是特征方程(12.25)的二重根,因此 $r_1^2+pr_1+q=0$,$2r_1+p=0$,从而 $u''=0$.不妨取 $u=x$,故 $y_2=xe^{r_1x}$ 是微分方程(12.24)的另一个特解.于是,微分方程(12.24)的通解为

$$y=C_1e^{r_1x}+C_2xe^{r_1x}=(C_1+C_2x)e^{r_1x}.$$

(3) 当 $p^2-4q<0$ 时,特征方程(12.25)有一对共轭复根

$$r_1=\alpha+i\beta,\quad r_2=\alpha-i\beta,$$

其中

$$\alpha=-\frac{p}{2},\quad \beta=\frac{\sqrt{4q-p^2}}{2}.$$

这时,函数

$$y_1=e^{(\alpha+i\beta)x},\quad y_2=e^{(\alpha-i\beta)x}$$

是微分方程(12.24)的两个特解,但其为复数形式,不方便应用.为了求出实数形式的解,先用欧拉公式对 y_1,y_2 进行变形,即

$$y_1 = e^{(\alpha+i\beta)x} = e^{\alpha x} \cdot e^{i\beta x} = e^{\alpha x}(\cos\beta x + i\sin\beta x),$$
$$y_2 = e^{(\alpha-i\beta)x} = e^{\alpha x} \cdot e^{-i\beta x} = e^{\alpha x}(\cos\beta x - i\sin\beta x).$$

由微分方程(12.24)的解满足叠加原理可知，实值函数

$$\overline{y}_1 = \frac{1}{2}(y_1 + y_2) = e^{\alpha x}\cos\beta x,$$

$$\overline{y}_2 = \frac{1}{2i}(y_1 - y_2) = e^{\alpha x}\sin\beta x$$

也是微分方程(12.24)的两个特解，且

$$\frac{\overline{y}_1}{\overline{y}_2} = \cot\beta x \neq \text{常数}.$$

故微分方程(12.24)的通解为

$$y = e^{\alpha x}(C_1\cos\beta x + C_2\sin\beta x).$$

综上所述，求微分方程(12.24)的通解的步骤如下：

(1) 写出微分方程(12.24)的特征方程(12.25)；

(2) 求出特征方程(12.25)的两个根 r_1, r_2；

(3) 按照表 12.1 写出微分方程(12.24)的通解.

表 12.1

特征方程 $r^2 + pr + q = 0$ 的两个根 r_1, r_2	微分方程 $y'' + py' + qy = 0$ 的通解
两个不相等的实根 r_1, r_2	$y = C_1 e^{r_1 x} + C_2 e^{r_2 x}$
两个相等的实根 $r_1 = r_2$	$y = (C_1 + C_2 x)e^{r_1 x}$
一对共轭复根 $r_{1,2} = \alpha \pm i\beta$	$y = e^{\alpha x}(C_1\cos\beta x + C_2\sin\beta x)$

例 1 求微分方程 $y'' - y' - 2y = 0$ 的通解.

解 所给微分方程的特征方程为

$$r^2 - r - 2 = 0, \quad \text{即} \quad (r+1)(r-2) = 0,$$

故特征根是 $r_1 = -1, r_2 = 2$. 因此，所给微分方程的通解为

$$y = C_1 e^{-x} + C_2 e^{2x}.$$

例 2 求微分方程 $y'' + 6y' + 9y = 0$ 的通解.

解 所给微分方程的特征方程为

$$r^2 + 6r + 9 = 0, \quad \text{即} \quad (r+3)^2 = 0,$$

故特征根是 $r_1 = r_2 = -3$. 因此，所给微分方程的通解为

$$y = (C_1 + C_2 x)e^{-3x}.$$

例 3 求微分方程 $y'' + 4y' + 13y = 0$ 的通解.

解 所给微分方程的特征方程为 $r^2 + 4r + 13 = 0$，故特征根是

$$r_{1,2} = \frac{-4 \pm \sqrt{16 - 52}}{2} = \frac{-4 \pm 6i}{2} = -2 \pm 3i.$$

这时 $\alpha = -2, \beta = 3$，因此所给微分方程的通解为

$$y = e^{-2x}(C_1\cos 3x + C_2\sin 3x).$$

下面讨论 n 阶常系数齐次线性微分方程的解法.

n 阶常系数齐次线性微分方程的一般形式是

$$y^{(n)}+p_1y^{(n-1)}+p_2y^{(n-2)}+\cdots+p_{n-1}y'+p_ny=0, \tag{12.26}$$

其中 $p_i(i=1,2,\cdots,n)$ 为常数.

与研究微分方程(12.24)类似,令 $y=e^{rx}$,则

$$y'=re^{rx},\quad y''=r^2e^{rx},\quad \cdots,\quad y^{(n)}=r^ne^{rx}.$$

将 y 和 y 的各阶导数代入微分方程(12.26),则有

$$e^{rx}(r^n+p_1r^{n-1}+p_2r^{n-2}+\cdots+p_{n-1}r+p_n)=0.$$

约去 e^{rx},得

$$r^n+p_1r^{n-1}+p_2r^{n-2}+\cdots+p_{n-1}r+p_n=0. \tag{12.27}$$

代数方程(12.27)称为微分方程(12.26)的特征方程.

根据特征方程(12.27)的根的不同情况,可写出微分方程(12.26)的通解中对应的项,如表12.2所示.

表 12.2

特征方程(12.27)的根	微分方程(12.26)的通解中对应的项
单实根 r	给出一项:Ce^{rx}
一对单复根 $r_{1,2}=\alpha\pm i\beta\quad(\beta\neq0)$	给出两项:$e^{\alpha x}(C_1\cos\beta x+C_2\sin\beta x)$
k 重实根 r	给出 k 项:$e^{rx}(C_1+C_2x+\cdots+C_kx^{k-1})$
一对 k 重复根 $r_{1,2}=\alpha\pm i\beta\quad(\beta\neq0)$	给出 $2k$ 项:$e^{\alpha x}[(C_1+C_2x+\cdots+C_kx^{k-1})\cos\beta x$ $+(C_{k+1}+C_{k+2}x+\cdots+C_{2k}x^{k-1})\sin\beta x]$

由代数学知识可知,n 次代数方程有 n 个根,而特征方程的每个根均对应通解中的一项 $C_iy_i(i=1,2,\cdots,n)$,且每项中各含一个任意常数,这样就得到 n 阶常系数齐次线性微分方程的通解为

$$y=C_1y_1+C_2y_2+\cdots+C_ny_n.$$

例 4　求微分方程 $y^{(4)}-2y'''+5y''=0$ 的通解.

解　所给微分方程的特征方程为

$$r^4-2r^3+5r^2=0,\quad 即\quad r^2(r^2-2r+5)=0,$$

故特征根是

$$r_1=r_2=0,\quad r_{3,4}=1\pm2i.$$

因此,所给微分方程的通解为

$$y=C_1+C_2x+e^x(C_3\cos2x+C_4\sin2x).$$

习　题　12.6

求下列微分方程的通解或满足给定初始条件的特解：

(1) $y''+y'-2y=0$；

(2) $y''-4y'+3y=0, y\Big|_{x=0}=6, y'\Big|_{x=0}=10$；

(3) $y''-2y'+y=0$；

(4) $y''+6y'+13y=0$；

(5) $y''+2y'+5y=0, y\Big|_{x=0}=5, y'\Big|_{x=0}=-5$；

(6) $y^{(4)}-2y''+y=0$.

§12.7 常系数非齐次线性微分方程

本节仅讨论二阶常系数非齐次线性微分方程的解法.

形如

$$y''+py'+qy=f(x) \tag{12.28}$$

的微分方程称为二阶常系数非齐次线性微分方程，其中 p,q 为常数，$f(x)$ 是 x 的连续函数.

由§12.5中的定理3可知，微分方程(12.28)的通解为

$$y=Y+y^*,$$

其中 $Y=Y(x)$ 是微分方程(12.28)对应的二阶齐次线性微分方程的通解，$y^*=y^*(x)$ 是微分方程(12.28)本身的一个特解.而§12.6已介绍过微分方程(12.28)对应的二阶齐次线性微分方程的通解 Y 的求法，故现在只需研究微分方程(12.28)的特解 y^* 的求法.

下面只讨论当微分方程(12.28)中的自由项 $f(x)$ 为如下两种特殊情况时，如何求特解 y^*：

(1) $f(x)=P_m(x)e^{\lambda x}$，其中 λ 是常数，$P_m(x)$ 是 m 次多项式；

(2) $f(x)=e^{\lambda x}[P_l(x)\cos\omega x+P_n(x)\sin\omega x]$，其中 $\lambda,\omega(\omega\neq 0)$ 是常数，$P_l(x),P_n(x)$ 分别是 l 次、n 次多项式.

一、$f(x)=P_m(x)e^{\lambda x}$ 型

我们来考虑怎样的函数可能满足微分方程(12.28).由于函数 $f(x)$ 是多项式 $P_m(x)$ 与指数函数 $e^{\lambda x}$ 的乘积，而多项式与指数

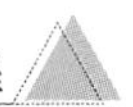

函数的乘积求导数后仍然是同一类型的函数，因此可以推测 $y^{*}=Q(x)\mathrm{e}^{\lambda x}$（$Q(x)$ 是某个多项式）可能是微分方程(12.28)的特解.把 $y^{*}, y^{*\prime}, y^{*\prime\prime}$ 代入微分方程(12.28)，然后考虑能否选取适当的多项式 $Q(x)$，使得 $y^{*}=Q(x)\mathrm{e}^{\lambda x}$ 满足微分方程(12.28).为此，设 $y^{*}=Q(x)\mathrm{e}^{\lambda x}$ 是微分方程(12.28)的特解，则

$$y^{*\prime}=\mathrm{e}^{\lambda x}[\lambda Q(x)+Q'(x)],$$

$$y^{*\prime\prime}=\mathrm{e}^{\lambda x}[\lambda^{2}Q(x)+2\lambda Q'(x)+Q''(x)].$$

将 $y^{*}, y^{*\prime}, y^{*\prime\prime}$ 代入微分方程(12.28)，并约去 $\mathrm{e}^{\lambda x}$，有

$$Q''(x)+(2\lambda+p)Q'(x)+(\lambda^{2}+p\lambda+q)Q(x)=P_{m}(x). \tag{12.29}$$

(1) 若 λ 不是特征方程 $r^{2}+pr+q=0$ 的根，即 $\lambda^{2}+p\lambda+q\neq 0$，则 $Q(x)$ 也是一个 m 次多项式，不妨设

$$Q(x)=Q_{m}(x)=b_{0}x^{m}+b_{1}x^{m-1}+b_{2}x^{m-2}+\cdots+b_{m-1}x+b_{m},$$

其中 $b_{i}(i=0,1,2,\cdots,m)$ 为待定系数.代入(12.29)式，比较等式两边 x 同次幂的系数，即可求出系数 $b_{i}(i=0,1,2,\cdots,m)$，从而得到特解 $y^{*}=Q_{m}(x)\mathrm{e}^{\lambda x}$.

(2) 若 λ 是特征方程 $r^{2}+pr+q=0$ 的单根，即 $\lambda^{2}+p\lambda+q=0$，但 $2\lambda+p\neq 0$，则 $Q(x)$ 是一个 $m+1$ 次多项式，不妨设

$$Q(x)=xQ_{m}(x).$$

然后，用与(1)同样的方法可求出 $Q_{m}(x)$ 的系数.

(3) 若 λ 是特征方程 $r^{2}+pr+q=0$ 的重根，即

$$\lambda^{2}+p\lambda+q=0,\quad 2\lambda+p=0,$$

则 $Q(x)$ 是一个 $m+2$ 次多项式，不妨设

$$Q(x)=x^{2}Q_{m}(x).$$

然后，用与(1)同样的方法可求出 $Q_{m}(x)$ 的系数.

综上所述，得如下结论：

若微分方程(12.28)中，$f(x)=P_{m}(x)\mathrm{e}^{\lambda x}$，则该微分方程有一个特解为

$$y^{*}=x^{k}Q_{m}(x)\mathrm{e}^{\lambda x}, \tag{12.30}$$

其中 $Q_{m}(x)$ 是与 $P_{m}(x)$ 同次的多项式，而 k 按 λ 不是特征方程的根，是特征方程的单根，是特征方程的重根，分别取为 0,1,2.

上述求 y^{*} 的方法称为**待定系数法**.

例 1　求微分方程 $y''+y'-6y=x$ 的通解.

解　所给微分方程对应的二阶齐次线性微分方程的特征方程为

$$r^{2}+r-6=0,\quad \text{即}\quad (r-2)(r+3)=0,$$

故特征方程的根是

$$r_1=2,\quad r_2=-3.$$

这时对应的二阶齐次线性微分方程的通解为

$$Y=C_1\mathrm{e}^{2x}+C_2\mathrm{e}^{-3x}.$$

令所给微分方程的一个特解为 $y^*=Ax+B$（因 $\lambda=0$ 不是特征方程的根），则 $y^{*\prime}=A$，$y^{*\prime\prime}=0$. 将 y^*，$y^{*\prime}$，$y^{*\prime\prime}$ 代入所给的微分方程，有

$$0+A-6(Ax+B)=x,$$

即

$$-6Ax+(A-6B)=x.$$

比较上式两边 x 同次幂的系数，有

$$\begin{cases}-6A=1,\\ A-6B=0,\end{cases}$$

解得 $A=-\dfrac{1}{6}$，$B=-\dfrac{1}{36}$. 故

$$y^*=-\frac{1}{6}x-\frac{1}{36}.$$

因此，所给微分方程的通解为

$$y=Y+y^*=C_1\mathrm{e}^{2x}+C_2\mathrm{e}^{-3x}-\frac{1}{6}x-\frac{1}{36}.$$

例 2 求微分方程 $y''+y'-6y=\mathrm{e}^{2x}$ 的通解.

解 由例 1 得所给微分方程对应的二阶齐次线性微分方程的通解为

$$Y=C_1\mathrm{e}^{2x}+C_2\mathrm{e}^{-3x}.$$

因 $\lambda=2$ 是特征方程的单根，故令所给微分方程的一个特解为 $y^*=Ax\mathrm{e}^{2x}$，于是

$$y^{*\prime}=Ax\cdot 2\mathrm{e}^{2x}+A\mathrm{e}^{2x}=2Ax\mathrm{e}^{2x}+A\mathrm{e}^{2x},$$
$$y^{*\prime\prime}=2Ax\cdot 2\mathrm{e}^{2x}+2A\mathrm{e}^{2x}+2A\mathrm{e}^{2x}=4Ax\mathrm{e}^{2x}+4A\mathrm{e}^{2x}.$$

代入所给的微分方程，得

$$(4Ax+4A)\mathrm{e}^{2x}+(2Ax+A)\mathrm{e}^{2x}-6Ax\mathrm{e}^{2x}=\mathrm{e}^{2x}.$$

约去 e^{2x}，合并同类项，有

$$6Ax-6Ax+5A=1,$$

解得 $A=\dfrac{1}{5}$. 故 $y^*=\dfrac{1}{5}x\mathrm{e}^{2x}$.

因此，所给微分方程的通解为

$$y=Y+y^*=C_1\mathrm{e}^{2x}+C_2\mathrm{e}^{-3x}+\frac{1}{5}x\mathrm{e}^{2x}.$$

例 3 求微分方程 $y''+y'-6y=x+\mathrm{e}^{2x}$ 的通解.

解 这里 $f(x)=x+\mathrm{e}^{2x}$，可以看作两个函数之和，即 $f(x)=f_1(x)+f_2(x)$，其中

$$f_1(x)=x,\quad f_2(x)=\mathrm{e}^{2x}.$$

于是，由例 1、例 2 以及 § 12.5 中的定理 4 知，所给微分方程的一个特解和对应的二阶齐次线性微分方程的通解分别为

$$y^*=-\frac{1}{6}x-\frac{1}{36}+\frac{1}{5}x\mathrm{e}^{2x},\quad Y=C_1\mathrm{e}^{2x}+C_2\mathrm{e}^{-3x}.$$

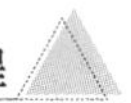

因此,所给微分方程的通解为

$$y = Y + y^* = C_1 e^{2x} + C_2 e^{-3x} - \frac{x}{6} - \frac{1}{36} + \frac{1}{5} x e^{2x}.$$

二、$f(x) = e^{\lambda x}[P_l(x)\cos \omega x + P_n(x)\sin \omega x]$型

可以证明,若微分方程(12.28)中的自由项 $f(x)$ 具有如下形式:

$$f(x) = e^{\lambda x}[P_l(x)\cos \omega x + P_n(x)\sin \omega x],$$

则该微分方程有一个特解为

$$y^* = x^k e^{\lambda x}[Q_m^{(1)}(x)\cos \omega x + Q_m^{(2)}(x)\sin \omega x],$$

其中 $Q_m^{(1)}(x)$,$Q_m^{(2)}(x)$ 都是 m 次多项式,且 $m = \max\{l, n\}$,而 k 按 $\lambda \pm i\omega$ 不是特征方程的根,是特征方程的根,分别取为 0,1.

例 4　求微分方程 $y'' - 3y' = \sin 2x$ 的通解.

解　所给微分方程对应的二阶齐次线性微分方程的特征方程为

$$r^2 - 3r = 0,$$

故特征方程的根是 $r_1 = 0$,$r_2 = 3$. 于是,对应的二阶齐次线性微分方程的通解为

$$Y = C_1 + C_2 e^{3x}.$$

这里 $f(x) = \sin 2x$,即 $P_l(x) = 0$,$P_n(x) = 1$. 因为 $\lambda \pm i\omega = 0 \pm 2i$ 不是特征方程的根,所以 k 取 0. 因此,可设 $Q_m^{(1)}(x) = A$,$Q_m^{(2)}(x) = B$,即可设所给微分方程的一个特解为

$$y^* = x^0 e^{0x}(A\cos 2x + B\sin 2x) = A\cos 2x + B\sin 2x.$$

于是

$$y^{*\prime} = -2A\sin 2x + 2B\cos 2x,$$

$$y^{*\prime\prime} = -4A\cos 2x - 4B\sin 2x.$$

将 y^*,$y^{*\prime}$,$y^{*\prime\prime}$ 代入所给的微分方程,得

$$-4A\cos 2x - 4B\sin 2x - 3(-2A\sin 2x + 2B\cos 2x) = \sin 2x.$$

合并同类项,有

$$(-4A - 6B)\cos 2x + (6A - 4B)\sin 2x = \sin 2x.$$

比较上式两边同类项的系数,即得

$$\begin{cases} -4A - 6B = 0, \\ 6A - 4B = 1, \end{cases}$$

解得 $A = \frac{3}{26}$,$B = -\frac{1}{13}$. 故

$$y^* = \frac{3}{26}\cos 2x - \frac{1}{13}\sin 2x.$$

因此,所给微分方程的通解为

$$y = Y + y^* = C_1 + C_2 e^{3x} + \frac{3}{26}\cos 2x - \frac{1}{13}\sin 2x.$$

例 5 设一物体受周期性的干扰力作用，其运动规律 $x = x(t)$ 满足无阻尼强迫振动方程

$$\frac{d^2 x}{dt^2} + k^2 x = h\sin pt \quad (k,h,p \text{ 为常数}), \tag{12.31}$$

求该物体的运动规律.

解 微分方程(12.31)的通解就是该物体的运动规律. 下面来求微分方程(12.31)的通解.

先求微分方程(12.31)对应的二阶齐次线性微分方程(无阻尼自由振动方程)

$$\frac{d^2 x}{dt^2} + k^2 x = 0$$

的通解 X.

对应的二阶齐次线性微分方程的特征方程为

$$r^2 + k^2 = 0,$$

故特征方程的根是 $r = \pm ik$，则对应的二阶齐次线性微分方程的通解为

$$X = C_1\cos kt + C_2\sin kt.$$

令 $C_1 = A\sin\varphi, C_2 = A\cos\varphi$，则通解 X 又可写成

$$X = A\sin(kt + \varphi) \quad (A, \varphi \text{ 是任意常数}).$$

再求微分方程(12.31)的一个特解 x^*. 这里 $f(t) = h\sin pt$，即 $\lambda \pm i\omega = 0 \pm ip, P_l(t) = 0$, $P_n(t) = h$，因此分别就 $p \neq k$ 和 $p = k$ 两种情况讨论如下：

(1) 若 $p \neq k$，则 $\pm ip$ 不是特征方程的根. 故设特解 $x^* = a_1\cos pt + b_1\sin pt$. 由待定系数法有

$$a_1 = 0, \quad b_1 = \frac{h}{k^2 - p^2},$$

于是

$$x^* = \frac{h}{k^2 - p^2}\sin pt.$$

因此，微分方程(12.31)的通解为

$$x = X + x^* = A\sin(kt + \varphi) + \frac{h}{k^2 - p^2}\sin pt.$$

(2) 若 $p = k$，则 $\pm ip$ 是特征方程的根. 故设特解 $x^* = t(a_1\cos kt + b_1\sin kt)$. 由待定系数法有

$$a_1 = -\frac{h}{2k}, \quad b_1 = 0,$$

于是

$$x^* = -\frac{ht}{2k}\cos kt.$$

因此，微分方程(12.31)的通解为

$$x = X + x^* = A\sin(kt + \varphi) - \frac{ht}{2k}\cos kt.$$

习 题 12.7

求下列微分方程的通解：

(1) $y''+4y=5e^x$； (2) $y''+y=2\cos x$.

§12.8 微分方程的幂级数解法

我们还可以利用幂级数来求解微分方程，所得到的解称为微分方程的幂级数解.下面用具体的例子来说明这种求解微分方程的方法.

例 求满足初始条件 $y\Big|_{x=0}=0$ 的微分方程

$$y'=xy^2+1$$

的幂级数解.

解 设解为

$$y=\sum_{n=0}^{\infty}a_nx^n=a_0+a_1x+a_2x^2+\cdots+a_nx^n+\cdots, \tag{12.32}$$

则由 $y\Big|_{x=0}=0$，有 $a_0=0$. 再将(12.32)式对 x 求导数，得

$$y'=a_1+2a_2x+\cdots+na_nx^{n-1}+\cdots.$$

而

$$\begin{aligned}xy^2+1&=x(a_1x+a_2x^2+\cdots+a_nx^n+\cdots)^2+1\\&=x[a_1^2x^2+2a_1a_2x^3+(a_2^2+2a_1a_3)x^4+(2a_1a_4+2a_2a_3)x^5+\cdots]+1\\&=a_1^2x^3+2a_1a_2x^4+(a_2^2+2a_1a_3)x^5+(2a_1a_4+2a_2a_3)x^6+\cdots+1,\end{aligned}$$

代入原微分方程，有

$$\begin{aligned}&a_1+2a_2x+3a_3x^2+4a_4x^3+5a_5x^4+6a_6x^5+7a_7x^6+\cdots\\&\quad=a_1^2x^3+2a_1a_2x^4+(a_2^2+2a_1a_3)x^5+(2a_1a_4+2a_2a_3)x^6+\cdots+1.\end{aligned}$$

比较上式两边同类项的系数，得

$a_1=1$；

$a_2=a_3=0$ （因上式右端 x 及 x^2 的系数为零）；

$4a_4=a_1^2=1$， 即 $a_4=\dfrac{1}{4}$；

$5a_5=2a_1a_2=2\times1\times0=0$， 即 $a_5=0$；

$$6a_6 = a_2^2 + 2a_1a_3 = 0^2 + 2\times1\times0 = 0,\quad 即\quad a_6 = 0;$$

$$7a_7 = 2a_1a_4 + 2a_2a_3 = 2\times1\times\frac{1}{4} + 2\times0\times0 = \frac{1}{2},\quad 即\quad a_7 = \frac{1}{14};$$

……

由此可得,原微分方程的幂级数解为

$$y = x + \frac{1}{4}x^4 + \frac{1}{14}x^7 + \cdots.$$

上述用幂级数求解微分方程的方法称为微分方程的幂级数解法.

习 题 12.8

已知当 $x=0$ 时,$y=0,y'=1$,求微分方程 $y''=xy'$ 的幂级数解.

综合练习十二

1. 选择题:

(1) 下列方程中(　　)不是微分方程;

A. $x^2+2y-z=1$　　B. $\tan y''+\ln y=y+1$

C. $y'-x^2=y+1$　　D. $y'^2+2y+1=0$

(2) 下列微分方程中(　　)是一阶线性微分方程;

A. $yy'+y=x^2$　　B. $y'+y^2=\sin x$

C. $2y\mathrm{d}x+(y^2-6x)\mathrm{d}y=0$　　D. $(2x-y)\mathrm{d}x-(x-2y)\mathrm{d}y=0$

(3) 设 y_1,y_2 是微分方程 $y''+p(x)y'+q(x)y=0$ 的两个特解,则 $y=C_1y_1+C_2y_2$(C_1, C_2 为任意常数)(　　);

A. 是该微分方程的通解　　B. 是该微分方程的解

C. 是该微分方程的特解　　D. 不一定是该微分方程的解

(4) 微分方程 $y''=\cos x$ 满足初始条件 $y\big|_{x=0}=1,y'\big|_{x=0}=0$ 的特解为(　　).

A. $-\cos x$　　B. $-\cos x+2$

C. $-\sin x+1$　　D. $\sin x$

2. 填空题:

(1) 已知 $y=\mathrm{e}^x,y=\mathrm{e}^{2x}$ 是某个二阶常系数齐次线性微分方程的两个特解,则该微分方程为__________;

(2) 微分方程 $y''+2y'-3y=0$ 的通解为____________.

3.求微分方程 $x^2y'=y^2$ 的通解.

4.求微分方程 $y''=\mathrm{e}^{2x}-\cos x$ 满足初始条件 $y\Big|_{x=0}=1, y'\Big|_{x=0}=1$ 的特解.

5.求微分方程 $y''+2y'+y=x$ 的通解.

6.求微分方程 $y''-3y'+2y=\mathrm{e}^{2x}$ 的通解.

习题参考答案与提示

第 七 章

习 题 7.1

1. 第四卦限,第五卦限,第八卦限,第三卦限.

2. xOy 面:$(x_0,y_0,0)$,yOz 面:$(0,y_0,z_0)$,zOx 面:$(x_0,0,z_0)$;
x 轴:$(x_0,0,0)$,y 轴:$(0,y_0,0)$,z 轴:$(0,0,z_0)$.

3. $\left(\frac{\sqrt{2}}{2}a,0,0\right),\left(-\frac{\sqrt{2}}{2}a,0,0\right),\left(0,\frac{\sqrt{2}}{2}a,0\right),\left(0,-\frac{\sqrt{2}}{2}a,0\right),$
$\left(\frac{\sqrt{2}}{2}a,0,a\right),\left(-\frac{\sqrt{2}}{2}a,0,a\right),\left(0,\frac{\sqrt{2}}{2}a,a\right),\left(0,-\frac{\sqrt{2}}{2}a,a\right).$

4. 到 x 轴的距离:$\sqrt{34}$,到 y 轴的距离:$\sqrt{41}$,到 z 轴的距离:5.

5. $\left(0,\frac{3}{2},0\right)$.

6. 略.

习 题 7.2

1. $5\boldsymbol{a}-11\boldsymbol{b}+7\boldsymbol{c}$.

2. $\frac{1}{5}\boldsymbol{b}-\boldsymbol{a},\frac{2}{5}\boldsymbol{b}-\boldsymbol{a},\frac{3}{5}\boldsymbol{b}-\boldsymbol{a},\frac{4}{5}\boldsymbol{b}-\boldsymbol{a}$.

3. 略.

习 题 7.3

1. $\overrightarrow{AB}=(1,-2,-2)$,$-2\overrightarrow{AB}=(-2,4,4)$.

2. 方向余弦:$-\frac{1}{2},-\frac{\sqrt{2}}{2},\frac{1}{2}$;方向角:$\frac{2\pi}{3},\frac{3\pi}{4},\frac{\pi}{3}$.

3. (1) 向量垂直于 x 轴,平行于 yOz 面;

(2) 向量方向与 y 轴的正向一致,垂直于 zOx 面;

(3) 向量垂直于 x 轴和 y 轴,平行于 z 轴,垂直于 xOy 面.

4. 2.

5. $(-2,3,0)$.

6. $13, 7\boldsymbol{j}$.

7. 2.

8. $\lambda = 2\mu$.

9. $\frac{1}{2}\sqrt{19}$.

习　题　7.4

1. (1) $3, 5\boldsymbol{i}+\boldsymbol{j}+7\boldsymbol{k}$; (2) $-18, 10\boldsymbol{i}+2\boldsymbol{j}+14\boldsymbol{k}$; (3) $\frac{3}{2\sqrt{21}}$.

2. (1) $-\frac{3}{2}$; (2) $\boldsymbol{0}$.

3. (1) $-8\boldsymbol{j}-24\boldsymbol{k}$; (2) $-\boldsymbol{j}-\boldsymbol{k}$; (3) 2.

4. $\pm\frac{1}{\sqrt{17}}(3\boldsymbol{i}-2\boldsymbol{j}-2\boldsymbol{k})$.

5. 5 880 J.

6. $x_1|\boldsymbol{F}_1|\sin\theta_1 = x_2|\boldsymbol{F}_2|\sin\theta_2$.

习　题　7.5

1. $2x+9y-6z-121=0$.

2. $14x+9y-z-15=0$.

3. (1) yOz 面; (2) 平行于 zOx 面的平面; (3) 平行于 z 轴的平面;
(4) 过 z 轴的平面; (5) 平行于 x 轴的平面; (6) 过 y 轴的平面;
(7) 过原点的平面. 图形略.

4. (1) $y+5=0$; (2) $x+3y=0$; (3) $9y-z-2=0$.

5. $\frac{\pi}{3}$.

6. $3x-7y+5z-4=0$.

7. $2x-y-z=0$.

8. $\left(-\frac{5}{3},\frac{2}{3},\frac{2}{3}\right)$.

9. 1.

习 题 7.6

1. $\dfrac{x-4}{2}=\dfrac{y+1}{1}=\dfrac{z-3}{5}$.

2. $\dfrac{x-3}{-4}=\dfrac{y+2}{2}=\dfrac{z-1}{1}$.

3. $\dfrac{x}{-2}=\dfrac{y-2}{3}=\dfrac{z-4}{1}$.

4. 0.

5. 略.

6. $\dfrac{x-2}{2}=\dfrac{y-1}{-1}=\dfrac{z-3}{4}$.

7. $\dfrac{x+1}{16}=\dfrac{y}{19}=\dfrac{z-4}{28}$.

8. (1,2,2).

9. (1) 平行; (2) 直线在平面上.

习 题 7.7

1. $4x+4y+10z-63=0$.

2. $x^2+y^2+z^2-2x-6y+4z=0$.

3. 球心为点$(1,-2,-1)$,半径为 $\sqrt{6}$ 的球面.

4. 球心为点$\left(-\dfrac{2}{3},-1,-\dfrac{4}{3}\right)$,半径为 $\dfrac{2}{3}\sqrt{29}$ 的球面.

5. $y^2+z^2=5x$.

6. $x^2+y^2+z^2=9$.

7. 绕 x 轴:$4x^2-9(y^2+z^2)=36$;绕 y 轴:$4(x^2+z^2)-9y^2=36$.

8. 略.

9. (1) 直线,平面; (2) 直线,平面; (3) 圆,圆柱面; (4) 双曲线,双曲柱面.

10. 当 $4<k<9$ 时,表示双叶双曲面;当 $1<k<4$ 时,表示单叶双曲面;
当 $k<1$ 时,表示椭球面;当 $k=1$ 时,表示椭圆柱面;
当 $k=4$ 时,表示双曲柱面;当 $k\geqslant 9$ 时,不表示任何图形.

11. $z^2=k^2(x^2+y^2)$,半顶角 $\alpha=\arctan\dfrac{1}{k}$.

12. $11x^2+11y^2+11z^2-14xy-14yz-14xz=0$.

13. $18y^2+3x^2=5x$.

14. $\dfrac{x^2}{a^2}-\dfrac{y^2}{b^2}+\dfrac{z^2}{c^2}=-1\quad(a,b,c>0)$.

习　题　7.8

1. (1) 点$\left(-\frac{4}{3},-\frac{17}{3}\right)$,过点$\left(-\frac{4}{3},-\frac{17}{3},0\right)$且平行于 z 轴的空间直线;

(2) 点$(0,3)$,平行于 z 轴的空间直线.

2. (1) $3y^2-z^2=16$; (2) $3x^2+2z^2=16$.

3. $\begin{cases}2x^2-2x+y^2=8,\\ z=0.\end{cases}$

4. (1) $\begin{cases}x=\frac{3}{\sqrt{2}}\cos t,\\ y=\frac{3}{\sqrt{2}}\cos t,\\ z=3\sin t\end{cases}$ $(0\leqslant t\leqslant 2\pi)$; (2) $\begin{cases}x=1+\sqrt{3}\cos t,\\ y=\sqrt{3}\sin t,\\ z=0\end{cases}$ $(0\leqslant t\leqslant 2\pi)$.

5. $\begin{cases}x^2+y^2=a^2,\\ z=0;\end{cases}$ $\begin{cases}z=b\arccos\frac{x}{a},\\ y=0;\end{cases}$ $\begin{cases}z=b\arcsin\frac{y}{a},\\ x=0.\end{cases}$

6. $\begin{cases}x^2+y^2\leqslant 4,\\ z=0;\end{cases}$ $\begin{cases}y^2\leqslant z\leqslant 4,\\ x=0;\end{cases}$ $\begin{cases}x^2\leqslant z\leqslant 4,\\ x=0.\end{cases}$

7. $\begin{cases}x^2+y^2=1,\\ z=0.\end{cases}$

综合练习七

1. (1) D; (2) A; (3) C; (4) B.

2. (1) $(1,0,1),\sqrt{2}$; (2) $\left(\frac{3}{\sqrt{14}},\frac{1}{\sqrt{14}},-\frac{2}{\sqrt{14}}\right)$; (3) -15;

(4) $\left(\frac{6}{11},\frac{7}{11},-\frac{6}{11}\right)$或$\left(-\frac{6}{11},-\frac{7}{11},\frac{6}{11}\right)$;

(5) $x=x_0$; (6) $\begin{cases}\frac{x}{3}=\frac{z}{5},\\ y=0,\end{cases}$ $\begin{cases}x=3t,\\ y=0,\\ z=5t;\end{cases}$ (7) 垂直.

3. $\begin{cases}\frac{x-2}{-1}=\frac{y-1}{1},\\ z-2=0.\end{cases}$

4. $\frac{x-3}{-9}=\frac{y+2}{-3}=\frac{z-6}{5}$.

第 八 章

习 题 8.1

1. (1) $\{(x,y)\mid x\geqslant 0,-\infty<y<+\infty\}$;

(2) $\{(x,y,z)\mid z^2\leqslant x^2+y^2,x^2+y^2\neq 0\}$;

(3) $\{(x,y)\mid x+y>0\}$;

(4) $\{(x,y)\mid |x|\leqslant 1,|y|\geqslant 1\}$;

(5) $\{(x,y,z)\mid x^2+y^2+z^2<4\}$.

2. (1) 2; (2) 0; (3) $-\dfrac{1}{6}$.

3. 抛物线 $y^2-2x=0$ 上各点都是间断点.

4. 略.

5. $f\left(1,\dfrac{y}{x}\right)=\dfrac{2xy}{x^2+y^2}$.

习 题 8.2

1. (1) $\dfrac{\partial z}{\partial x}=10xy^2,\dfrac{\partial z}{\partial y}=10yx^2$;

(2) $\dfrac{\partial z}{\partial x}=y\mathrm{e}^{xy},\dfrac{\partial z}{\partial y}=x\mathrm{e}^{xy}$;

(3) $\dfrac{\partial z}{\partial x}=-\dfrac{2}{x},\dfrac{\partial z}{\partial y}=\dfrac{2}{y}$;

(4) $\dfrac{\partial z}{\partial x}=\dfrac{-3xy}{(x^2+y^2)^{\frac{3}{2}}},\dfrac{\partial z}{\partial y}=\dfrac{3x^2}{(x^2+y^2)^{\frac{3}{2}}}$;

(5) $\dfrac{\partial z}{\partial x}=4\mathrm{e}^{\sin x}\cos x\cos y,\dfrac{\partial z}{\partial y}=-4\mathrm{e}^{\sin x}\sin y$;

(6) $\dfrac{\partial u}{\partial x}=\dfrac{y}{z}x^{\frac{y}{z}-1},\dfrac{\partial u}{\partial y}=\dfrac{1}{z}x^{\frac{y}{z}}\ln x,\dfrac{\partial u}{\partial z}=-\dfrac{y}{z^2}x^{\frac{y}{z}}\ln x$.

2. 略.

3. $\dfrac{\pi}{4}$.

4. (1) $\dfrac{\partial^2 z}{\partial x^2}=\dfrac{2\ln y}{x^2}(\ln y-1)y^{\ln x},\dfrac{\partial^2 z}{\partial x\partial y}=\dfrac{2(\ln x\ln y+1)}{xy}y^{\ln x}$,

$\dfrac{\partial^2 z}{\partial y^2}=\dfrac{2\ln x(\ln x-1)}{y^2}y^{\ln x}$;

(2) $\dfrac{\partial^3 u}{\partial x\partial y\partial z}=3\mathrm{e}^{xyz}(x^2y^2z^2+3xyz+1)$.

5. $f_{zzx}(2,0,1)=0$.

6. 略.

习　题　8.3

1. (1) $\mathrm{d}z=\dfrac{\sqrt{xy}}{y}\left(\dfrac{1}{x}\mathrm{d}x-\dfrac{1}{y}\mathrm{d}y\right)$； (2) $\mathrm{d}z=\dfrac{3}{y\sqrt{y^2-x^2}}(y\mathrm{d}x-x\mathrm{d}y)$.

2. $\mathrm{d}z=\dfrac{1}{36}$.

3. $\ln(\sqrt[3]{1.03}+\sqrt[4]{0.98}-1)\approx 0.005$.

4. $16.8\ \mathrm{m}^3$.

5. $\delta_g=0.5\pi^2\ \mathrm{cm/s^2}$, $\dfrac{\delta_g}{g}=0.5\%$.

习　题　8.4

1. (1) $\dfrac{\partial z}{\partial x}=6x^2\sin y\cos y(\cos y-\sin y)$,

$\dfrac{\partial z}{\partial y}=-4x^3\sin y\cos y(\sin y+\cos y)+2x^3(\sin^3 y+\cos^3 y)$；

(2) $\dfrac{\partial z}{\partial x}=3y^2(1+xy)^{y-1}$, $\dfrac{\partial z}{\partial y}=3xy(1+xy)^{y-1}+3(1+xy)^y\ln(1+xy)$；

(3) $\dfrac{\partial z}{\partial x}=\dfrac{4(x+y)y}{\mathrm{e}^{xy}+x}\mathrm{e}^{xy}+4\ln(\mathrm{e}^{xy}+x)+\dfrac{4(x+y)}{\mathrm{e}^{xy}+x}$,

$\dfrac{\partial z}{\partial y}=\dfrac{4(x+y)x}{\mathrm{e}^{xy}+x}\mathrm{e}^{xy}+4\ln(\mathrm{e}^{xy}+x)$；

(4) $\dfrac{\mathrm{d}z}{\mathrm{d}x}=5\mathrm{e}^{\sin x-2x^3}(\cos x-6x^2)$.

2. (1) $\dfrac{\partial u}{\partial x}=2xf_1+y\mathrm{e}^{xy}f_2$, $\dfrac{\partial u}{\partial y}=-2yf_1+x\mathrm{e}^{xy}f_2$；

(2) $\dfrac{\partial u}{\partial x}=\dfrac{f_1}{y}$, $\dfrac{\partial u}{\partial y}=\dfrac{f_2}{z}-\dfrac{xf_1}{y^2}$, $\dfrac{\partial u}{\partial z}=-\dfrac{yf_2}{z^2}$；

(3) $\dfrac{\partial u}{\partial x}=f_1+yf_2+yzf_3$, $\dfrac{\partial u}{\partial y}=xf_2+xzf_3$, $\dfrac{\partial u}{\partial z}=xyf_3$.

3. 略.

4. (1) $\dfrac{\mathrm{d}y}{\mathrm{d}x}=\dfrac{\mathrm{e}^x-y^2}{2xy-\cos y}$；

(2) $\dfrac{\partial z}{\partial x}=\dfrac{yz-2\sqrt{xyz}}{2\sqrt{xyz}-xy}$, $\dfrac{\partial z}{\partial y}=\dfrac{xz-3\sqrt{xyz}}{2\sqrt{xyz}-xy}$；

(3) $\dfrac{\partial u}{\partial x}=-\dfrac{u}{x}$, $\dfrac{\partial u}{\partial y}=-\dfrac{u}{y}$, $\dfrac{\partial u}{\partial z}=-\dfrac{u}{z}$.

习　题　8.5

1. $\dfrac{x-\dfrac{1}{2}}{1}=\dfrac{y-2}{-4}=\dfrac{z-1}{8}$, $2x-8y+16z-1=0$.

2. $\dfrac{x-x_0}{1}=\dfrac{y-y_0}{\dfrac{L}{y_0}}=\dfrac{z-z_0}{-\dfrac{1}{2z_0}}$, $(x-x_0)+\dfrac{L}{y_0}(y-y_0)-\dfrac{1}{2z_0}(z-z_0)=0$.

3. $9x+y-z-27=0$, $\dfrac{x-3}{9}=\dfrac{y-1}{1}=\dfrac{z-1}{-1}$.

4. 略.

习　题　8.6

1. $13\sqrt{2}$.

2. $\dfrac{26}{3}\sqrt{3}$.

3. $10\boldsymbol{i}+21\boldsymbol{j}+36\boldsymbol{k}$.

习　题　8.7

1. (1) 极小值为 $z(1,-1)=-2$； (2) 极大值为 $z(1,1)=1$.
2. 当 $x=30$, $y=30$, $z=30$ 时，乘积最大.
3. 当长、宽、高分别为 2 m，2 m，1 m 时，所用的钢板最少.
4. 略.

综合练习八

1. (1) C； (2) B； (3) D； (4) C； (5) C.
2. (1) $\{(x,y)\mid y>x, x^2+y^2<9\}$； (2) $2x$；
   (3) $\sec^2(x+y^3)(\mathrm{d}x+3y^2\mathrm{d}y)$； (4) 8； (5) $-2x$.
3. $\dfrac{\partial^2 z}{\partial x\partial y}=-16xy$.
4. $z_x=\dfrac{1}{2x\sqrt{\ln xy}}$, $z_y=\dfrac{1}{2y\sqrt{\ln xy}}$.
5. $z_x=x^y y^x\left(\dfrac{y}{x}+\ln y\right)$, $z_y=x^y y^x\left(\dfrac{x}{y}+\ln x\right)$.
6. $z_x=\dfrac{1-x}{z}$.
7. $x=250$ 单位，$y=50$ 单位.

8. $M_1(-1,1,-1)$，$M_2\left(-\frac{1}{3},\frac{1}{9},-\frac{1}{27}\right)$.

9. 当 $x=y=z=\frac{\sqrt{6}a}{6}$ 时，体积取得最大值 $V_{\max}=\frac{\sqrt{6}}{36}a^3$.

10. 5.

第 九 章

习 题 9.1

1. $I_1=4I_2$.

2. (1) $\iint\limits_D(x+y)^2\mathrm{d}\sigma\geqslant\iint\limits_D(x+y)^3\mathrm{d}\sigma$；(2) $\iint\limits_D(x+y)^2\mathrm{d}\sigma\leqslant\iint\limits_D(x+y)^3\mathrm{d}\sigma$；

(3) $\iint\limits_D\ln(x+y)\mathrm{d}\sigma\geqslant\iint\limits_D\ln^2(x+y)\mathrm{d}\sigma$.

3. (1) $2\leqslant I\leqslant 8$；(2) $36\pi\leqslant I\leqslant 52\pi$；(3) $0\leqslant I\leqslant 2$.

习 题 9.2

1. (1) $\frac{8}{3}$；(2) $\frac{76}{3}$；(3) $\frac{33}{140}$；(4) $-\frac{3}{2}\pi$；(5) $\mathrm{e}-\frac{1}{\mathrm{e}}$.

2. 略.

3. (1) $\int_0^1\mathrm{d}x\int_x^1 f(x,y)\mathrm{d}y$；(2) $\int_{-1}^1\mathrm{d}x\int_0^{\sqrt{1-x^2}}f(x,y)\mathrm{d}y$；

(3) $\int_0^1\mathrm{d}y\int_{2-y}^{1+\sqrt{1-y^2}}f(x,y)\mathrm{d}x$；(4) $\int_0^1\mathrm{d}y\int_{\mathrm{e}^y}^{\mathrm{e}}f(x,y)\mathrm{d}x$.

4. $\frac{7}{2}$.

5. (1) $\pi(\ln 4-1)$；(2) $\frac{R^3}{3}\left(\pi-\frac{4}{3}\right)$；(3) $\pi(\mathrm{e}^4-1)$；(4) $\frac{3\pi^2}{64}$.

6. 8π.

7. $\frac{\pi^5}{40}$.

8. (1) $\frac{9}{4}$；(2) $14a^4$；(3) $\frac{2}{3}\pi(b^3-a^3)$.

习 题 9.3

1. $\int_{-1}^1\mathrm{d}x\int_{-\sqrt{1-x^2}}^{\sqrt{1-x^2}}\mathrm{d}y\int_{x^2+y^2}^1 f(x,y,z)\mathrm{d}z$.

2. $\frac{1}{2}\left(\ln 2-\frac{5}{8}\right)$.

3. $\frac{1}{48}$.

4. $\frac{7\pi}{12}$.

5. $\frac{4\pi}{5}$.

6. (1) $\frac{1}{8}$;　　(2) 0.

习　题　9.4

1. $16R^2$.

2. $\left(\frac{35}{48},\frac{35}{54}\right)$.

3. $\frac{1}{4}R^2M$,其中 $M=\pi R^2\mu$ 是该圆板的质量.

4. $\left(0,0,\frac{3(A^4-B^4)}{8(A^3-B^3)}\right)$.

5. $\frac{1}{2}R^2M$,其中 $M=\pi R^2h\mu$ 是该圆柱体的质量.

综合练习九

1. (1) C;　(2) C;　(3) D;　(4) B.

2. (1) $\frac{6}{55}$;　(2) $\pi(1-e^{-a^2})$;　(3) $\frac{3\pi}{2}$.

3. (1) $\frac{1}{48}$;　(2) $\frac{64\pi}{3}$;　(3) 8π.

4. $2R^2(\pi-2)$.

第　十　章

习　题　10.1

1. (1) $2\pi a^{2n+1}$;　(2) $\frac{1}{12}(5\sqrt{5}+6\sqrt{2}-1)$;　(3) $\frac{\sqrt{3}}{2}\left(1-\frac{1}{e^2}\right)$;　(4) 9.

2. 24.

习　题　10.2

1. $-\frac{27}{4}$.

2. $\frac{\pi}{2}(1+\sqrt{2})$.

3. $\pi R(R^2-H^2)$.

习 题 10.3

1. (1) $-\frac{56}{15}$； (2) $-\frac{1}{2}\pi a^3$； (3) $\frac{1}{3}\pi(\pi^2k^3-3a^2)$； (4) 13.

2. $\int_L P(x,y)\mathrm{d}x+Q(x,y)\mathrm{d}y=\int_L \frac{P(x,y)+2xQ(x,y)}{\sqrt{1+(2x)^2}}\mathrm{d}s$.

3. -2π.

4. $\frac{3}{16}\pi a^2$.

习 题 10.4

1. (1) $\frac{2}{105}\pi R^7$； (2) $\frac{3}{2}\pi$； (3) $\frac{1}{8}$.

2. $\frac{2}{3}\pi R^3$.

3. 4.

习 题 10.5

1. $\frac{1}{30}$. 验证略.

2. $\frac{3}{8}\pi a^2$.

3. 12.

4. 略.

5. 证明略. 236.

6. 验证略. (1) $u(x,y)=x^2y$； (2) $u(x,y)=-\cos 2x\sin 3y$；
(3) $u(x,y)=x^3y+4x^2y^2+12ye^y-12e^y$.

7. 证明略. $u(x,y)=\frac{x^2y^2}{2}$.

习 题 10.6

1. (1) 81π； (2) $\frac{3}{2}$.

2. $\frac{12}{5}\pi R^5$.

3. $\operatorname{div}\mathbf{A}=3(x^2+y^2+z^2)$.

习　题　10.7

$-\sqrt{3}\pi R^2$.

综合练习十

1. (1) B；　(2) A；　(3) D；　(4) D.
2. (1) $\dfrac{5\pi^2}{2}$；(2) $\sqrt{2}$.
3. $2\pi a^3$.
4. $\dfrac{\sqrt{2}\pi}{2}$.
5. (1) 0；　(2) $-\pi$；　(3) $3e^{\pi}(\pi-1)+3+\dfrac{2}{3}\pi^3+2\cos 2-\sin 2$.
6. (1) $\dfrac{9\pi}{2}$；　(2) $3a^4$；　(3) $\dfrac{1}{2}\pi h^4$；　(4) 24.

第　十　一　章

习　题　11.1

1. (1) $u_1=1, u_2=\dfrac{3}{2}, u_3=\dfrac{5}{6}$；

   (2) $u_1=1, u_2=\dfrac{5}{6}, u_3=\dfrac{7}{9}$；

   (3) $u_1=\dfrac{1}{2}, u_2=-\dfrac{1}{6}, u_3=\dfrac{1}{12}$.
2. (1) $S_1=-1, S_n=-n$；　(2) $S_1=\ln 2, S_n=\ln(n+1)$.
3. (1) 发散；　(2) 收敛；　(3) 发散；　(4) 发散；　(5) 发散；　(6) 发散.
4. 12 m.

习　题　11.2

1. (1) 发散；　(2) 收敛；　(3) 收敛；　(4) 收敛.
2. (1) 收敛；　(2) 收敛；　(3) 收敛；　(4) 收敛.
3. (1) 条件收敛；　(2) 绝对收敛；　(3) 绝对收敛；　(4) 条件收敛.

习　题　11.3

1. (1) $(-1,1)$； (2) $(-e,e)$； (3) $[-2,2]$； (4) $[-1,1]$；

(5) $[-4,0)$； (6) $\left[\frac{1}{2},\frac{3}{2}\right)$.

2. (1) $\frac{1}{(1-x)^2}$； (2) $\frac{1}{4}\ln\frac{1+x}{1-x}+\frac{1}{2}\arctan x$.

习　题　11.4

(1) $\operatorname{sh} x=\frac{e^x-e^{-x}}{2}=\sum_{n=1}^{\infty}\frac{x^{2n-1}}{(2n-1)!}\quad(-\infty<x<+\infty)$；

(2) $\ln(a+x)=\ln\left[a\left(1+\frac{x}{a}\right)\right]=\ln a+\sum_{n=1}^{\infty}(-1)^{n-1}\frac{1}{n}\left(\frac{x}{a}\right)^n\quad(-a<x\leqslant a)$；

(3) $a^x=e^{x\ln a}=\sum_{n=0}^{\infty}\frac{(x\ln a)^n}{n!}\quad(-\infty<x<+\infty)$；

(4) $\sin\frac{x}{2}=\sum_{n=1}^{\infty}\frac{(-1)^{n-1}}{(2n-1)!}\left(\frac{x}{2}\right)^{2n-1}\quad(-\infty<x<+\infty)$；

(5) $\sin^2 x=\frac{1-\cos 2x}{2}=\sum_{n=1}^{\infty}(-1)^{n-1}\frac{(2x)^{2n}}{2(2n)!}\quad(-\infty<x<+\infty)$；

(6) $(1+x)\ln(1+x)=x+\sum_{n=2}^{\infty}\frac{(-1)^n x^n}{n(n-1)}\quad(-1<x\leqslant 1)$；

(7) $\arcsin x=x+\sum_{n=1}^{\infty}\frac{\frac{1}{2}\left(\frac{1}{2}+1\right)\cdots\left(\frac{1}{2}+n-1\right)}{(2n+1)n!}x^{2n+1}\quad(-1<x<1)$；

(8) $\frac{x}{\sqrt{1+x^2}}=x+\sum_{n=2}^{\infty}\frac{\left(\frac{1}{2}-1\right)\left(\frac{1}{2}-2\right)\cdots\left(\frac{1}{2}-n+1\right)}{(n-1)!}x^{2n-1}\quad(-1\leqslant x\leqslant 1)$.

习　题　11.5

(1) $\cos 2^\circ\approx 0.99955$，误差$|R_2|<\frac{1}{4!}\left(\frac{\pi}{90}\right)^4<10^{-6}$；

(2) $\int_0^{0.5}\frac{dx}{1+x^4}\approx 0.49375$，误差$|R_2|<\frac{1}{9}\times 0.5^9<10^{-3}$.

习　题　11.6

1. $f(x)=\pi^2+1+12\sum_{n=1}^{\infty}\frac{(-1)^n}{n^2}\cos nx\quad(-\infty<x<+\infty)$.

2. $f(x)=\frac{e^{2\pi}-e^{-2\pi}}{\pi}\left[\frac{1}{4}+\sum_{n=1}^{\infty}\frac{(-1)^n}{n^2+4}(2\cos nx-n\sin nx)\right]$

$(-\infty<x<+\infty; x\neq(2n+1)\pi, n=0,\pm1,\pm2,\cdots)$.

3. $f(x)=\frac{1+\pi-e^{-\pi}}{2\pi}$

$$+\frac{1}{\pi}\sum_{n=1}^{\infty}\left\{\frac{1-(-1)^n e^{-\pi}}{n^2+1}\cos nx+\left[\frac{-n+(-1)^n n e^{-\pi}}{n^2+1}+\frac{1-(-1)^n}{n}\right]\sin nx\right\}$$

$(-\pi<x<\pi)$.

4. $f(x)=\frac{2}{\pi}+\frac{4}{\pi}\sum_{n=1}^{\infty}\frac{(-1)^{n+1}}{4n^2-1}\cos nx\quad(-\pi\leqslant x\leqslant\pi)$.

5. 展开成正弦级数：$f(x)=\frac{4}{\pi}\sum_{n=1}^{\infty}\left[-\frac{2}{n^3}+(-1)^n\left(\frac{2}{n^3}-\frac{\pi^2}{n}\right)\right]\sin nx\quad(0\leqslant x<\pi)$；

展开成余弦级数：$f(x)=\frac{2}{3}\pi^2+8\sum_{n=1}^{\infty}\frac{(-1)^n}{n^2}\cos nx\quad(0\leqslant x\leqslant\pi)$.

习　题　11.7

1. $f(x)=\frac{11}{12}+\frac{1}{\pi^2}\sum_{n=1}^{\infty}\frac{(-1)^{n+1}}{n^2}\cos 2n\pi x\quad(-\infty<x<+\infty)$.

2. $f(x)=-\frac{1}{2}+\sum_{n=1}^{\infty}\left\{\frac{6}{n^2\pi^2}[1-(-1)^n]\cos\frac{n\pi x}{3}+(-1)^{n+1}\frac{6}{n\pi}\sin\frac{n\pi x}{3}\right\}$

$(-\infty<x<+\infty; x\neq 3(2k+1), k=0,\pm1,\pm2,\cdots)$.

3. 展开成正弦级数：$f(x)=\frac{8}{\pi}\sum_{n=1}^{\infty}\left\{\frac{(-1)^{n+1}}{n}+\frac{2}{n^3\pi^2}[(-1)^n-1]\right\}\sin\frac{n\pi x}{2}\quad(0\leqslant x<2)$；

展开成余弦级数：$f(x)=\frac{4}{3}+\frac{16}{\pi^2}\sum_{n=1}^{\infty}\frac{(-1)^n}{n^2}\cos\frac{n\pi x}{2}\quad(0\leqslant x\leqslant 2)$.

*4. $f(x)=\operatorname{sh}1\sum_{n=-\infty}^{+\infty}\frac{(-1)^n(1-in\pi)}{1+(n\pi)^2}e^{in\pi x}\quad(-\infty<x<+\infty; x\neq 2k+1, k=0,\pm1,\pm2,\cdots)$.

综合练习十一

1. (1) D；(2) B；(3) D；(4) C；(5) D.
2. (1) 必要，充分；(2) 充要；(3) 收敛，发散；
   (4) 收敛；(5) $|x|<R, |x|>R$.
3. (1) 发散；(2) 发散；(3) 收敛；(4) 收敛.
4. (1) 绝对收敛；(2) 条件收敛；(3) 绝对收敛；(4) 发散.
5. (1) $\{0\}$；(2) $\left[-\frac{1}{5},\frac{1}{5}\right)$；(3) $[-5,-3)$；(4) $[2,4]$.
6. (1) $\frac{4+2x^2}{(2-x^2)^2}\ (-\sqrt{2}<x<\sqrt{2})$；(2) $\frac{1}{2}\ln\frac{1+x}{1-x}\ (-1<x<1)$；

(3) $\frac{x}{1-x}-\ln(1-x)\ (-1<x<1)$； (4) $(1+x)e^x\ (-\infty<x<+\infty)$.

7. (1) $3^x=\sum_{n=0}^{\infty}\frac{\ln^n 3}{n!}x^n\quad(-\infty<x<+\infty)$；

(2) $\ln(1+x-2x^2)=\sum_{n=1}^{\infty}\frac{(-1)^{n-1}2^n-1}{n}x^n\quad(-1<x<1)$；

(3) $\frac{1}{(x-1)(x-2)}=\sum_{n=0}^{\infty}\left(1-\frac{1}{2^{n+1}}\right)x^n\quad(-1<x<1)$；

(4) $\int_0^x\frac{\sin t}{t}dt=\sum_{n=0}^{\infty}\frac{(-1)^n x^{2n+1}}{(2n+1)(2n+1)!}\quad(-\infty<x<+\infty)$.

8. $f(x)=\frac{a-b}{4}\pi+\sum_{n=1}^{\infty}\left\{\frac{[1-(-1)^n](b-a)}{n^2\pi}\cos nx+\frac{(-1)^{n-1}(a+b)}{n}\sin nx\right\}$

$(-\infty<x<+\infty;x\neq(2n+1)\pi,n=0,\pm1,\pm2,\cdots)$.

9. 展开成正弦级数：$f(x)=\frac{2}{\pi}\sum_{n=1}^{\infty}\frac{1-\cos nh}{n}\sin nx,\quad x\in(0,h)\cup(h,\pi]$；

展开成余弦级数：$f(x)=\frac{h}{\pi}+\frac{2}{\pi}\sum_{n=1}^{\infty}\frac{\sin nh}{n}\cos nx,\quad x\in[0,h)\cup(h,\pi]$.

第 十 二 章

习　题　12.1

1. (1) 一阶； (2) 二阶； (3) 一阶； (4) 二阶.

2. 略.

习　题　12.2

(1) $\ln^2 x+\ln^2 y=C$； (2) $\arcsin y+\arcsin x=C$；

(3) $\sec x+\tan y=C$； (4) $10^{-y}+10^x=C$.

习　题　12.3

1. (1) $y=e^{-x}(x+C)$； (2) $y=e^{-\sin x}(x+C)$；

(3) $y=\frac{\sin x+C}{x^2-1}$； (4) $x=\frac{y^2}{2}+Cy^3$；

(5) $x=y(\ln y+C)$.

2. (1) $y=\sin x$； (2) $y=\frac{1}{x}(\pi-1-\cos x)$.

习　题　12.4

(1) $y=\frac{5}{12}x^4+\frac{1}{2}x^3+x^2+C_1x+C_2$;　(2) $y=(x-3)e^x+C_1x^2+C_2x+C_3$;

(3) $y=-\ln|\cos(x+C_1)|+C_2$;　(4) $y=\frac{1}{x}+1$.

习　题　12.5

1. 验证略. $y=C_1\cos\omega x+C_2\sin\omega x$.

2. 略.

习　题　12.6

(1) $y=C_1e^x+C_2e^{-2x}$;　(2) $y=4e^x+2e^{3x}$;

(3) $y=(C_1+C_2x)e^x$;　(4) $y=e^{-3x}(C_1\cos 2x+C_2\sin 2x)$;

(5) $y=5e^{-x}\cos 2x$;　(6) $y=(C_1+C_2x)e^x+(C_3+C_4x)e^{-x}$.

习　题　12.7

(1) $y=C_1\cos 2x+C_2\sin 2x+e^x$;　(2) $y=C_1\cos x+C_2\sin x+x\sin x$.

习　题　12.8

$$y=x+\frac{x^4}{4\cdot 3}+\frac{x^7}{7\cdot 6\cdot 4\cdot 3}+\frac{x^{10}}{10\cdot 9\cdot 7\cdot 6\cdot 4\cdot 3}+\cdots.$$

综合练习十二

1. (1) A;　(2) C;　(3) B;　(4) B.

2. (1) $y''-3y'+2y=0$;　(2) $y=C_1e^{-3x}+C_2e^x$.

3. $y-x=Cxy$.

4. $y=\frac{1}{4}e^{2x}+\cos x+\frac{1}{2}x-\frac{1}{4}$.

5. $y=(C_1+C_2x)e^{-x}+x-2$.

6. $y=C_1e^x+C_2e^{2x}+xe^{2x}$.

参考文献

[1] 同济大学数学系. 高等数学:下册[M]. 7 版. 北京:高等教育出版社,2014.
[2] 谢国瑞,郝志峰,汪国强. 高等数学:多元微积分[M]. 北京:高等教育出版社,2006.
[3] 黄立宏. 高等数学:下册[M]. 北京:北京大学出版社,2018.
[4] 金路,童裕孙,於崇华,等. 高等数学:下册[M]. 5 版. 北京:高等教育出版社,2020.

历年考研真题